建设工程成本优化

——基于策划、设计、建造、运维、再生之全寿命周期

胡卫波 主 编

王 刚 贺加栋 胡学芳 副主编

赵 丰 总顾问

中国建筑工业出版社

图书在版编目（CIP）数据

建设工程成本优化：基于策划、设计、建造、运维、再生之全寿命周期 / 胡卫波主编. — 北京：中国建筑工业出版社，2019.7（2022.10重印）
ISBN 978-7-112-23663-3

Ⅰ. ①建… Ⅱ. ①胡… Ⅲ. ①建筑工程 — 成本管理 Ⅳ. ① TU723.3

中国版本图书馆CIP数据核字（2019）第081370号

　　本书是二十位房地产企业设计管理者、成本管理者与工程咨询企业投资控制专家、成本优化顾问公司优化专家一起协同完成。本书精心挑选了涵盖建设工程的策划、设计、建造、运维、再生之全寿命期共32个优化案例，并在业内专家、前辈的专著成果或口头指导之下由案例的经验教训总结出成本优化的管理篇，希望能为建设工程的成本管理输出一本有思路、有案例的专著。

责任编辑：王砾瑶　范业庶
责任校对：李欣慰

建设工程成本优化

——基于策划、设计、建造、运维、再生之全寿命周期

胡卫波　主　编

王　刚　贺加栋　胡学芳　副主编

赵　丰　总顾问

＊

中国建筑工业出版社出版、发行（北京海淀三里河路9号）
各地新华书店、建筑书店经销
北京点击世代文化传媒有限公司制版
北京云浩印刷有限责任公司印刷

＊

开本：787×1092毫米　1/16　印张：18½　字数：350千字
2019年7月第一版　2022年10月第六次印刷
定价：98.00元
ISBN 978-7-112-23663-3
　　（33965）

本书编写委员会

主　　编：胡卫波

副 主 编：王　刚　贺加栋　胡学芳

总 顾 问：赵　丰

参　　编：项剑波　王　毅　余　龙

　　　　　谢德烈　刘　航　杨存卿　赵　准

　　　　　邹秀峰　李　军　饶国祥　肖　辉

　　　　　安　强　张传经　孙　瀚

本书审核委员会

主　　审：郭学明　王　俊　蒙炳华　安　岩　张井峰

审 核 组：王雄伟　鄢　敏　邓　彬　左东林　宁　洁

　　　　　毕明娟　刘爱娟　刘　澍　苏　南　杨　旭

　　　　　吴晓锋　余久鹏　闵峥山　张瑞炫　袁满招

　　　　　陆　烜　陈　晨　罗　雷　黄海滨　郑蓉蓉

　　　　　姚娇阳　梁艳娟　董子凌　詹　谦　廖京海

　　　　　魏　伟

主编单位：克三关（上海）科技有限公司

参编单位：深圳国腾建筑设计咨询有限公司

　　　　　北京汇睿达科技有限公司

　　　　　深圳市俊欣达绿色科技有限公司

　　　　　武汉市瑞兴项目管理咨询有限公司

本书编写人员介绍

胡卫波 本书主编，负责全书编写的策划和组织，并是第 1 ~ 4 章、第 14.1 ~ 14.3、14.5 节的主要编写者。

现任地产成本圈、造价师家园、克三关等知识分享平台的创始人，克三关（上海）科技有限公司执行董事。曾任红星美凯龙房地产内审部副总监、宝龙集团监审部副总监、世茂旅游地产高级成本经理等职务。

王　刚 本书副主编，负责组织全书审核，并参与第 1 ~ 4 章的编写。

现任职某大型房地产开发集团。在读东北财经大学管理与科学工程专业博士，研究方向项目评价与融资。国家注册造价师、一级建造师、高级工程师，中国建筑学会会员。20 多年的大型工程项目一线管理及企业总部多岗位工作经历，参与了多个商业综合体项目的全过程管理工作，对大型项目的设计、施工、成本优化有独到的见解和建树。

贺加栋 本书副主编，负责编写第 6 章、第 7 章、第 8 章、第 16 章。

现任山东某地产设计部副总经理，担任济南土木建筑学会建筑设计专委会副主任委员、济南市房地产业协会建筑节能与产业化专委会专业秘书；《胖栋有话说》公众号创始人，多年致力于装配式建筑及绿色建筑的研究，以开发商视角解读房地产应用中的新技术、新产品、新工艺，推进绿色建筑及装配式建筑的宣传及应用。

胡学芳 本书副主编，负责全书的组织、编排和审核工作。

现任知识分享平台地产成本圈的主编。注册造价工程师、美国项目管理学会注册项目经理。先后就职于湖北江源大众工程造价咨询有限公司、武汉艺源环境艺术工程有限公司、上海思优建筑科技有限公司。参与主编地产成本圈《成本内刊》系列丛书——《成本优化》、《机电成本》、《结算攻坚战》等。

赵　丰 本书总顾问。

现任同济大学复杂工程管理研究院研究员、RICS 资深讲师、造价大数据研究院院长。兼任住房城乡建设部标定司《工程造价指标指数研究》课题组专家、广联达平方科技首席业务官。

著作有:《成本管理作业指导书》《数据的智慧》。

项剑波　本书参编作者,负责编写第9章、第12章【案例17】、第13章【案例20】。

现任某房地产企业成本高级经理,曾工作于湖北华审咨询有限公司、浙江东泰集团、中梁集团、阳光城集团。擅长于成本前置管控、综合设计优化和房地产开发阶段成本控制。

王　毅　本书参编作者,负责编写第10章、第19章。

现任上海第一测量师事务所有限公司副总工程师。各类商业综合体、五星级酒店、住宅、办公、物流仓储等项目全过程合约造价管控从业经历,参编国家标准《建设工程造价咨询规范》(GB/T 51095-2015)、《建设工程结算编审规范》以及行业规程《建设项目全过程造价咨询规程》(CECA/GC 4-2017)的编写工作。

聚焦专业问题,涉猎领域较广,拥有多年造价咨询、投资分析和房地产专项领域研究、资产评估以及房地产财税研究经验。

余　龙　本书参编作者,负责编写第13章【案例21】、第14.4节。

现任职某地产公司成本岗,负责方案、施工图阶段优化工作。先后从事设计岗、工程岗。

谢德烈　本书参编作者,负责编写第5章。

现任北京汇睿达科技有限公司首席建筑师、"土地效益精算法"及人工智能投资决策软件"策地帮"主要创始人。高级工程师,国内一流房地产设计专家,曾长期任职于深圳建筑设计研究院从事房地产项目设计,深圳政府专家评委。现为多家地产企业顾问,深圳长岸设计公司合伙人,多项设计专利发明人。

多年专注于房地产项目设计,不断研究设计方案和效益之间的联系,对房地产产品的经济效益有着非常深入的探索,在产品选择与组合、产品创新与研发、效益目标在方案设计中的贯彻等方面,探讨了很多有价值的规律,总结出了很多实战经验。

刘 航　本书参编作者，负责编写第 5 章。

现任北京汇睿达科技有限公司总经理、首席咨询师，百锐地产研究院研究员、讲师。先后在华润置地、中国金茂、华夏幸福、协信地产任职，从事成本招采及运营相关工作。曾担任华夏幸福商业地产集团招采总监及协信远创集团总部成本部副总经理等职务。

在地产行业信息化建设方面有丰富的经验，特别是对互联网、大数据和人工智能技术在地产行业的应用有较为深入的理解和实践。

杨存卿　本书参编作者，负责编写第 11 章。

现任深圳市国腾建筑设计咨询有限公司建筑负责人。5 年国家甲级设计院工作经验，3 年优化成本控制工作经验，地库综合优化研发人之一。

主动学习，高效执行，精益求精。善于从实践中总结经验。历经方案设计、施工图设计、综合设计咨询；拥有丰富的方案设计及成本控制经历。

赵 准　本书参编作者，负责编写第 12 章【案例 18】。

注册造价师、一级建造师，曾任职于中建系统，项目经历横跨高速公路、特大桥梁、超高层商业综合体、高层洋房合院等多类建设工程。现任前三十强某房地产集团陕西区域西安公司，负责成本管理业务。

邹秀峰　本书参编作者，负责编写第 12 章【案例 19】。

注册造价工程师，一级建造师。15 年工作经验，从事工程造价咨询及成本合约管理工作。先后就职于湖北拓展工程造价咨询公司、湖北寰诚投资有限公司、孝感鸿星投资有限公司等。

李 军　本书参编作者，负责编写第 15 章。

现任深圳市国腾建筑设计咨询有限公司专业负责人。2014 至今先后负责揭阳宝德时代中心、沈阳华强金廊城市广场、山西华润悦府二期、沈阳万科春河里、武汉融创 K2 地块、深圳金地威新科技园三期、海口保利秀英港、成都复地金融岛四期、西安世茂文景路等项目的结构设计顾问及优化工作。

善于思考，高效执行，精益求精。善于从实践中总结经验，能够在处理问题过程中结合不同的工程实际，寻找出最优解决思路和方案。

饶国祥　本书参编作者，负责编写第 15 章。

现任深圳市国腾建筑设计咨询有限公司总监。在复杂结构及超高层建筑的结构分析及设计优化方面积累了丰富的经验，同时也参与了行业标准《预应力混凝土结构抗震设计规程》及《装配式混凝土结构连接节点构造》的编制。主要工程项目有：厦门中航紫金广场，京基大厦，深圳创业投资大厦，长沙水晶岛（单层网壳钢结构），绿景大厦，长沙梅溪湖国际广场、青岛世贸中心、成都复地金融岛等。

肖　辉　本书参编作者，负责编写第 18 章。

武汉市瑞兴项目管理咨询有限公司项目经理。2017 年至今先后担任融科天域、万科汉口传奇、中建壹品置业、花样年花郡项目造价咨询驻场项目经理。主动学习，高效执行，精益求精。善于从实践中总结经验。历经不同的地产公司、不同的成本体系，能够在处理问题过程中结合不同公司的多种实践方法，寻找出最优化解决方案。

安　强　本书参编作者，负责编写第 17 章【案例 27】。

暖通专业硕士毕业，注册咨询工程师、注册设备工程师、注册一级建造师。曾在大型设计院和房地产任职，精通机电（水暖电）专业设计及管理工作。

张传经　本书参编作者，负责编写第 17 章【案例 28】。

现任深圳市俊欣达绿色科技有限公司总经理。专注于机电设备系统的优化设计、机电运行维护管理及绿色科技住宅的研发。以客户价值及成本控制为导向，长期从事于机电设计优化、BIM 机电管线综合、机电运行维护信息化管理、机电 EPC 全过程咨询及绿色建筑咨询、绿色科技住宅等与绿色机电相关的研发、实践。

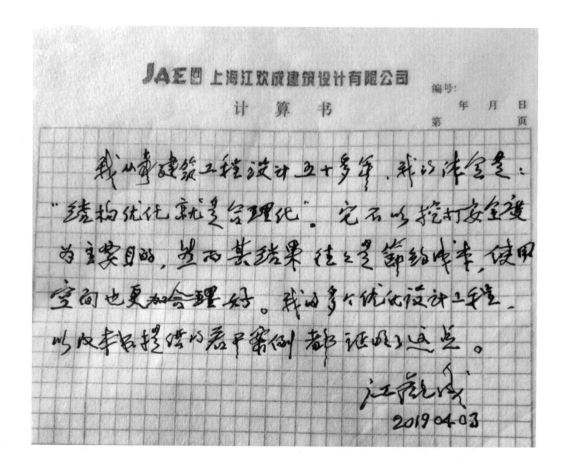

我从事建筑工程设计五十多年，我的体会是："结构优化就是合理化"。它不以挖掘安全度为主要目的，然而其结果往往是节约成本，使用空间更好。我的多个优化设计工程，以及本书提供的若干案例都证明了这点。

江欢成

中国工程院院士

上海东方明珠塔设计总负责人

　　成本优化是设计管理、工程经济专业领域顶峰上的一颗明珠，对于建筑师及其团队而言，通常是高不可攀的，对于我们造价工程师而言，更是高山仰止、难以企及的。

　　值得欣喜和欣慰的是，我们手里的这本汇集业内一流专业人士智慧和感悟的新著，不仅阐明了成本优化的方向、主体、方法和组织，而且把成本优化的内容和跨度扩大至包括项目成本基因和运维阶段等全过程。

　　毫无疑问，这本专著已给我们指明爬上顶峰的路径、采撷明珠的方法！

　　这本专著的出版，将给建设项目的策划、设计、成本、运维管理翻开了一个新篇章，我们的管理视角将被带到一个新高度。

　　作为第一批读者，借此机会我要感谢本书的每一位作者、专家和编审，特别是地产成本圈创始人、本书的主编胡卫波先生的忘我付出！

　　相信他们的努力定能给广大同行朋友们带来启发和帮助，更期待着在实践中，更多的同仁及其建设项目能从中获得收益，并续写成本优化的新篇章！

赵丰

于 2019 年某个春天的早晨，上海

目前我国处于城镇化快速发展的高速阶段，同时又是一个资源相对匮乏的国家，如何保持城镇化快速良性发展，就必须降低资源与能源的消耗，这是我们建筑行业必须面对的挑战。建设项目建安成本在建筑工程费用中占比较大，大约占60%；因此目前国家一直强调全过程工程顾问咨询，其已经成为节约资源必不可少的途径之一。

我们知道，最新发布的《建筑结构可靠度设计统一标准》（GB50068-2018）要求建筑工程设计做到：使设计符合可持续发展的要求，并应符合安全可靠、经济合理、技术先进、确保质量的要求。

建筑结构设计中顾问优化技术是复杂的系统工程，不仅需要相关从业人员能够全面正确掌握国家相关法律、法规、规范、标准等，同时需要从业人员能充分运用科学的方法与分析手段，大力降低工程建设成本，让顾问优化全专业全过程贯穿整个建筑生命周期，从而体现出顾问优化的更大价值，通过顾问优化后建筑物设计功能更加适合人们居住与生活需要，同时还可提高其安全度与抗震性能。顾问优化设计，绝不是以牺牲结构安全度和抗震性能来求得经济效益的。它以标准规范为前提，以工程经验为后盾，以对规范内涵的深刻理解和灵活运用为指导，通过多方案比较、多专业联动、反复分析计算以及构造设计等方面的把控找到其中安全与经济的平衡点，得到安全可靠、经济更加合理的设计成果。

我从事结构设计、顾问优化三十余年，深刻体会到工程设计与工程顾问优化的差异：结构设计更多的体现技术，常规的工程设计往往是一个方案从头做到尾，通常不做多方案的比较；而顾问优化更像是一门艺术，没有唯一解，通常必须进行多方案的优选，不仅可以提高建筑品质，还可以不断地寻求相对最佳的安全可靠、经济合理的结果。顾问设计优化过程实际是精益求精的过程，优化没有最优解，只有更优解。

本书是四十多位房地产企业设计管理者、成本管理者与工程咨询企业投资控制专家集体智慧碰撞的结果。精心挑选了涵盖建设工程的前期策划、方案设计、施工图设计、基坑支护、地基处理、施工过程、后期运维护等建筑全生命周期。

本书实用性强，理论与工程案例紧密结合，图文并茂，内容丰富。可供广大地产界、设计界、大专院校师生参考使用。相信该书的出版将为我国建筑工程成本控制发挥重要作用。

魏利金

著名结构工程专家、教授级高级工程师

2019 年 4 月

一个建筑工程的设计本身没有最好，只有更好！

设计优化的动作往往是寻找一个新的组织，换一种思路，在原有设计的基础上，发现不足，寻求突破，力争找出一个更好的设计方案并将之最终落地，从而为项目创造更大的价值、节约更多的成本、获得更大的利润！

在当前市场环境下，愈来愈多的房地产企业、政府基建部门都认识到设计优化给项目创造的价值和利润。很多的设计同行也通过优化的过程，转变了设计意识，增强了服务理念，提升了专业技能，最终形成全行业的多赢局面……

本书主编胡卫波先生是一位非常认真、非常敬业、非常执着的成本管理者。作为一位成本岗出身的地产公司高管，一直对设计优化的管理理念、专业技能、优化技巧非常痴迷。最近这10多年来，我在全国各大城市做了300多场演讲及培训，胡总赶到培训所在城市自费聆听了四次，每一次的课间及课后交流及沟通，均提出非常深刻尖锐的问题，直指设计优化领域的关键及要害。这次胡总耗费两年多的时间，倾尽大量心血，精心收集整理完善了32篇极具价值的设计优化实战案例，详细介绍了建筑工程的全寿命期成本优化的理念和思维，介绍了各个时间阶段、各个专业工程在整个优化过程中具体的理论依据、逻辑思路、操作方法及落地手段。

这本汇集了众多成功的实战优化案例的书籍一定会成为广大的优化咨询公司、设计院同行及地产企业管理者一本不可多得的好书！

安岩

深圳华盛智地集团副总经理兼总工程师

2019 年 4 月 9 日晚

前言

第一本《建设工程成本优化》，是造价师、设计师、建造师的专业协作成果。

第一本《建设工程成本优化》，是为千百个优化案例搭起的一个系统的知识框架。

我们有一个分享成本优化案例或观点的公众号"地产成本圈"，还建立了成本优化交流群。大家在一起，总结分享优化经历或案例、参与留言讨论、线上提问、质疑、解答，均是参与和帮助了《建设工程成本优化》系列丛书的出版。

从 2016 年我收集了很多结构优化、设计优化的著作后，每本书我都大概翻阅了部分内容，尽管多数是我看不懂的内容，但也强迫自己写了几篇不深不浅的学习笔记。在写的过程中，我时常思考这样一个问题——在看不懂设计优化书刊的情况下，一个造价师如何开展设计阶段的成本控制？于是，我想是否可以有一本造价师看得懂的设计书刊，有一本设计师看得懂的成本书刊。

经过两年的筹备，第一本《成本优化》在 2018 年 12 月 28 日以成本内刊的形式推向我们的同行们，很多同行在收到书后给予我非常积极的反馈，他们或帮我们找出了书的错误，或给予了改进的建议，或直接告诉我这本书对他的帮助很大，给了他工作上的借鉴，也给了他职业生涯的启发。

但现有的 32 个案例，仅为各篇各章节所应涵盖内容的很小一部分，例如机电设计的成本优化，目前只有两篇通风与空调的优化案例，地下车库的成本优化案例，也只涵盖了 24 个优化点中的 3 个点，而招标阶段、生产阶段、拆除阶段还是空白，没有一个案例。所以，我和我的团队可以做的事情还很多。在这本书定稿之际，我们也已经开始了《建设工程成本优化》第二辑的工作。

特别感谢在百忙之中给我们的书稿提出审核意见的 33 位专家。为每一位作者进行第一道把关校对的审核专家有 16 位，分别是孙瀚校对第 1、2、3、4 章、第 14.1、14.2、14.3、14.5 节；袁满招、梁艳娟校对了第 2、3、4 章；廖京海校对了第 5 章；

毕明娟校对了第6章、第7章、第8章、第16章的内容；刘澍校对了第9章；郑蓉蓉校对了第10章、第19章；姚娇阳校对第12章【案例17】；宁洁校对了第12章【案例18】；魏伟校对了第12章【案例19】；董子凌校对了第13章【案例20】；吴晓锋校对了第13章【案例21】；左东林校对了第14.4节；詹谦校对了第17章；杨旭校对了第17章【案例27】；苏南校对了第17章【案例28】；詹谦校对了第18章。为全书进行第二道整体审核的专家共有11位，分别是上海上梓建设造价咨询有限公司刘爱娟、中梁控股集团余久鹏、北京万达文化产业集团王雄伟、融创青岛公司邓彬、丽水龙都置业有限公司罗雷、世茂集团陈晨（地产成本圈2017年最佳原创奖获得者）、某地产公司项目总张瑞炫（原中梁地产区域成本负责人，地产成本圈2018年最佳原创奖获得者）、阳光城湖南区域黄海滨（地产成本圈2018年最大贡献奖获得者）、中海地产上海公司鄢敏、湖北方圆工程造价咨询有限公司总经理闫峥山、保利地产陆烜；为全书进行第三道最终审核的主审专家共有5位，分别是《旅途上的建筑——漫步欧洲》、《旅途上的建筑——漫步美洲》、《装配式混凝土结构建筑的设计、制作与施工》、《装配式混凝土建筑200问》等书的主编郭学明先生，蒙炳华先生，《住宅安装工程成本管理》和《商业综合体成本管理实战指南》的作者王俊先生，深圳华盛智地集团副总经理兼总工程师安岩先生，建发集团上海公司张井峰副总工程师。同时，也非常感谢王俊敬先生对原书稿地下车库优化章节的审核意见，非常感谢郭学明先生对本书编写提出的指导性意见和撰写的推荐词，非常感谢中国工程院江欢成院士、利比有限公司董事王伟庆先生、著名结构工程专家、教授级高级工程师魏利金先生、深圳华盛智地集团副总经理兼总工程师安岩先生、河南正弘置业有限公司成本采购中心经理助理熊艳女士为本书撰写推荐词。特别感谢因本书篇幅有限而暂时搁置内容的作者对本书出版的理解和支持。

最后，需要感谢王刚副主编、胡学芳副主编，是他们在分担了如此繁重的组织和协调工作之外还要进行编排和审核；需要特别感谢深圳国腾建筑设计咨询有公司总裁官国军先生、房建事业部总经理部佐朝先生、武汉市瑞兴项目管理咨询有限公司董事长吴庆军先生、总工詹谦先生，在我们大海捞针似的征稿过程中给予了我们最积极的响应。需要特别感谢北京汇睿达科技有限公司首席建筑师谢德烈先生、总经理刘航先生、深圳市俊欣达绿色科技有限公司总经理张传经先生、苏南女士的大力支持，在繁忙的工程咨询工作间隙为我们撰写了自己亲身经历的成本优化案例，分享专业经验。

结构优化、设计优化、成本优化，这并不是一个新兴的工作，至少也已有五十年左右的实践和积累，但是除了各大房地产企业内部的知识积累以外，能公开分享、写作成书、汇集成一本涵盖建设工程全寿命周期、有设计方案对比也有量化的成本数据分析的书，这是第一次尝试。

每一位作者都甘做引玉之砖，每一篇案例都是垫脚之石，书中的差错和不足恳请读者给予批评指正，有更好的优化方案和管理思路恳请赐稿分享，我们一起把《建设工程成本优化》写得更充实、写得更好。

邀请您加入成本优化读者与作者交流微信群，联系方式是：微信号17317259517。

编者

2019 年 3 月 28 日

目 录

CONTENTS

参考文献

后记

《建设工程成本优化》第二辑征稿启事

支持本书出版的设计优化顾问单位名录

第 1 篇

成本优化的管理

技术为轮，管理为翼。

——安岩

"20%的时间在想办法寻找优化方案，80%的时间在想办法落实优化方案。"

——这是一位资深人士对设计优化的管理、沟通等重要性的描述。结构优化、设计优化、成本优化，怎么做的问题不仅是一个技术问题，更是一个管理问题，或者可以这样讲，是一个沟通问题、关系问题、利益平衡问题。

本篇介绍建设工程成本优化的基本概念及成本优化所涉及的三大问题，共4章。

第1章介绍什么是成本优化？结构设计优化、设计优化、成本优化的关系和区别，成本优化的三项任务，以及成本优化的三境界。

第2章介绍为什么要做成本优化？企业要"活下去"，就要提高成本竞争力；个人要不断成长，就要不断创新，就要站在前人的肩膀上比前人做得更好。

第3章介绍谁来做成本优化？即回答自己做还是请人做的问题。"谁来做？"成本优化比"怎么做？"这个事情更重要，让更专业的人做更专业的事，避免优而无优。

第4章介绍怎么做成本优化？这个问题也是本书第5章～第19章及后续第二辑想努力回答的问题。在这里主要是归纳了成本优化的基本思路，并以设计优化为例介绍了过程优化与结果优化的操作方式和风险控制措施。

第1章
绪论

没有企业不关心成本。

彼得·德鲁克："企业家就是做两件事，一是营销，二是削减成本，其他都可以不做"。而本书的观点是可以不做成本消减，但不能不做成本优化。

1.1 成本优化的概念

成本，是为过程增值和结果有效已付出或应付出的资源代价，这是 CCA2100 族标准中对成本的定义。

管理，是指通过实施计划、组织、领导、协调、控制等职能来协调组织从而一起实现既定目标的活动过程。

建设工程的成本管理，是指围绕建设工程的成本目标所进行的指挥和控制组织的协调活动，包括策划、优化、控制、分析、复盘、改进等。成本管理的本质是对资源如何分配的管理，目标成本是资源初步分配的量化成果。戴戈缨先生在《从经营视角剖析成本管理》中指出："成本管理并不是处处都要控制，而是应当讲究花钱的价值导向性；钱不在花多花少，而在于花得有没有价值，该不该花，站在财务收益、营销定位、运维等多角度的、整体的统筹规划。"与成本管理相近的概念有成本控制、成本核算，三者之间的关系是从大到小，包含与被包含的关系，如图 1-1 所示。

图 1-1　成本管理、成本控制与成本核算的关系

全寿命期成本管理，是一种实现建设工程的策划期、建造期、使用期、运维期、拆除期及再生期等总成本最小化的方法。同济大学何清华教授在其博士论文《建设项目全寿命期集成化管理模式研究》中指出：保证全寿命期成本目标最优化应特别重视决策阶段及设计阶段的前期。

优化，从数学上讲就是求函数的极大值或极小值。优化，是相对的。中国工程院江欢成院士认为，优化就是把设计做得好些再好些。

成本优化，是指对成本的配置进行再分配，从而实现价值产出最大化的过程，并非是以降低成本为目标。简而言之，成本优化是一种让成本配置更合理的管理手段。成本优化，伴随着成本的分配过程，是对资源的再分配，是成本分配合理性的检验和渐进明细。在什么时间、在什么环节进行了成本分配，那么这个时间、这个环节就有成本优化的必要。在这样一个概念之下，成本优化的内涵就是全面而系统的，其对象既包括策划、招标、设计、生产、施工、运维等全过程，也包括土地、建安、财务、销售、管理等全成本要素，从而实现建设工程全寿命期价值的最大化。与成本优化相近的概念有成本管理、设计优化，设计优化是成本优化的其中一个环节。它们之间的关系如图 1-2 所示。

如果把成本优化这四个字进行拆解，成本，是对象，在这里视为一个经济学名词；而优化，是管理的活动，有更多管理学的内涵。因而可以说成本优化是一个融合了经济学与管理学的复杂任务，主要涉及为什么要做成本优化？成本优化要做什么事情？谁来做？怎么做？什么时间做等一系列的问题（图 1-3 ）。

图 1-2　成本管理、成本优化与设计优化的关系

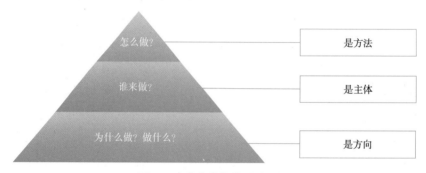

图 1-3　成本优化涉及的问题

1.2　成本优化的目标

　　"为什么要做成本优化？"这个问题在本书第 2 章以设计优化为例进行了分析，这里侧重讨论成本优化的目标。

　　"目标是什么？"是"怎么做？"之前要回答的问题。对于同一个建设工程项目，在同一项工作上，不同的立场会有不同的目标，不同的目标之下产生不同的优化方案和决策。例如：案例 27、28 的商业项目中通风空调的设备选型优化，开发商与运营商可能有着不同的期待和目标，一般情况下开发商以（建造）成本最低为目标完成建造并交付，而运营商则更期待竣工交付后的设备系统在运行期间的成本最低。试问这个空调设备方案如何优化？如果开发商与运营商同属一家企业、一个财务系统，是否就会更多考虑全寿命期成本最低？如果开发商与运营商分属不同企业，是否就会只考虑建造成本最低呢？要确定一项成本优化任务的目标，还有着更大、更多的限制条件。

就像本书中案例21所引起的讨论一样，该案例以建安成本最低为目标进行设计方案对比，灌注桩方案较优（在湖北省地标的约束下，灌注桩方案的成本反而低）；如果这个项目要高周转、要早销售、桩基要尽早完工，那么最终可能会选择管桩方案。**不同的目标，有着不同的方案评比评价指标，影响着我们对"最优结果"的专业判断和选择。**这样的问题除了经常在建安成本与建造成本之间、在建造成本与全寿命期成本之间发生，也会在成本与销售额之间、销售额与销售利润之间、销售利润与销售利润率之间，甚至在项目目标与企业目标之间、企业目标与社会责任之间发生。对于同一个优化对象，优化主体（比如承担优化的顾问公司）主动征询并确定与客户（例如开发商的设计部、成本部，或某个关键人物）一致的优化目标对于是否能有效完成优化任务至关重要。

因而，统筹考虑、系统性确定成本优化的目标是实施成本优化这项工作的基础。是基于钢筋含量最低的优化，还是钢筋和混凝土含量最低的优化（例如某些结构构件，钢筋用量与混凝土用量之间有此消彼长的对应关系）？是基于结构含量最低的优化，还是基于结构成本最低的优化（例如装配式结构的竖向构件中，如果构件截面尺寸和配筋进行精细化设计、可以降低钢筋、混凝土的含量，但更多规格的构件将造成预制构件成本的增加）？是基于结构成本最低的优化，还是建安成本最低的优化？是基于建安成本最低的优化，还是项目总体建造成本最低的优化？是基于建造成本最低的优化，还是基于综合平衡运营成本最低的优化？是基于成本最低的优化还是利润（利润率又不同）最大化的优化？是基于销售口径的利润（率）的最大化，还是综合考虑运营期的利润（率）最大化？公共项目与房开项目、商业运营与非商业运营项目、销售型物业与自持型物业，有着不同的考量标准。我们在确定优化目标时需要对上述选择做出决策，并在选择时对可能出现的问题或者风险需要有说明、有预案。例如本书中案例21，在选择灌注桩方案时，必须要同时对工期上的问题做出说明，并分析工期、销售、回款等影响。否则，成本目标与项目目标、项目目标与企业目标、建造目标与运营目标等大小目标之间可能存在偏差、背离或矛盾将会让成本优化的成绩荡然无存，甚至成为责任人、罪人。

无论在何种情境之下，确定成本优化目标的基本原则有两点：一是基于总成本的优化，可以是直接带来工程成本降低，也可以是优化后缩短工期从而降低财务成本，优化后提高品质和功能从而提高收益；二是基于全寿命期成本的优化，可以是提高了建造成本但可以降低运维成本、提高运营收益，也可以是提高了建造和运维成本，但是可以实现低成本拆除、低污染拆除和一定比例的再利用。

蒙炳华先生在《房地产开发的差异化与成本管理核心》这篇文章中指出，成本管理的终极目的不是如何减少成本，而是追求成本与项目匹配。房地产成本管理的核心就在于，保证成本合理投入到有助于土地差异化、产品差异化价值实现的地方。从这个意义上来说，真正合理的成本并非企业决定——客户决定成本。要实现成本与产品价值匹配，就需要成本在项目开发的前期和设计阶段就积极介入，通过对客户价值的合理判断，做到成本有的放矢，确保有助于土地差异化、产品差异化价值实现的成本投入，避免无助于价值实现的成本投入。

因而，澄清建设工程成本优化的目标，必须聚焦建设工程和建设工程的客户和使用者。一是聚焦建设工程本身的全寿命周期，包括策划、建造、运维、拆除及再生。在我国经济发展的转型期，在城镇化建设过半的历史时期，即使是销售型的房地产项目也必须重视运维阶段的成本管理。二是聚焦建设工程的客户和使用者对建筑功能的需求和价值，提高成本投入的性价比。

1.3　成本优化的系统思维

在澄清了成本优化的目标之后，在实施具体的优化任务之前，需要确立一个系统的优化思维。系统性的优化思维主要包括以下三点：

1. 功能适配思维

成本控制做得好的企业，其中一个主要原因是功能控制做得好。

尹贻林教授在其著作《工程价款管理》中写到——为项目增值的基本形式就是设计优化，设计优化的基本工具就是价值工程。而价值工程的基本要素就是价值、功能、成本。盲目的、没有调研和分析的设计要求会导致两种情况的出现，一是功能过剩，二是功能不足。因而，功能适配思维的主要工作是砍过剩、补不足。功能不是越多越好，而是要与建设工程全寿命期价值相吻合，与市场定位、客户需求相吻合，把建筑设计中的过剩功能去掉，就能直接砍掉一大块的无效成本；功能也不是越少越好，而是不符合市场定位、不符客户需求的功能越少越好，把建筑设计中的缺失功能补足，就能有效地提升建筑物的价值，提高销售溢价，从而间接地降低成本。例如本书中案例14通过优化设计剔除了对建筑使用功能作用不大的某些工艺做法，将节省的成本增加到能提高客户使用功能和满意度的地方。

功能优化，是成本优化的前提。事前进行充分的客户需求调研、功能分析；事中，严格控制额外的、多余的、过剩的功能要求；事后，全面地进行功能管理复盘。全过程的建设工程功能管理有利于建立长期的功能适配思维和促进功能设计优化，从而实现成本优化。

同时，也要注意到功能不能多余，更不能减低或缺失，任何单一的抠钢筋、减混凝土等措施的省钱优化都可能走入"形式优化"、"过度优化"的误区，反而给建设工程造成不可挽回的和更大的损失。

2. 方案比选思维

从本书 32 个优化案例的统计分析来看，90% 的优化案例之所以能有被优化的机会、能优化节省上百万、上千万的建设工程成本，其背后的管理原因是没有做方案比选。

为什么没有做方案比选？任务重、时间紧等，这些在高周转的房地产开发项目中极为普遍，但这是客观原因。例如本书中案例 18，一个快速推进项目，基坑设计中直接按最安全的方案进行设计，所有部位都是一个设计方案，最终优化降低成本达 87%。因而更重要的是主观原因，即在面对设计任务，往往固守自己熟悉的结构体系、结构方案，或者按惯例在接收到建筑设计方案后才开始结构设计，靠第一感觉，产生了思维定势、心理定势、经验定势，上一个项目是这样做，一直就这么做，拿来就用，不做方案比较，没有比较意识。又例如本书中案例 1，1985 年在上海广为流行和大量套用的仙霞型高层住宅，如果继续套用、不做方案比选，就不会删掉了许多剪力墙，混凝土、钢筋量就不会减少 30% 以上，更不会获得舒适、灵活的空间使用效果。

2016 年 9 月 30 日，我国开始以国家战略的高度推进装配式建筑的发展后，这几年在建筑设计环节就出现了很多旧的设计方法和管理习惯不适应装配式建筑的情况从而延伸出装配式建筑的专项设计优化。例如本书中案例 26，在传统的现浇结构方式下，为方便现场施工，一般将楼梯设计成板式楼梯而少用梁式楼梯，而在装配式建筑中，生产的工厂化弱化了梁式楼梯的施工难度，板式楼梯的优点不再明显，反而板式楼梯的弱点放大，板式楼梯相对更笨重（重 30% 左右），如果不采取减重措施将可能导致塔吊的规格提高一个等级，直接增加成本。这样的例子还有结构设计优化，在传统现浇结构中通过精细化的构件设计，同一楼层、不同部位的楼板，不同的厚度、不同的配筋，会取得较经济的结构设计指标；但是在装配式建筑中，这样的精细化设计会导致标准化设计的程度较低，反而增加构件生产和安装成本。同样的案例在竖向构件中也一样存在。建造方式的改变之下，我们很多的固有思维方式、经验做法都必须随之改变。除了建造方式以外，工程所在地的地质特征、规范标准、当地市场情况、主管部门的偏好等都会影响设计方案的选择。唯有坚持方案比选，以不变应万变才是专业创造价值的根本途径。

对此，郭学明先生指出：要做成本优化，首先是要破除心理定势和经验定势，才会有可供选择的第二方案、第三方案，才能进行方案的定性分析和定量分析，才能进行优中选优。优秀的方案一定是破除了心理定势，对习惯的做法进行重新审视、判断、分析和比较之后的结果，而不是因循守旧的结果。

3. 替代性思维

替代性思维，是价值工程中的一个非常重要的思维，是成本优化的一个很重要的突破口。其基本特征是在功能不变的前提下进行材料或工艺的替代。

1947 年左右，美国通用电气公司工程师 L.D. 迈尔斯在第二次世界大战后首先提出了购买的不是产品本身而是产品功能的概念，实现了同功能的不同材料之间的替代，进而发展成在保证产品功能前提下降低成本的技术经济分析方法。这就是价值工程这门学科的正式诞生。

替代性思维是在解决一个问题的时候，列出来问题的主要元素，尝试用其他的元素替换问题中的某一个元素，就会产生不同的解决方案。例如本书中案例中但凡有多方案比选的均是基于替代性思维，相同的功能，在不同的备选方案中选择一个性价比最高的方案。

只要我们相信解决问题的方法、工艺、材料，不止这一个，那么就会有可替代方案，就会有方案比选，这就是成本优化。例如当下的装配式建筑成本高，原因之一是钢筋混凝土预制构件的工厂化生产成本摊销较高，那么钢筋混凝土装配式建筑是否一定是工厂生产呢？答案是不一定。我国关于装配式建筑的多个评价标准和技术标准中，均是这样表述"在工厂或现场预先生产制作完成"。因而，工厂生产预制构件，可以有替代方案，即游牧式构件厂，因地制宜地建设在建设工程项目的附近，即可大幅降低工厂建设成本、构件运输成本、提高构件生产的灵活性（可以生产大型构件，不再受运输道路的限制）、提高生产和安装效率、降低了税务成本。例如由中天五建承建的万科·东方传奇项目即是就近建立了游牧式构件厂，取得了质量、进度、成本等多赢的综合效益。同样的问题也出现在钢模具上，预制构件的模具成本高昂，是不是一定就要用钢模具呢？答案也是不一定，对于复模率低的构件，可以考虑用传统的木模具生产。

同时，需要注意的是替代性思维更需要对替代方案做系统的风险评估。包括对替代性方案的优劣势进行系统而全面的分析，以判断替代性方案的合理性，风险的可控性。系统而全面的分析需要有科学的评价指标体系作为支撑，例如在 PPP 项目中用物有所值（VFM）作为评价指标，以判断是否有必要采用 PPP 模式代替政府传统投资、建设和运营方式提供公共服务项目。

1.4　成本优化的任务

在选择了成本优化的目标之后，我们再讨论成本优化是做什么的问题。

成本优化，首先是企业层面对建设工程成本配置结构的优化，类似于我们做的年度资金使用规划。这里归纳了两个内容，一个是成本配置结构的问题是分层级的，是一个不断细化、不断优化的过程，如图 1-4 所示。建设工程的成本按对象的范围大小分为全寿命期成本、建造成本、建安成本、专业工程的建安成本，专业工程的成本还可以往下细分，这里不作赘述。二是成本配置结构除了专业分析之外影响更大的是企业或企业管理者对名与利的取舍，对表与里的喜恶，取舍与喜恶左右着企业管理者在成本配置结构上的决策。

图 1-4　成本配置结构

例如造价工程师在资格考试中都有全寿命期成本管理的理论学习，但我们实际经历的全寿命期成本管理的工程案例却屈指可数。案例 28 是全寿命期成本管理在暖通空调工程中的应用，不仅关注建造期的成本管理，更关注投资状况与运营成本统筹考虑的全寿命周期的经济性。这类案例在普通建筑中一般多应用于机电工程，特别是商用项目。类似的案例也在百年住宅、被动房、装配式建筑、绿色建筑等项目中较为多见。

而重视全寿命期成本管理的项目案例，大多有"增量成本"的概念出现，增量成本即这类采用国际先进建筑理念的建筑相对于传统建筑在建设工程建安成本上的增加金额（注意是建安成本），一般会在 200 ~ 1000 元/m^2。这类建筑大多进入了绿色建筑的范畴，而绿色建筑在成本管理上的特点就是追求全寿命周期成本最低，而不是单一地追求建造成本的最低。即：这类建筑在全寿命期成本的层级进行了成本配置结构的优化，其特点是一次性发生的建造成本相对较高，而 40 ~ 70 年甚至 100 年的使用寿命周期内的运营和拆除成本相对低，或者是运营收益相对更大。例如本书中案例 32，某高层办公楼外立面幕墙的更新改造工程，方案一的建造成本超出方案二 5844 万元，但方案一的 15 年运营收益现值比方案二高 11710 万元。这种情况一般是在国家和企业的决策层面所思考的成本配置结构问题，也是建设工程项目在成本配置结构上的最高层级。如图 1-5 所示。

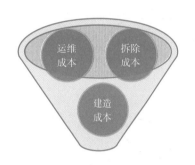

全寿命周期的成本配置结构，大多是相比现状的不平衡配置，建造成本的绝对数相对高，运营和拆除成本相对低。在发达国家、发达城市的重视程度相对高，在自持性项目、经营性项目中的重视程度相对高。

百年住宅、被房式建筑、装配式建筑、绿色建筑等均是基于全寿命周期成本管理的理念。

图 1-5　成本配置结构 – 全寿命周期成本级

因此，关于成本配置结构的优化，是根据建设工程项目的需要而系统性地从上到下地进行不同时间、不同层级的成本结构的不平衡策划。这一过程所形成的成果一般体现在建设项目投资建议书、目标成本测算报告等文件之中，从而指导下一阶段的工程建设工作。图 1-6 是建造成本层级的成本配置结构示意图。

建造成本级的配置结构，主要体现在间接成本中的财务成本上的差异。

例如某类房企需要与承包商之间有资金合作而支付高出一般水平的工程价格，则该类房企的建设项目中的融资金额相对少、财务成本相对较低、建安成本的绝对数相对高。

图 1-6　成本配置结构 – 建造成本级

图 1-7 是建安成本层级的成本配置结构示意图。

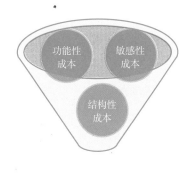

建安成本级的配置结构，主要在结构性成本、功能性成本、敏感性成本之间进行不平衡配置，或者划分为可见成本、不可见成本。这种划分没有绝对的界定，是基于客户感受，会受市场影响而变动。

结构性成本，一般指建筑结构工程的成本，涉及建筑安全；功能性成本，一般指建筑物正常使用所需的成本，例如保温、防水等。敏感性成本，一般指客户相对敏感，会影响客户的购买决策的那部分工程的成本，例如精装、景观等。

图 1-7　成本配置结构 – 建安成本级

图 1-8 是专业工程成本层级的成本配置结构示意图。

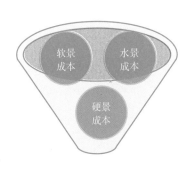

专业工程级的成本配置结构，因专业特性的不同有较大的差异性。

例如建设工程项目中的景观工程，主要是在硬景、软景、水景之间进行成本的不平衡配置；再细化，在软景成本上，需要在乔木、灌木、草坪之间进行成本的不平衡配置；再细化，乔木需要在伟乔、大乔、中乔、小乔之间进行成本的不平衡配置。

图 1-8　成本配置结构 – 专业工程成本级（以景观工程为例）

很遗憾，除了有几篇案例涉及成本配置结构的优化以外，此次我们还没有征集到专篇讨论成本配置结构优化的案例，本书除了在这里抛砖引玉之外，在本书中尚没有类似案例供讨论。

成本优化，除了上述在战略层面对成本配置结构的优化以外，其次是在战术层面对建设工程的各个建造环节的成本再分配的优化，包括策划阶段、设计阶段、生产阶段、施工阶段、运维和拆除再生阶段，重点是策划阶段、设计阶段。

这也是本书 32 个案例所体现的内容。这两者之间的关系暂以整体与部分、系统与子系统来归纳，成本结构优化的核心是通过在总成本相同的前提下进行成本流向的不平衡分配来取得建设工程整体收益的最大化，而各个环节的成本优化是在这一原则的前提下进行的具体环节的成本投入的优化。因而各个环节的成本优化不能违背这一原则且必须有助于成本结构优化目标的实现。例如本书中案例14对建筑设计做法的优化，是将功能性成本中的成本优化节省金额全部增加配置到建筑外立面、公共部分装修等敏感性成本科目中，把钱花在刀刃上，提高成本投入的价值回报。

1.5 成本优化三境界

在澄清了成本优化的目标和分解了成本优化的任务之后，就是怎么做的问题了。如果以经济学来平衡需求、确定方向、回答"为什么做"、"做什么？"的问题是一门技术，那么以管理学来寻找方法、回答"谁来做？"、"怎么做？"的问题则更多需要艺术。例如我们都认同在设计过程中做优化比设计结果出来了再做优化好，但是很多房地产企业聘请的优化顾问却多是结果优化，原因是实施过程优化后较难去评价和量化优化效果，而有些房地产企业就能寻找到将过程优化落地的方法。《成本优化》第二辑将就此问题进行讨论，并分享一些案例。

从管理角度讲，成本优化"谁来做？"是"怎么做？"的前提。对于成本配置结构的优化，大多数情况是建设工程项目的业主进行，或者业主方提出方向性的要求后委托顾问公司完成，或者没有提出要求而由相关单位自行实施。例如某项目的景观设计合同中只约定了按景观面积500元/m²进行限额设计，那么关于景观成本的配置结构（硬景占多少、软景占多少、水景占多少）实际上是交由设计单位自主完成了。而精细化的设计管理是会对上述硬景、软景、水景的成本比例、面积比例进行约定。对于全寿命期中的具体环节中的成本优化，近十多年开始流行聘请成本优化顾问进行而非企业的设计部或成本部进行，本书中第2章以设计优化为例进行了现状分析。当然，也有更多的案例是企业的设计部和成本部自主协同完成的，例如案例3、5、7～14、17～21、26、27；关于"成本优化怎么做？"，一般也不存在技术上的问题，在现阶段面临的主要问题是观念问题，是在什么时间做的问题，本书第4章以设计优化为例分析了"过程优化"和"结果优化"差异，本书案例中既有过程优化的案例，也有结果优化的案例，详表4-4。这里仅补充本书中案例分析中没有的内容。

因而，试图系统性地讲清楚成本优化应该怎么做并非易事。受张钦楠前辈在《将结构优化进行到底》中"优化设计，与其把重点放在建立数学模型上，不如放在积累成功解决问题的案例上"的启示，我们陆续征集到了32个案例，涵盖了前期策划、设计、招段、施工及运维等多个阶段，也包括基坑围护、基础、建筑、结构、门窗、保温、立面装饰等多个专业，有房地产企业设计部和成本部自己做的优化，也有聘请优化顾问完成的优化，有过程优化，也有结果优化，有全国通用性的案例，也有地方性特殊案例，各有千秋。通过优化，能让成本配置更合理，让相同的成本投入有更大的价值回报，就是避免了浪费，就是省了钱，就达到了成本优化的目标。我们有偿征集成本优化的案例分析，用讲故事的方式总结、积累、推广在成本优化实践工作中的经验和教训，让同行者少走弯路、节省时间，也就间接降低了建设工程的成本，提高了成本管理的水平。

优化，最现实的任务是回答"如何省成本"。就这个问题，焦祥梓老先生（原台湾润泰大陆区总工、现上海思睿建筑科技有限公司副总工程师）认为，在节省成本这件事情上，结构优化不如建筑优化，建筑优化不如组织优化。前者容易理解，而后者需要细细体会，在这一点上经历过设计优化，特别是经历过设计优化失败案例的人最有发言权。正如成本优化不仅是一个技术问题而更像是管理问题一样，很多可行的技术优化方案，很多先进的技术专利成果，在实施和推广过程中遇到的问题或障碍大多是企业或更高一级的组织架构、管理制度体系等管理方面的问题，而且大多是非成本职能部门的理念和意识、支持或配合的问题。要提高设计阶段的成本管理水平，关键是优化设计阶段的管理流程，这是万科集团在多年以前的经验总结。因而，我们所面对的、将要做的或者正在做的"成本优化"，不仅是建设工程的设计优化，更不单单是结构设计优化，而是牵一发而动全身的整个组织系统的优化。以焦祥梓老先生的观点，成本优化的三个境界依次是结构优化、建筑优化、组织优化，这是按优化价值的排序，并非意味着是实施的时间顺序，因为结构优化这项工作也必然需要有建筑设计优化、管理组织优化的配合。

以下把成本优化所涉及的组织、技能、专业工程的设计阶段的优化等内容以七个"三境界"的方式进行示意说明：

图1-9是基于成本配置所划分的三境界，首先是成本配置结构的优化，其次是在全寿命期的各阶段所分配成本的优化，再次是在各阶段之下的各专业工程或成本项所进行的成本优化。

图1-10是基于建筑全寿命期角度的成本优化三境界，按照工程建设的时间顺序依次是策划阶段、建造阶段、运维和拆除阶段（注：拆除阶段的成本优化也是需要考虑的内容，如何使建筑物的拆除成本更低、拆除后的建筑垃圾的消解成本更低，如何让拆除后的可利用价值更大是拆除阶段考虑的问题。本书中暂未征集到相关案例）。

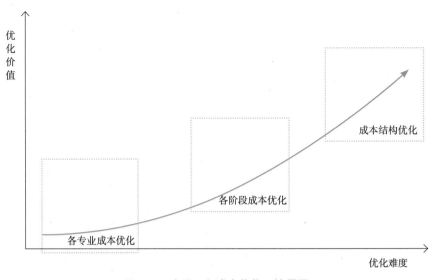

图 1-9　建设工程成本优化三境界图

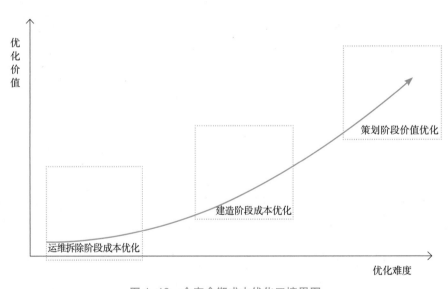

图 1-10　全寿命期成本优化三境界图

　　图 1-11 是以设计阶段为例说明某一阶段的成本优化三境界。基于管理组织优化是实施设计优化的前提条件，所以把管理组织优化放在了第一位。而结构优化则是已经有着 50 年左右历史的经验积累，是相对更成熟、优化潜力已相对减少的一个专业领域。在全专业领域的设计优化中，机电优化、建筑优化的价值空间正在被开发，其优化价值正在或在某些复杂项目中已经超越结构优化。

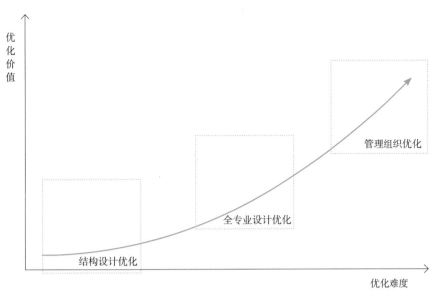

图 1-11　建设工程设计优化三境界图

林同炎教授在《结构概念和体系》中把结构设计分为三层次，即构件层级、结构分体系、结构整体体系，分别对应施工图设计、初步设计、方案设计三个阶段，这也正可以作为结构优化的三层次。王栋先生在《结构优化设计——探索与进展（第二版）》中把结构设计优化分为这样三个层次：尺寸优化、形状优化、布局优化。李文平先生在《建筑结构优化设计方法及案例分析》中讲到的三个层次为：微观 - 构件层次，宏观 - 岩土、结构整体层面的优化，宏观 - 建筑结构总体方案优化。综合三位专家的观点，如图 1-12 所示。

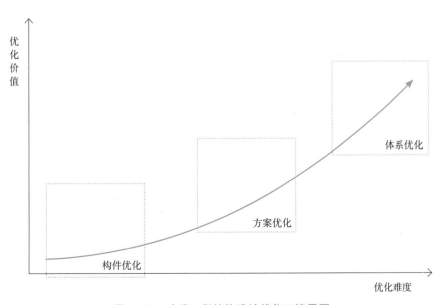

图 1-12　建设工程结构设计优化三境界图

　　成本优化，这个工作本身就首先要是优化的。在结构设计优化、全专业设计优化、组织管理优化中不断向更大的价值空间中去努力作为。经过五十年的发展，由结构设计优化起步，设计优化这个行业已经逐渐拓展为全专业的系统性优化并开始向外延伸为成本优化、成本顾问、工程顾问、EPC顾问，设计与设计优化在相互碰撞、相互协作中都在学习和成长，拼钢筋或混凝土的设计优化已经没有多少成本空间和潜力了，成本优化不能局限于构件的精细化设计去省钢筋，或局限于各种结构设计方案的比选等技术层面的优化，而是需要抓大（方案、公司级）放小（构件、项目级）、避重（结构）就轻（建筑、机电、组织、招标）、瞻前（过程优化、建筑设计优化、勘察优化、标准先行）顾后（结果复核、结构设计优化、项目实施落地）——即系统性地做成本优化，才能做好成本优化。

　　系统性的做成本优化，要求我们把一个项目、一栋建筑当作一个系统来对待，一个系统包括了多个因素、多层级因素，这些因素之间相互关联甚至相互制约、此消彼长。构件层级的优化只是结构优化这个小系统中的子系统，结构优化省下来的只是这一栋建筑的建安成本这个小系统中的结构成本子系统，建安成本只是这栋建筑物的建造成本及全寿命期成本这个大系统中的一个子系统，这栋建筑物也只是这一个项目大系统中的一个子系统……（图1-13）。任何只顾及了单一因素的优化而不是整体全因素的优化都可能出现顾此失彼或因小失大的后果，都不是真的成本优化。典型的负面案例有很多，例如在一些项目上出现过的单车位面积优化减少后却出现单车位成本增加，外保温厚度减少后却出现了外门窗成本增加，结构设计优化后运营期间没有了变化余量而大幅增加改建成本以适应运营发展的需要，设计优化后施工工艺变得烦琐、复杂而

图1-13　系统性的成本优化层级

影响工程进度、增加人工成本、影响销售、影响财务等。因而，成本优化这个工作更需要自身是优化的，系统性优化即是解决方案。系统性的成本优化需要关注到本级系统与更高一级的系统的从属关系，在房地产开发项目上的成本优化，要站在整个开发链条上去考虑，结合财务、营销、工程、运维和客服去做成本优化，要算大账、算总账，要有大成本、大运营视角；系统性的成本优化也需要关注到与成本同级因素之间的互动关系，特别是主次关系、制约关系，以避免顾此失彼、因小失大的成本优化。

在中国房地产发展了四十年之际，我们步入了我国房地产的白银时代这个大周期之中，外有销售价格的政策上限、内有各项建筑节能和质量安全等技术标准、建造标准的提升，在企业的压力之中，成本优化也必须要与时俱进，寻求更大的价值空间。从结构设计优化这个基本层次来一次晋级——不能说起优化就是结构优化、更不能说起结构优化就是要去抠钢筋，而是从结构设计优化向建筑设计优化、机电设计优化等全专业优化领域大步迈进，要从建筑优化向组织管理优化探路前行。例如：某大型房地产集团已制定了建筑节能专项设计控制标准以指导各个项目的限额设计和优化；某大型房地产企业为适应机器人、智能建造时代的来临而在最高级别地进行建筑系统技术与建造技术的优化；某装配式构件企业为适应未来的发展而在纵向进行设计、生产、施工、配件等上下游企业的融合，在横向进行类似构件生产企业的整合，以优化资源配置，提高运营效率和成本竞争力。与此同时，多数房地产企业也开始着手将设计优化由项目管理任务转变为运营管理任务——提升至企业运营管理的高度，制定成本优化协同机制、制定全寿命周期、全专业、全过程、全员的技术管控标准。**任何技术层面的优化都需要有组织层面的优化调整来提供基础，技术层面的优化也同时催生组织管理层面的优化。**组织优化，包括了企业内权责体系的优化、组织架构的优化、制度流程的优化等。图1-14为组织优化三境界示意图。

上述把成本优化按优化价值和难度划分为成本优化三境界、组织优化三境界的方法是借鉴海南大学傅国华教授提出的分层次管理的理论。把管理对象分层次的方法，适用于任何复杂的系统管理工作。在成本管理上，我们一般分为了核算型、控制型、增值型这三个层次，在装配式建筑的标准化设计中我们一般分为构件级、户型级、单元和楼栋级、项目级这四个层次。类似这样把管理的对象分层次后，我们可以归纳出管理对象的三大特征：一是不同层级的相同管理输入有截然不同的价值输出，越往前端价值越大；二是层次之间从低到高并非意味着管理工作也要从低到高慢慢进阶，而是可以"越级"和"跳级"。三是不同的管理层次有着不同的管理难度，需要不同的管理投入。因而，与管理对象的分层次相对应的是管理手段的分层次，一般分为技术技

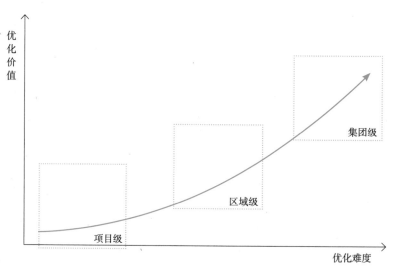

图 1-14　建设工程组织优化三境界图

能（基层）、观念技能（中层）、人文技能（高层）。这样把管理对象分层次后，我们更容易对管理手段和资源进行匹配性的投入，既可以避免高配造成的资源浪费，又可以避免低配而导致的管理落空。例如某项目正在进行的是构件层级的设计优化，那么安排一般专业工程师即可完成这项优化管理，因为这项优化一般在结构专业范围以内就可以完成，不需要投入专业间或部门间的协调工作。而如果是一项涉及结构方案的优化，比如楼盖结构方案的优化，则至少要有管理职能的人员去负责组织和协调包括建筑设计、施工管理等本专业以外的职能部门。

图 1-15 是参考分层次管理所做优化管理技能三境界示意图。

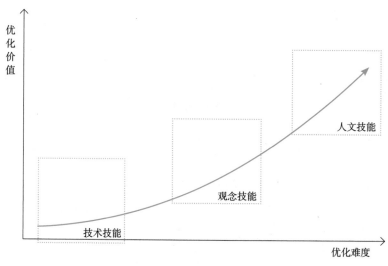

图 1-15　优化管理技能三境界图

需要注意的是与设计优化层次相对应的除了上述投入管理技能的不同以外，还有优化介入时间点上的差异（图 1-16）。

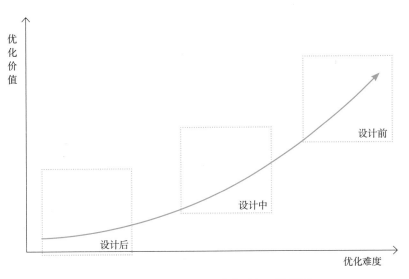

图 1-16　建设工程成本优化时间三境界图

归纳一下成本优化怎么做的问题，除了本书共 32 个案例可供参考和讨论之外，有两项重点工作：

（1）把成本优化作为一个系统性管理工作，按照优化的价值和工作的难度去分层级开展。不同层级的成本优化有着不同的价值回报。首先，成本优化是成本配置结构的优化，例如在全寿命期角度的成本配置主要是在建造成本、运维和拆除成本之间进行配置的优化；其次，成本优化是按全寿命期的不同阶段进一步进行成本配置的优化管理，例如在建造阶段中的设计优化，是我们当前成本优化所正在进行的主要内容；再次，成本优化是针对各个成本项进行的更精细的成本优化，例如我们在设计阶段对建筑门窗、保温等节能成本的优化（案例 7 ~ 10），对通风空调系统等机电成本的优化（案例 27、28），对建筑做法的成本优化（案例 14），对土方成本的优化（案例 29）。这部分是属于第 4 章策划阶段的主要内容。

（2）针对不同层级的成本优化管理匹配不同层级的管理资源。不同层级的成本优化有着不同的管理难度，不同的管理难度需要匹配不同的管理资源。这里有管理资源既是专业人员的资源，也要包括管理制度、流程、权责等体制上的资源。从全寿命期成本的角度进行的成本配置结构优化到某一个专业成本项的优化，从全专业设计优化到结构设计优化，从结构体系的设计优化到某个结构构件的设计优化，有着不同的管理难度，技术与管理的技能和资源，在不同的优化层级上进行着不同比例的分配。在更高层级，需要匹配更多的管理技能、需要匹配更强的技术技能。这部分是第3章的主要内容。

第2章

为什么要做成本优化

"活下去"——这是万科在 2018 年底对我国房地产行业在转折后发出的思考与战略安排。据公开信息显示，万科总裁甚至表示，三年事业计划书的制定是把"活下去"作为基本要求，公司战略也将围绕"活下去"而展开，公司所有行为都"收敛聚焦"到保证企业活下去。

"活下去"——就是为什么要做成本优化的最有力的回答。成本高，要么会导致利润降低，影响企业的发展；要么是销售价格提高，影响市场竞争和销售，也影响企业的发展。这两者都不利于一个企业发展的可持续性。加之，2019 年以来，我国房地产限价等调控政策未明确放松，但土地拍卖市场普遍出现高溢价拿地，在这种销售价格有封顶，而土地成本还在上涨的情况下，我国的房地产企业正在面临要么牺牲利润、要么降低成本的难题。提升项目操盘能力，提升成本管理能力，一降低成本，二增加效益，是两条解决之道。这正是成本优化的目标。

怎么活下去？作为成本管理者，义不容辞的责任就是别人做到 3000 元 /m²，我能做到 2900 元 /m²，或者我用 3000 元 /m² 的成本做出 3100 元 /m² 的产品来。如何做到？这就是要用成本优化的理念、思维、方法。用成本优化的成果来展现成本管理绩效，用成本优化的经验和教训来提升成本管理能力。

2.1 成本优化的基本对象

成本优化，即对成本的配置和投入进行再分配的过程，是包括策划、设计、生产、施工、运维、拆除及再生等建设工程全寿命周期的成本优化。其中最有价值的是策划和设计阶段，最有潜力的是运维、拆除及再生阶段。如图 2-1 所示。

图 2-1　建设工程全寿命期的成本优化

策划阶段的优化管理，是成本优化的最大价值点。在策划阶段的优化管理，主要是基于全寿命期的成本管理、基于土地价值最大化的优化管理以及基于成本配置结构的优化管理。本书第 2 篇策划阶段是第二项的内容。

设计优化，是成本优化的主要内容和实现方式。本书第 3 篇建筑设计优化、第 4 篇结构设计优化、第 5 篇机电设计优化都是属于设计优化的内容（图 2-2）。设计优化，首先依赖的是技术和软件的进步。例如更有针对性的多层建筑的装配式技术标准的出台将显著降低多层装配式建筑的建安成本；例如 BIM 技术的使用较 CAD 软件就大大提高了设计效率和降低了失误的概率。本章内容也是以设计优化阶段为例进行分析和介绍。

图 2-2　建设工程全专业的设计优化

生产优化，在装配式建筑中相对更突出、更重要，这是基于装配式建筑将生产环节转移至构件厂进行，也是基于生产环节的工业化潜力大、成本优化潜力大的原因。在本书中，暂未征集到相应的优化案例。

施工优化，是成本优化于施工承包企业最重要的内容。施工优化的主要价值点在于可以降低土方、模板、脚手架、支撑等非实体性工程成本，或者通过工艺改进而缩短建设工期而获得财务收益。施工优化中最大的措施是建造方式的改变，例如从传统现浇方式到装配式建造，能直接缓解了人工成本和环保成本的问题。本书中第 6 篇是属于施工优化的内容。

运维优化，是成本优化在全寿命期管理的标志之一，基于一个建设工程有着长达40～100年甚至更长时间的使用成本，以及城市更新和改造工程的庞大体量，运维优化将是未来最大的优化领域。本书第7篇即是运维阶段的成本优化内容。

拆除及再生优化，是成本优化在建筑物全寿命期管理的最后一个环节，也将成为新的价值增长点。拆除阶段的成本优化主要目标是降低拆除成本、降低拆除后建筑垃圾消解成本、提高拆除后的可回收可利用价值。但拆除优化的时机多在建造阶段，例如国内著名学者正在研究的可回收和可重复利用的装配式结构体系，只有在建造阶段考虑了拆除的问题，才有可能在拆除阶段获得成本优势和价值回报。

其次，也可以从全成本要素的角度进行划分为土地成本优化、建安成本优化、财务成本优化、销售成本优化、管理成本优化、运维成本优化、拆除成本优化等。需要强调的是各类成本优化之间的关系是需要注意的，例如成本优化后如果没有税务优化相配合则不一定能为企业带来实际收益。其中最有价值的是基于土地价值最大化的优化和建安成本的优化，最有潜力的是运维、拆除及再生成本的优化。如图2-3所示。

图 2-3　建设工程全要素的成本优化

甚至可以尝试建立时间维度和要素维度的成本优化矩阵，如表2-1所示。

时间维度和要素维度的成本优化矩阵　　　　　　表 2-1

全要素 \ 全过程	土地成本	建安成本（结构）	建安成本（非结构）	财务成本	销售成本	管理成本	运维成本	拆除成本
策划阶段	√√√			√√√	√√√	√√√	√√	√√
设计阶段	√	√√√	√√√				√	√
生产阶段		√	√					
施工阶段			√					
运维阶段							√	
拆除阶段								√

注：仅供参考。√表示该阶段对该项成本优化价值的重要程度。

最后，从项目管理全过程来看，还需要补充招采管理中的成本优化。主要体现在招采模式、标段划分、询标方式、合约方式和合同条款等不同方案对成本的影响。

2.1.1 基本概念

设计优化是成本优化的主要内容和主要方式，而结构设计优化是设计优化中最早实践的一个专业，也是目前应用最成熟、最广泛的一个专业（图 2-4）。

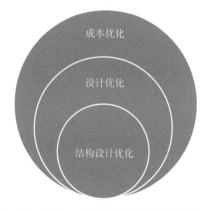

图 2-4 成本优化、设计优化与结构设计优化的关系

设计优化，最早是伴随价值工程起源于国外。公开资料显示，结构设计优化的思想最早源于 100 多年的一篇论文"关于最小体积构架结构设计问题"，其宗旨是寻求一种资源合理的优化配置。第二次世界大战期间，美国在军事上首先应用了优化技术，以替代性思维寻找原设计的可替代材料以降低成本、缩短工期。1967 年，美国的 R.L. 福克斯等发表了第一篇机构最优化论文。1970 年，C.S. 贝特勒等用几何规划解决了液体动压轴承的优化设计问题后，优化设计在机械设计中得到应用和发展。随着数学理论和电子计算机技术的进一步发展，优化设计已逐步形成为一门新兴的、独立的工程学科，并在生产实践中得到了广泛的应用。

我国在 1970 年左右引入设计优化的理念。从我国数学家华罗庚著作《优选法平话及其补充》（目前收集到的最早的版本是 1971 年国防工业出版社出版）发行并在全国推广应用优选法开始，最早应用于设计阶段的方案优化、材料优选，即在不增加设备和原材料的条件下缩短工期、提高质量和产量、降低成本。优选法，是研究如何用较少的试验次数迅速找到最优方案的一种科学方法。那个年代，设计优化广泛应用于设计工作中。那个年代，浪费即是犯罪，设计人员普遍具有强烈的节约意识、成本意识。工程设计是一定要做方案比较的，而且每一个设计师都有将工程成本控制在设计概算内、控制在施工图预算内的意识。设计师必须在设计优化上下功夫、动脑筋、想办法。1978 年，价值工程引入我国，这是一种较优选法更系统、更全面的科学方法，其中最简单的优化方法就是功能不变、材料替代。中国工程院江欢成院士就任华东院总工后的"第一把火"——仙霞型高层住宅的优化设计便是发生在 1985 年。反而是在1990 年左右，在设计工作中进行设计优化的做法出现了明显的倒退，既有我国房地产行业快速发展之下"萝卜快了不洗泥"的原因，也有房地产拿地即挣钱的暴利环境下利润空间太大的原因。1998 年，金融危机的冲击之下房地产行业开始有冷静的思考，成本管理由目标管理提升为价值创造，标杆房企万科确立了"成本只为创造价值"的成本管理理念。在这样的环境之下，金地、佳兆业、万科等深圳沿海城市的房地产企业率先引入结构设计优化顾问。结构优化，被重新唤醒，获得重生，并进一步成长为全专业的设计优化，一举发展成为一个新兴的工程咨询细分行业。

我国工程院江欢成院士曾说："我国优化设计工作方兴未艾，大有可为。优化设计符合可持续发展和科教兴国伟大战略，是科学发展观在建筑行业中的落实。"

2.1.2 主要类型

成本优化，一般会涉及如图 2-5 所示的四种分类方式。

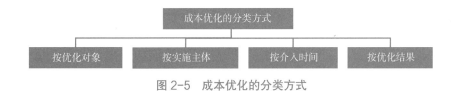

图 2-5　成本优化的分类方式

（1）按成本优化的对象不同分为五种情况：成本基因优化（策划定位等）、设计优化、生产优化、施工优化、运维优化等，设计优化又按专业的不同分为建筑设计优化、结构设计优化、机电设计优化、景观设计优化、幕墙设计优化等。这里特别指出，基因优化是赵丰先生成本管理思想凝聚于优化工作上的思想结晶。赵丰先生在其著作中进一步指出基因优化的内容包括：产品组合方案（土地价值最大化）、分期开发策略（去化速度、存货和现金流）、规划设计指标（单位功能面积最小化）、税筹和成本分摊等先导性因素的优化。

（2）按成本优化实施主体的不同分为两种情况：一是"内部优化"——在主体单

位内部自主进行的优化过程，即自己做优化简称"自优"；二是"外部优化"——由聘请顾问单位进行的优化过程，即请人做优化简称"他优"。内部优化是必要的，外部优化是补充。

（3）按成本优化介入的时间点不同分为两种情况：一是在全过程参与的"过程优化"，属于事前控制和事中控制；二是在工作完成后进行的"结果优化"，属于事后控制。本书第 4 章对两者在设计阶段的应用进行了介绍和案例分析。

（4）按成本优化的结果的不同主要分为三种情况：一是功能不变的情况下成本降低，这是当前成本优化的主要形式；二是有效成本功能提升的情况下成本降低；三是有效功能大幅提升的情况下成本略有增加，但溢价更多。以数据表现下的成本优化结果一般是利润增加，表现方式包括成本降低、利润增加，成本不变、利润增加，成本略有增加、但利润大幅增加等。因而，在以利润增加为最终目标的情况下，成本优化的中间过程不一定是成本降低，也有可能是成本增加。

2.1.3 优化对象

成本优化可以涵盖的内容很广，因为与建设工程有关的任何活动都会发生成本，都会有成本的配置，有成本投入和配置的地方、时间，就有成本优化的价值。成本优化的对象从全寿命周期成本开始逐级深入，直到每一项具体材料的选择和应用，例如钢筋的用量优化、钢筋单价（即强度等级）优化，以及钢筋用量与钢筋单价（强度等级）之间的平衡优化。本书典型案例共 32 个，具体分布如表 2-2 所示。

全书案例分布统计表　　　　　　　　　　　　　　　　表 2-2

序	案例名称	策划	设计	生产	施工	运维	拆除
案例 1	成本优化的综合价值		√				
案例 2	自制和外购分析						
案例 3	成本优化案例的复盘	√					
案例 4	结果优化案例的教训		√				
案例 5	过程优化的一般做法		√				
案例 6	绍兴某项目方案优化复盘	√					
案例 7	建筑高度与外保温成本		√				
案例 8	不同保温方案对比分析		√				
案例 9	外保温材料对成本与利润影响		√				
案例 10	体形系数和窗墙比的影响分析		√				
案例 11	体形系数对外装饰的成本影响		√				

续表

序	案例名称	策划	设计	生产	施工	运维	拆除
案例 12	材料配比对外装饰的成本影响		√				
案例 13	主次外立面的成本影响		√				
案例 14	建筑设计做法优化				√		
案例 15	江苏项目酒店隔声墙方案优化		√				
案例 16	西安住宅项目地下车库的综合优化		√				
案例 17	台州项目基坑支护方案优化		√				
案例 18	西安项目基坑支护方案优化		√				
案例 19	孝感项目基坑支护方案优化		√				
案例 20	地质勘察与桩基方案优化		√				
案例 21	桩型优化中的系统性思维		√				
案例 22	轴压比与布墙率						
案例 23	剪力墙混凝土含量优化思路						
案例 24	剪力墙钢筋含量优化思路						
案例 25	沈阳超高层商业项目的结构优化		√				
案例 26	预制楼梯的设计方案优化		√				
案例 27	北京某写字楼项目空调系统优化		√				
案例 28	深圳某项目全过程绿色空调系统优化		√				
案例 29	施工过程中的土方平衡				√		
案例 30	地下车库结构柱加固					√	
案例 31	商业项目地下基础加固					√	
案例 32	办公楼玻璃幕墙更新改造					√	
合计		2	21	0	2	3	0

在策划阶段的成本优化，土地价值的最大化是本阶段成本优化的目标，优化对象是土地。自 1987 年深圳敲响我国土地使用权有偿拍卖第一槌至今已 32 年，我国房地产行业的竞争由过去的土地获取能力竞争逐步转变为土地开发能力的竞争。蒙炳华先生在《房地产开发的差异化与成本管理核心》这篇文章中指出：企业竞争力 = 土地差异化价值实现 + 产品差异化价值实现 - 成本。土地差异化、产品差异化、成本这三者之间相互促进又相互制衡。好的土地资源可以进一步强化产品的差异化，好的产品反过来也可以最大地实现土地的价值，而成本投入不足或分配不当将影响土地差异化的价值取得。因而，在策划阶段的成本优化任务即是土地差异化、产品差异化、成本这三者的匹配优化。本书中案例 6 介绍了部分内容。

在设计阶段的成本优化，设计优化既是一个建筑、结构、机电、景观、装修等多专业既可独立实施又能相互融合的过程，也更需要设计与生产、施工等多环节、建筑与结构等多专业统筹考虑、综合协调、追求整体优化效果，如图 2-6 所示。在设计优化上，只追求一个专业或一个部件的成本或者一个材料的用量最低的方法往往容易顾此失彼或因小失大。某些项目为了学、赶、超超标杆企业的单车位面积指标而造成单车位成本增加（车库外轮廓线复杂，虽然车库面积减少了，但车库外墙长度增加了），或者降低了外门窗成本而增加了外保温成本（保温与门窗工程一起同属于建筑节能系统，具有此消彼长的关系，详见本书第 6 章、第 7 章）。同理，在追求设计优化的同时，也要顾及设计优化方案对生产、施工、销售的影响。全面且系统地考虑整体成本的节约或总体收益的增加才是真实的节约。

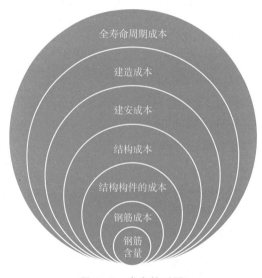

图 2-6　成本关系图

施工阶段的成本优化，一栋钢筋混凝土结构建筑中的钢筋、混凝土的材料用量、价格大致在一个范围内变动，不会有太大的优化空间，或者可以说是相对的固定，而辅助钢筋混凝土结构施工的脚手架、支撑、模板等措施工程不构成工程实体，且此类措施工程成本占结构工程成本的 30% 左右，因而措施工程的成本有较大的优化空间。而装配式建筑最大的优势就是可以大幅降低措施成本，因而这些优化措施在装配式建筑中得到了更快的应用。同时，措施工程的优化也为立体穿插施工创造了条件，工期缩短后管理成本、财务成本相应降低。

运维阶段的成本优化，但运维阶段的成本优化不只是在运维阶段，而是主要在建造阶段。运维成本具有这样的两个特点，一是在建筑物的整个寿命周期 40 ~ 70 年甚至更长的年限内持续性发生，二是运维成本的控制主要是在建造阶段，且一般不可逆或者运营中更改设计的成本过于高昂。例如本书中案例 28 深圳某商办项目的暖通空调系统优化，共节省成本约 4850 万元，其中运营成本节省 2397 万元（占 49.4%）。另一个运维环节成本优化的案例是案例 32，某高层办公楼外立面幕墙的更新改造工程，体现的是建造成本的增加带来运营收益的更大幅度增加。

　　系统优化追求整体效果的同时需要抓住重点，那就是最具优化潜力的部分。最具潜力的部分一般有两种情况，一是成本金额相对较大的部分；二是管理中失控风险较大的部分。对建设工程的全寿命期成本而言，运维成本的优化潜力更大，一是 40 ～ 100 年甚至更长年限的运营期积累的成本基数大，二是在建造阶段的普遍不重视而存在管理空白区；对于建安成本而言，因地下工程的工期紧、地域性强而可比性差、地下工程的复杂性和不可预测因素多导致在设计上普遍保守，加之金额较大，因而也是设计优化的重点对象；因结构设计周期普遍紧迫而容易造成设计不经济的问题，同时结构成本占比也较大、客户相对不敏感，也成为重点对象。

　　最具潜力的部分也是因时而宜、因地而宜，以设计优化为例，前十年的设计优化重心主要是结构成本，这也是最为普通和成熟的优化内容。现在，设计优化的重点正在转移至总图的场地平衡、建筑部分、机电部分、能源部分、景观部分、幕墙部分、装饰部分等。这其中的原因有两点，一是经过十多年的实践和发展，结构优化的空间变得越来越小；二是随着建筑品质的提升，非结构成本比重越来越大，且非结构部分的技术、材料、建造工艺的选择余地越来越大，可优化空间越来越大。以深圳国腾建筑设计咨询有限公司的优化业绩为例，其近两年优化金额中非结构部分占比为 45% 左右（图 2-7）。

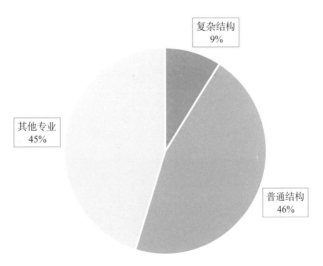

图 2-7　深圳国腾近两年设计优化金额组成示意图

2.2 成本优化的著作和实践

2.2.1 相关著作情况

关于结构设计优化、设计优化的著作丰富多彩，通过公开渠道收集的信息显示，从 1971 年至今共有 38 本著作。既有理论研究，也有实战案例的解读与分析。本文整理了部分著作清单，供了解和参考（表 2-3）。

我国优化类著作统计表   表 2-3

序	结构优化相关著作	作者	出版时间
1	《优选法平话及其补充》	华罗庚	1971
2	《结构的优化设计》	李柄威	1979
3	《结构最优设计》	侯昶	1979
4	《工程结构优化设计》	钱令希	1983
5	《工程结构设计优化基础》	陈耿东	1983
6	《结构优化设计》	江爱川	1986
7	《土建结构优化设计》（第二版）	张炳华、侯昶	1998
8	《工程结构与系统抗震优化设计的实用方法》	王光远	1999
9	《工程结构优化设计》	蔡新	2003
10	《钢筋混凝土非线性有限元及其优化设计》	宋天霞、黄荣杰、杜太生	2003
11	《混凝土面板堆石坝结构分析及优化设计》	蔡新	2005
12	《给水排水管网工程设计优化与运行管理》	伊学农、任群、王国华、王雪峰	2007
13	《结构优化设计》	白新理	2008
14	《多高层钢筋结构设计优化与合理构造》	李国胜	2009
15	《建筑结构设计优化案例分析》	孙芳垂、汪祖培、冯康曾	2010
16	《工程结构优化设计》	钱令希	2011
17	《钢筋混凝土结构模型试验与优化设计》	赵顺波、管俊峰、李晓克	2011
18	《场地规划设计成本优化》	赵晓光	2011
19	《桩基优化设计与施工新技术》	顾国荣、张剑锋等	2011
20	《建筑结构设计优化及实例》	徐传亮、光军	2012
21	《工程结构优化设计基础》	程耿东	2012
22	《多高层钢筋混凝土结构设计优化与合理构造》（第二版）	李国胜	2012
23	《结构优化设计：探索与进展》	王栋	2013
24	《拉索预应力网格结构的分析理论、施工控制与优化设计》	周臻、孟少平、吴京	2013
25	《工程结构不确定优化设计技术》	邱志平、王晓军、许孟辉	2013
26	《结构优化设计方法与工程应用》	白新理、马文亮	2015

续表

序	结构优化相关著作	作者	出版时间
27	《工程结构优化设计方法与应用》	柴山、尚晓江、刚宪约	2015
28	《创新思维结构设计》	程懋堃	2015
29	《寻绿－结构师设计优化笔记》	立生	2015
30	《超高层混合结构地震损伤的多尺度分析与优化设计》	郑山锁、侯丕吉、王斌、李磊	2015
31	《房地产·建筑设计成本优化管理》	侯龙文	2016
32	《建筑结构优化设计方法及案例分析》	李文平	2016
33	《高层建筑结构优化设计方法、案例及软件应用》	焦柯、吴义勇	2016
34	我的优化创新努力（中国工程院院士传记系列丛书）	江欢成	2017
35	《建筑结构优化设计实务》	范幸义	2018
36	《结构优化设计方法》	赵军	2018
37	《零能耗居住建筑多目标优化设计方法研究》	吴伟东	2018
38	《结构优化设计——探索与进展》（第二版）	王栋	2018

2.2.2　实践前沿

在成本优化之中，尤以结构设计优化的技术性最强。结构优化设计，是一门包含计算数学、计算结构力学、工程学等诸多学科知识交叉与融合的综合性学科（来源于王栋著《结构优化设计——探索与进展》）。

1973 年，我国中科院资深院士、我国计算力学工程结构优化设计的开拓者钱令希教授发表了"结构优化设计的近代发展"，可以说是国内研究结构优化设计的一个进军号。钱令希教授在 1982 年的另一论著《我国结构优化设计的现状》详细地论述了十年间我国在这一领域的主要成果。

国内关于设计优化应用软件研究成果较多，为设计优化提供了重要的理论基础和应用工具。例如 JIFEX 是中国自主研发的有限元分析与优化设计软件系统，已发展成为中国计算力学与 CAE 研究领域最具特色的有限元分析与优化设计软件之一。

我国工程院院士程耿东表示："在建筑领域应用优化设计，不仅可行而且十分符合节约能源，保护环境的可持续发展观。结构优化设计作为一种基于计算机的快速自动设计过程，可以在满足规范等约束条件下得到优化的设计方案，降低成本造价，提高结构性能，增大使用空间，缩短施工工期，是设计者追求的终极目标，在建筑领域应用和推广结构优化设计更有着不同寻常的意义，对设计单位、开发商、百姓都是好消息，它是惠及百姓的环保设计理念，具有前瞻性，会带来多赢"。

2005 年 3 月 25 日专题研讨会"结构优化设计在建筑领域的应用"在大连理工大学召开，专家认为"结构优化设计大有可为"、"结构优化设计对设计单位、房企、百姓都是利好消息，它是惠及百姓的一种环保设计理念，具有前瞻性，会带来多赢"、"实践证明，优化后可省 10% 以上造价，还可提高 1% ~ 5% 的使用面积，将有助于平抑房价"。在研究会上大连理工大学也总结了其历经 30 多年的研究成果，以资深院士钱令希教授，力学专家钟万勰院士、程耿东院士、长江学者顾元宪教授等为代表，进行了不懈的努力和创新，形成了完整的理论体系，成果斐然，结构优化设计技术与 JIFEX 系统软件就是其标志性的成果。

我国工程院院士徐匡迪："建设节约型社会在材料工程科学中最重要的一点，就是要努力做到"物尽其用"。"尽"字有三个方面含义：首先是正确选择材料，既不能小材大用，也不能高材低用；第二是依其不同的服役环境选择不同的材料，即用材恰当；第三就是要充分利用每一寸材料，尽量减少边角材料的产生。"

2005 年 11 月，我国工程院院士江欢成大师以"可持续发展与结构优化"为题，在建设部"新时期设计指导思想"研讨会上做专题报告，把优化设计看成是对"科学发展观"的落实。

2006 年 5 月，我国工程院院士江欢成大师在"首届全国建筑结构技术交流会"上作了关于"优化设计的探索和实践"的特邀报告。

2017 年 7 月，中国工程院院士传记《江欢成自传：我的优化创新努力》出版，著作中介绍了江欢成大师从"第一把火"——上海仙霞型高层住宅的优化设计，到 2005 年 10 月 30 日在全国勘察设计工作表彰大会及新时期设计指导思想研讨会上发言"可持续发展与结构优化"，"大胆打出优化设计的旗号"——优化，就是合理化，把可持续发展落实到优化设计上。再到 2012 年 6 月 11 日，在两院院士大会上聆听国家领导层的报告后有所感悟，以"关于创新的学习札记"为题多次在论坛交流，"只有创新才能驱动发展"、"创新也需要驱动，体制机制不改革难以创新"、"规范是一把双刃剑"……

2.3 优化空间来自何方

这个标题是借用了《江欢成自传：我的优化创新努力》中第十九章的内容，对此问题，江欢成院士的回答是：建筑事业在技术上和素质上对工程师提出了很高的要求。

成本优化的空间有多大？什么样的建筑更需要优化？以清华城市规划设计研究院副总工程师王昌兴多年的经验来看，常规的建筑，设计经验会相对多一些，有比较成熟的做法，优化空间比较少。越复杂的地形，越复杂的使用功能，优化的空间就越大。高层乃至超高层建筑最有优化空间。

在发达国家，早在 20 多年前就推行以设计优化为核心的成本优化，比如 Design and Build（简称 D&B，即设计施工总承包模式）及 Engineering Procurememt Construction（简称 EPC，即设计采购施工总承包）等都是以优化设计为核心的总承包模式。这样的项目管理体制有力地促进了以设计优化为核心的成本优化，即成本优化，需要有合适的土壤，激发参建单位的创新。

在建设工程成本影响最大的设计阶段，优化空间来自以下五个方面：

1. 普遍存在设计周期过短的情况，这是设计优化存在的外在原因

我国的工程建设领域，特别是房地产领域，高周转的开发节奏之下设计周期严重低于国家规定的正常范围，同时，建筑设计市场的压价竞争和挂靠设计大量存在导致设计费大幅低于国家规定的正常范围。

这两者之下，设计没有时间考虑可加工性、可施工性的要求，也没有时间考虑设计是否经济、有没有更好的方案。加之，设计单位内部各专业之间的碎片化管理导致在设计过程中专业不交圈，基本是流水线式设计，例如结构专业很难在建筑方案设计阶段就参与设计的情况比较普遍，或者各专业之间独立考虑单个专业的设计经济性，这也导致了整体设计难以达到经济合理。

2. "规范是把双刃剑"，这就是设计优化客观存在的内在原因

规范的内容具有普遍性，规范在技术上永远都是滞后的，规范是总结了比较成熟的内容后形成的统一标准、最低要求。

对于在建设工程结构设计中存在的保守问题，全国工程勘察设计大师程懋堃先生在著作《创新思维结构设计——程懋堃设计大师文稿集》中这样写道：规范条文，是过去工程实践与科学实验等成果的总结，不代表将来发展的方向。不要把规范当圣经。

《江欢成自传：我的优化创新努力》中对优化空间来自何处的问题这样写道：设计者以满足规范要求作为设计的主要目标，而不是以搞出好的作品来追求。规范是一把双刃剑，规范既保证了结构安全，又在一定程度上束缚了创造力。

我国过分强调"规范"的作用，把"规范"当成法律，它正成为技术进步的障碍。工程是由工程师设计的，因而工程设计应该是规范加上工程师的判断和创造的产物。优化设计意味着对常规的突破，乃至对规范的新认知和完善。"不违反规范，不改亦可"——这也成为优化方案不能落地的主要原因。

规范，永远滞后于科技发展；工程师的判断和创造，则应与时俱进。而"判断和创造"

的主观性很大，需要有足够的设计经验、需要有充分的设计时间，如果设计师的经验浅，缺乏清晰的结构概念，如果设计时间紧，根本没有时间做方案比选，很可能我们得到的设计成果只是"设计师将规范转化为设计图纸"而已。

3. 从国家对设计质量的管理来看，只审安全性，不审经济性

我国建立施工图审查制度的目的是确保设计文件符合国家法律、法规、工程建设强制性标准；确保工程设计不损害公共安全和公众利益；确保工程设计质量以及国家财产和人民生命财产安全。施工图审查与结构优化的根本目标不同，我国现行的施工图审查制度，主要是基于建筑安全性审查，看有没有遵守规范和标准，而不是看设计好不好、经济不经济。

我国的设计师职业责任和审图体制，目前仍针对"安全性"这个首要问题，而对于"经济性"这个问题的关注，目前还停留在各结构设计规范的第一条上。这一点孙芳垂前辈在《建筑结构设计优化案例分析》的前言中这样写道"审图规定避免了设计人员违反规范强制性条文起了作用，但由于审查权限仅限于遵守不遵守强制性条文，对于合理、节约种种提高设计水平一概不审"。同时，也在《建筑结构设计优化及案例分析》绪论中写到"在当下，一些工程设计单位和设计人员存在着"重技术、轻经济"的观念，设计思想保守，只求安全保险，不问造价高低"。同时，我国也没有建立像美国一样的设计责任追究体制（业主在完工后也有权就设计浪费问题进行起诉、追偿）。

设计优化，是对施工图审查制度的必要补充。

4. 从设计行业的收入机制看，责任与利益相背离，设计院和设计师一般没有成本控制动力

国内设计院的商业利益是基于按期保质地提交设计成果文件，按照设计院的内部成本控制规定，以尽可能少的人力投入完成设计任务，也要完成内部的人效比、人均设计产值等考核指标。在这一点上，设计院与甲方有明显的不同，甲方希望设计院投入有经验的设计团队、投入更多的设计师、投入更多的时间来完成设计任务，以提供精细化的设计图。双方在商业利益上的背离导致设计院没有提高设计经济性的直接动力。

而国内设计师的收入通常是"低固定工资＋高产值奖金"，设计师的收入一般只与设计产量有关，与设计成果的质量无关。设计院通行的计算产值的主要依据是设计完成的工作量，而不是业主对设计质量的反馈。加之，现实的情况是设计市场随着房地产市场变化而呈现出多样性和复杂性，不规范的市场行为充斥其中，设计单位优劣难辨，设计成果版本繁多、"六边工程"几近成为常态，设计师的工作强度和难度在客观上成倍增加。设计师往往同时承担着多个项目的设计任务，加班、熬夜计算、画图是家常便饭。

超负荷完成更多的设计任务的情况下，将不可避免地造成设计质量的下降，导致设计成果并不经济甚至浪费。

清城华筑建筑设计研究院的副院长陈首春先生认为：何谓优化？完全遵从甲方要求，可能会沦为画图工匠;完全简单遵守设计规范要求，可能会沦为规范的代言人。这，是当下大多数设计院在收费低、工期紧的情况下的生存窘境。在这样的夹缝中，出现了许多设计不尽合理、投资运营成本控制不力的建筑。反思这一现状，必须重新定位甲方和设计院的角色及关系。甲方需要的绝不仅仅是一双画图的手，而是设计师创造性地解读规范的脑，用设计师的智慧和经验去做出优化的设计。

5. 从设计师的职业责任上看，"质量终身制"让设计师在安全上普遍保守

我国的《建筑法》、《质量管理条例》均规定按照"谁设计、谁负责"的原则追究设计单位的设计缺陷的法律责任。而设计缺陷，目前不包括设计不经济的问题。

同时，设计师需要对设计成果终身承担相应的设计责任。就算是工程结束，还有可能会有各种不定期的质量检查等工作，作为设计责任人，需要回复检查出的各类问题，一旦出现质量问题，轻则批评、重则吊销资质。这些造成国内设计师做设计时谨小慎微，在安全问题上保守又保守。设计的成果必定是符合规范要求的成本，是为保证设计安全的成果，并不一定都是设计经济的成果。

2.4　优化后的综合效果

如何验证一个设计是否够优秀呢？有这样的一系列评价指标：成本指标更经济、建筑空间和室内使用更合理、结构安全度更高、生产和施工更便利的效果，一个统筹考虑、综合最优的结果。即"省钱"（更经济），也为"更安全"、"更适用"、"更方便"。

下面的案例是一个发生在 34 年前的优化案例，全面地阐释了设计优化的综合效益。

【案例 1】上海仙霞型高层住宅优化案例

仙霞型住宅，是 20 世纪 80 年代初设计的风车型住宅，是上海乃至全国第一批高层住宅，地上 28 层，建筑高度 79.8m，因为是初次设计高层住宅，所有内墙都设计成了钢筋混凝土剪力墙。也因为是第一批，所以随后被广泛套用于高层住宅的设计中。

上海东方明珠塔的设计者、我国工程院院士江欢成大师在 1985 年当华东院的总工程师后做的第一件事，就是对当时在上海广为流行和大量套用的仙霞型高层住宅大刀阔斧地删掉了许多剪力墙（同时，楼板厚度由 120mm 增加至 140mm 见图 2-8）。"我刚从国外回来，觉得人家并非如此，这样做既浪费，住户使用的灵活性又很差。"

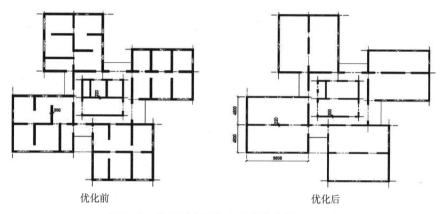

优化前   优化后

图 2-8   仙霞型高层住宅剪力墙布置（底层）

按当时的造价计算每栋住宅节约 100 万元。设计优化取得较好的经济效益和舒适、灵活的空间使用效果，在施工难度上也大大降低，而后在上海多个项目套用，优化前后的技术经济指标对比见表 2-4。（案例来源于江欢成大师《优化设计的探索和实践》）

优化前后的技术经济指标对比   表 2-4

序	对比项	单位	优化前	优化后	差异
1	剪力墙长度	m	242	174	−28%
2	钢筋含量	kg/m²	57	40	−30%
3	混凝土含量	m³/m²	0.553	0.343	−38%

34 年过去了，这些措施至今仍行之有效。而大师所采取优化措施共有 5 项，包括减少剪力墙数量、减薄剪力墙、窗台墙改砖砌、长墙开洞、大开间设计。其中主要措施如表 2-5 所示。

在高层建筑中，剪力墙是普遍采用的结构形式，地上结构中剪力墙的钢筋用量占到全部构件的 50% 左右、甚至以上。上述的设计优化措施至今仍有借鉴意义。优化后，不仅成本更低，而且空间更灵活，施工进度更快。

结合《江欢成自传：我的优化创新努力》一书中对结构设计优化效益的论述，可以归纳出结构设计的综合效益主要体现在以下的四个方面：

一是在建筑空间和平面使用方面改善了空间效果、增加了可使用面积，提升了建筑的空间效益（编者注：提升建筑的产品价值，获得销售溢价，这是增加效益）；

二是在实物工程量上可以节约 5% ~ 10% 的经济效益（编者注：这是直接的降低成本）；

三是节约钢筋、混凝土所带来减少自然资源消耗、减少污染排放等社会效益（编者注：这是间接的降低成本）。

四是减少工程量、节约材料的同时一般都是有助于缩短工期，特别是地下工程的优化对工期缩短效果更为明显。缩短工期，就能间接地降低工程成本、降低财务成本。

高层住宅剪力墙优化效果汇总

表 2-5

序	优化措施	优化工作量		优化效果
1	减少剪力墙长度	总延长米	由 242 改 174（减少 28%）	成本降低 净面积变大 室内空间变大 空间使用灵活性变大 剪力墙减少，结构延性提高，结构更合理、更安全
2	减少剪力墙厚度	1 ~ 6 层 7 ~ 15 层 16 ~ 28 层 内筒	由 300 改 220（减少 27%） 由 240 改 220（减少 8%） 由 200 改 220（增加 10%） 由 220 改 200（减少 9%）	成本降低 净面积变大 室内空间变大 施工更方便
3	上述措施减少建筑自重	由 2.08 万 t 降至 1.87 万 t（减少 10%）		基础成本降低； 自重降低、抗震性能提高

相比经济效益而言，建筑空间使用的效益和社会效益更大，因为这关系到可持续发展。

因而，结构设计优化不是以牺牲安全度来求得经济效益，相反结构设计优化通过减轻重量、刚度、增大延性等措施使结构更趋合理，从而提高安全度。而盲目的、不科学的加大配筋率，不仅是经济上浪费，还会产生结构安全问题。

综合本章所述，既合理又经济的设计不会自动出现，成本资源的最优化配置也不会自动形成，而是需要管理的干预，需要人的干预，干预的方式就是做成本优化，做多方案比选，做价值工程分析。

第3章
谁来做成本优化

通过"为什么要做成本优化？"了解到结构优化、设计优化、成本优化的基本概念和必要性之后，接下来面对的是成本优化怎么做的问题。如果我们确定要做成本优化，那么第一个要回答的问题不是"怎么做？"，而是"谁来做？"。先人后事，"谁来做"决定了"怎么做？"。

"谁来做？"的问题实际可以简化为一个选择题。例如，在房地产企业中，做成本优化基本有两个途径——自己做，请人做。到底是该自己做、还是要花钱请人做呢？一般而言，自己能做的自己做，自己还不会做的先请人做、再学着做、学会了自己做。

当然，也需要说明的是，不管成本优化是自己做还是请人做，成本优化都不是某一个单位或者某一个部门、更不可能是某一个专家可以独立实施的，成本优化不管是结构设计优化还是景观设计优化，优化就是改变，改变就是牵一发而动全身。任何一项优化都是对整个建筑系统、对整个项目管理系统的优化，这项优化将会触及系统中的方方面面，需要管理体系的支持，需要全员的参与。甚至可以这样说，成本优化的成败往往取决于非成本部门的理解、支持和配合程度。同时，不管是自己做还是请人做，都不是完美无缺的，都有长短，都需要扬长避短，发挥长处、规避风险，以取得预期优化效果。

3.1 不同优化主体的利弊分析

目前，在房地产开发项目中实施的设计优化大致有三种：设计院自行优化、业主方自己优化、第三方优化顾问优化。以全过程优化为例，这三种方式各有利弊，一般情况下可以从以下 8 个方面进行对比。详见表 3-1。

全过程优化方式下不同优化主体的利弊分析　　　　表 3-1

序	对比项	设计院自己优化	业主方自己优化	第三方优化
1	优化团队的专业度	一般	较强	最强
2	优化激励措施和动力	一般	较强	最强
3	技术保密性	一般	最强	一般
4	管理灵活度	一般	最强	较强
5	优化的酬金	最少	较少	最多
6	优化能节省成本的上限	一般	较多	最多
7	优化工作的阻力和难度	最小	较小	最大
8	优化的进度保证	较好	一般	最好

当然，还有其他优化实施方式，例如有些标段可以设置成"设计＋施工"的竞标方式，进行设计方案的优化竞标和施工承包的竞标。由投标单位进行设计方案竞标，如基坑工程中通过此方式取得较经济的方案。也可以请相关参建单位之间相互提优化意见，开展头脑风暴和互优。

3.2　多数企业是"请人做"

针对设计优化，地产成本圈在 2016 年做了这样一个调查统计，结果是 TOP20 房地产企业中至少有 90% 的房企是请人做设计优化，而不是自己做。连万科万达这样的标杆房地产企业的设计优化也是请人做。

规模不大、项目经验不多、技术实力不强的房地产企业，不得不借助外部力量、聘请专业的设计优化单位进行优化设计，这容易理解。而万科、万达都拥有国内最强的设计管理团队和设计合作单位，设计管理综合实力在住宅、商业等方面都是行业标杆也请人做设计优化，究竟是何原因？

附：在本书中，涉及成本优化案例共 27 个，其中 17 个是自己做，10 个是请人做。明细详见表 3-2。

全书案例统计分析　　　　　　　　　　　　　　　　　表 3-2

序	案例名称	自己做	请人做
案例 1	成本优化的综合价值		
案例 2	自制和外购分析		
案例 3	成本优化案例的复盘	√	
案例 4	结果优化案例的教训		√
案例 5	过程优化的一般做法	√	
案例 6	绍兴某项目方案优化复盘		√
案例 7	建筑高度与外保温成本	√	
案例 8	不同保温方案对比分析	√	
案例 9	外保温材料对成本与利润影响	√	
案例 10	体形系数和窗墙比的影响分析	√	
案例 11	体形系数对外装饰的成本影响	√	
案例 12	材料配比对外装饰的成本影响	√	
案例 13	主次外立面的成本影响	√	
案例 14	建筑设计做法优化	√	
案例 15	江苏项目酒店隔声墙方案优化		√
案例 16	西安住宅项目地下车库的综合优化		√
案例 17	台州项目基坑支护方案优化	√	
案例 18	西安项目基坑支护方案优化	√	
案例 19	孝感项目基坑支护方案优化	√	
案例 20	地质勘察与桩基方案优化	√	
案例 21	桩型优化中的系统性思维	√	
案例 22	轴压比与布墙率		
案例 23	剪力墙混凝土含量优化思路		
案例 24	剪力墙钢筋含量优化思路		
案例 25	沈阳超高层商业项目的结构优化		√
案例 26	预制楼梯的设计方案优化	√	
案例 27	北京某写字楼项目空调系统优化	√	
案例 28	深圳某项目全过程绿色空调系统优化		√
案例 29	施工过程中的土方平衡		√
案例 30	地下车库结构柱加固		√
案例 31	商业项目地下基础加固		√
案例 32	办公楼玻璃幕墙更新改造		√
合计		17	10

3.3　"请人做"的原因分析

多数大型房地产开发企业是请人做设计优化，主要有以下三大原因：

1. 更专业的人做更专业的事，"请人做"实现优要有优，避免优而不优

首先，房地产企业的设计管理部门的主要职责是企业内外的协调、对接，以及工程施工阶段的配合与管控，工作职责决定了工作时间的分配不可能放在设计优化上。设计管理者，可以是管理的专家但很难是设计优化的专家。而专业的设计优化顾问企业，其企业兴衰与个人成败均在设计优化效果上，其主要职责就是通过专业技术和经验让设计更经济、性价比更高，主要时间除了钻研业务做好优化以外就是复盘总结积累优化经验。

其次，每一家设计优化顾问企业都是一个优化"大数据"，是集百家之长，更有专家优势。优化顾问的优化数据库有着源源不断的"活水、源头"，其往往与几十家房企、几十家设计单位、几十家审图公司合作，各种设计浪费、各种设计惯例、各种优化措施在优化顾问公司内部早已形成了海量的数据库，不仅经历的项目数量庞大，而且建设工程类型丰富、项目管理情况多样，跨地域、跨业态，熟悉各个城市的地质情况和规范标准，而且在各个类型的建设工程上都积累了丰富的案例实践和经验教训。同时，一家优化顾问企业的服务客户越多，接触的案例就越多，积累的经验教训就越多；一家优化顾问企业服务的同类型项目越多，这家企业在这个类型的项目上就相对有优化经验。因而，每一家优化顾问企业提供优化方案的背后都是基于服务于更多企业的优化案例经验积累，这种积累除了优化技术上的积累之外，更重要的是其将优化方案落地的经验积累。优化顾问，至少是自己做优化的必要补充。

再者，就优化工作的特点而言，建设工程的高周转开发留给优化的时间并不多，且在多数情况下是没有重新再来一次的机会。而聘请成本优化顾问具有"招来即用、用即有效、不省钱不给钱"的优势，不需要培养、不需要激励。特别是在重大项目、快速推进项目、非标项目上，及时引入优化顾问可确保万无一失。

最后，请人做优化，特别是请业内知名专家或知名企业做优化，还有一个好处就是这种委托能在无形中促进设计单位的自行优化。

引入"外脑"，让更专业的人做更专业的事，是实现成本优化目标，避免优而不优的最重要的管理措施。

2. 管理学角度而言，"请人做"管理起来相对容易

通俗地讲，自己人难缠，雇的人好管。结合《项目管理知识体系指南（第 5 版）》

中的分析方法，整理了图3-1，直观显示这两种方案在管理主体、对象、特点上的显著差异。

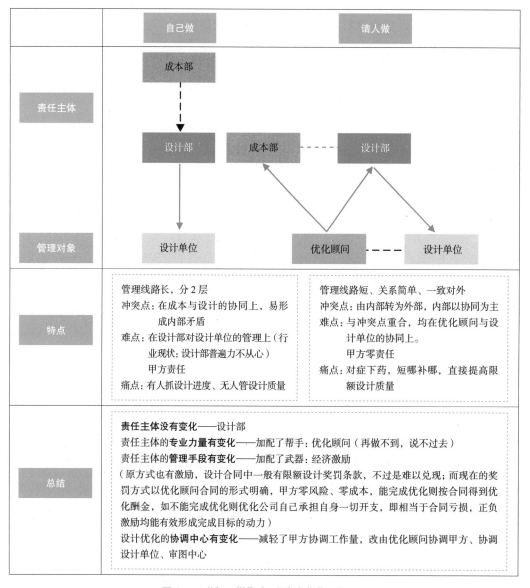

图3-1 "自己做"与"请人做"对比图

下面详细分析一下两者的区别：

（1）管理本质上，有天壤之别（图3-2）

"自己做"对应的管理路径是团队管理，成本与设计的协调沟通，是平行管理；

"请人做"对应的管理路径是采购管理，甲方对乙方的合同管理，似向下管理。

	自己做	请人做
管理主体	成本部—设计部	甲方—乙方
管理主体	团队管理	合同管理
管理方法	平行管理	向下管理
管理难度	相对难	相对易

图 3-2　管理本质对比图

从管理的难易上来说，"请人做"是向下管理，更容易。当然，"请人做"（向下管理）之所以相对容易，关键还是由甲乙双方的合同责任所决定，合格的乙方都懂得让业主方满意是顺利拿到合同款的隐性指标，而这一点也更切合人性，更容易满足中层管理者在马斯洛需求层次理论中第四层次"尊重的需要"。

而"自己做"（平行管理）就相对有难处。平行管理就是管好同僚，管理专家讲，只能是"肺腑之言、将心比心"，以真心换取融洽和协同、立足双赢，以谦让示弱来获得支持和帮助，借力施压则是下下策。而设计优化"自己做"到底难不难，我们暂且就看这样做的企业多不多——TOP20 的企业设计优化自己做的比例在 10% 以下。

看来是真难，难在哪里？这是一个值得继续思考的问题。"请人做"还是"自己做"？自然管一个乙方比管一帮同僚会更得心应手，何况是一个有利益诉求、想要主动作为的乙方，管理者不学即会、甚至不管即可坐享其成。

（2）管理策略上，截然不同、相差甚远（图 3-3）

参照《项目管理知识体系指南（第 5 版）》中的干系人管理篇，我们对设计优化的干系人进行分类：依据干系人对设计优化结果的影响大小、对优化结果所产生的利益大小。

我们发现：

在"自己做"的情况下，有一个管理对象"设计部"，处于区域"令其满意"，设计部对优化结果具有较大的影响力，其重视程度、管理水平直接影响优化结果，但设计部对优化结果一般没有什么收益或利益（应该是有、但现实少有）。而在自己做的情

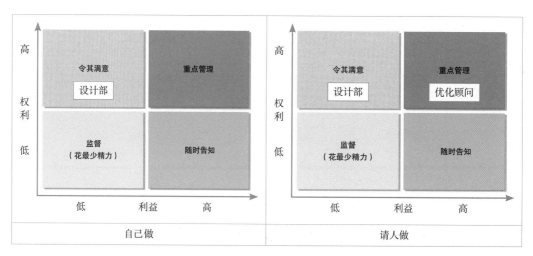

图 3-3　管理策略对比图

况下，我们除了"令其满意"——及时提供设计部所需资料和信息，我们还能做什么呢？因而，在自己做的情况下，作为成本部难有作为，多是被动管理，拿到图纸、好不容易算出结果，发现设计超标也只能望图兴叹，或寄于现场施工可以等图纸而庆幸之。

而"请人做"的情况下，我们的境况就截然不同了。出现了一个"重点管理"对象——优化顾问。优化顾问的能力对优化结果具有直接影响，优化顾问与优化结果之间有直接的利益关系，优化金额大、报酬大，优化金额小、报酬少，没有优化金额、零报酬＋亏损。而且基于优化顾问在优化上更主观能动，优化顾问会比甲方更想实现优化、更想更快完成优化设计，甲方的重点管理实质是在招采阶段确定一个合适的优化顾问单位，管理期间大大缩短。而此情况下，对设计部采取"令其满意"的策略就恰如其分了。

3. 从经济学角度分析，自己做成本优化没有激励机制，绩效难持久

尽管我们知道自己做有很多好处。比如技术上自己摸索和实践容易积累经验、各专业部门协同交流容易培养综合性人才、自己优化可以避免公司的技术优势和商业机密外泄、自己优化也就不用支付优化顾问费用（业内一般按优化金额的 10% 收取酬金）、更经济等。

而且，大多数老板也是这么想的。但同时，你也要充分考虑自己做的弊端。

一方面，"自己做"容易使自己陷入井蛙之困。优化方法和手段总是一成不变、难以创新，时间一长便难以有持续的优化成果，优化团队的技术能力容易受到质疑。而"请人做"，则很容易借助优化顾问的数据库和经验，可以持续性的产生优化绩效。

另一方面，公司固有的设计团队不能灵活应对自己做时变化的工作量。设计团队本身承担了繁重的设计管理、协调的职责。如果再承担紧急且重要的优化任务，如果一时一事，可能加加班可以对付，而持续的优化任务，多项目并行、递进这样的情况，想必是设计团队所难以应对的，在难以应对时怎么办？

在自己做的情况下，房地产企业是否需要给予设计部一定的奖励，这是一个现实困惑，在多数企业难以对部分岗位实施较大金额的奖励。做一件好事容易，但要一直做好事，却是需要激励，没有激励，自然难以有持续性的优化绩效。

3.4 自己做、请人做，如何选择

自己做好还是请人做好？对于这一个问题，借鉴《项目管理知识体系》中自制和外购分析工具进行了定性和定量的分析。

【案例 2】自己做还是请人做的分析

1. 我们先定性分析，发现"自己做"更占优势

定性分析结果见表 3-3，但定性分析的结果明显与 90% 的选择相背离。面对这样的两难选择，我们需要进一步分析，从定性分析调整为定量分析。

自己做与请人做的定性分析 表 3-3

序	考虑的因素	自己做	请人做
1	成本	√	
2	质量	√	√
3	可靠性		√
4	保密性	√	
5	灵活性	√	√
6	专有（利）技术	√	
7	团队专业化成长	√	

结论：通过定性分析，"自己做"更占优势。

2. 通过量化分析，得出结论："找人做"更合理

在假设两种优化方案都能实现年度成本优化金额，且都只完成 100% 目标，自己做的优化酬金暂按请人做的 50% 计算，自己做有专业团队、奖励机制、优化能持续。

我们可以粗略量化两个方案的预期收益（表 3-4）：

自己做与请人做的定量分析 表 3-4

序	科目	自己做	请人做
1	年度优化金额目标	2000 万元	2000 万元
2	优化酬金	100 万元	200 万元
3	优化净收益	1900 万元	1800 万元
4	可靠性	60%	80%
5	预期收益	1140 万元	1440 万元
6	差异	100%	126%

通过优化收益的量化分析，我们发现：实施设计优化的"可靠性"，即实现预期效果的风险大小是影响我们选择的关键因素。

因而，我们的设计优化是选择"自己做"还是"请人做"，可能需要考虑的因素除了管理的需要，还要考虑设计优化预期效益的量化分析，设计优化实现风险的大小。

上述案例分析是基于 2016 年的设计优化统计数据，即三年前的市场情况。但是，在这三年以来，各大房地产企业在请人做设计优化的过程之中积累了大量的优化案例和经验，并将之提炼、固化于企业的运营管理体系和标准化设计、成本管理体系之中，请人做的这种优化渠道可能不会消失，但请人做的优化对象会发生改变，例如从结构设计优化扩展到全专业设计优化，从设计优化扩展到成本优化；同时，请人做的优化潜力会逐渐缩小，例如结构设计优化的空间已大不如从前，优化难度在进一步加大。这种进步正在倒逼设计优化继续向前创新，不断地突破常规、技术研发、管理创新，这种进步正在源源不断地为成本优化提供给养。在这种情况之下，设计优化顾问公司也随之出现了专业细分的趋势，优化专业细分可能更适应业主方的精细化管理和成本管理挖潜的需要，例如专司地下车库设计优化的百锐、专司绿色机电设计优化的深圳市俊欣达等。

借鉴上述设计优化的案例分析，对谁来做成本优化这个更大范畴的问题，我们可以做如下归纳：

（1）对于成本配置结构的优化，例如全寿命期成本配置结构的优化、建造期成本配置结构的优化，涉及业主方的成本与财务、销售等众多职能部门的协同，加之大多数工作可以实施标准化管理，一般情况下都是以自己做为主，且一般是企业级管理部门实施，特别是全寿命期成本配置结构的优化等前期策划阶段的工作内容，涉及企业战略和高层决策，自己做更专业，请人做的方式相对难以实施。在成本配置结构上的优化采取请人做的案例，例如武汉新世界中心项目，业主聘请上海申元投资顾问公司履行了部分职能。类似请人做的情况也是大多委托投资顾问，或全过程造价咨询企业完成部分职能。

（2）对于各专业成本的优化，例如结构工程成本的优化、节能成本的优化、机电成本的优化等，涉及业主方企业级的协调较少，且优化实施与项目所在地域关系较大，可以请人做优化，也可以自己做优化。在自身团队力量不足或不稳定的情况下专业人做专业事，请人做的绩效达成风险相对更小，或者自己做与请人做两种方式分工协作，通过自己做来完成内部可以标准化的部分，通过请人做来攻克特殊的优化项目，如地域性较强的深基坑设计优化、优化潜力和难度较大的地下车库设计优化、专业性较强的绿色机电设计优化等。

总之，不管是选择自己做还是请人做，对优化结果的评判标准只有一个：优要有优，不能优而不优。自己做成本优化更好便自己做，请人做成本优化更好便请人做；这个部分自己做更好便自己做，那个部分请人做更好便请人做；现在请人做更好便请人做，将来自己做更好便自己做。选择请人做，就要充分发挥请人做的优势，提前采取预控措施以规避请人做的风险。因地制宜、因时制宜、扬长避短、实事求是、与时俱进，能降低成本、能增加效益，这就是谁来做优化的选择标准。

第4章
怎么做成本优化

　　怎么做成本优化？——这是一个很大的课题，业内众多专家前辈和同行经历的案例比本书更多、更丰富。本书斗胆抛砖引玉，以 32 个优化案例，结合业内几位专家的著作和指导总结了几点教训和心得，供同仁交流、讨论、批评，以期《建设工程成本优化》第二辑中能呈现所引之玉。

　　结构优化、设计优化、成本优化，怎么做的问题不仅是一个技术问题，更是一个管理问题。以笔者个人经历为例，2006 年之前，笔者对限额设计都没有什么概念，当然除了在教材、注册考试中会有这样的内容，更谈不上结构优化、设计优化、成本优化。2006 年，笔者进入武汉世茂锦绣长江房地产开发公司担任土建估算师，第一次做甲方、第一次接触成本指标、第一次接触含钢量、第一次拿着蓝图说成本。现在回想起来，是这样一句话，你在其位了，担其责了，你自然而然会变换看问题的角度，提升看问题的高度。而专业仍然是那个专业，你还是你，你仍然日夜加班数 KZ1 的数量，仍然在电脑上用 Excel 编辑着各种构件的计算公式。而不同的是，你日夜计算的结果，不再对工作很重要。

　　算量结果不再很重要，不是说我们的算量结果没有价值，而是说我们的算量成果有了更大的用途。因为在汇报给领导的那一刻，领导会问"平米指标是多少"，马上一算，发现超了 5kg，领导说"马上约设计院过来"。接下来的是一场会议、一份纪要、一个星期、一份新图纸，我们的计算书呢，根本不用打印出来。因而，比计算结果更重要的是整个过程中的管理动作，例如在签设计合同时与设计院谈判确定较合理的限额设计指标，在设计过程中经常给设计师打个电话、与工程师一起去设计院看看等。

如果把计算工程量定义为"技术",那么无疑接下来开展的这一系列活动便是"管理"。而且这个"技术"性的算量工作甚至是可有可无,因为结构设计软件一般都可以提供大概的算量数据,且算量结果也只能做事后验证。而整个一系列的管理动作看似务虚,实则是对限额设计的达成举足轻重、不可或缺。在这个整个过程中,对成本管理而言,技术与管理,哪个更重要呢?业内知名成本优化讲师安岩先生在每次讲课中都会重申一次"技术为轮,管理为翼",近 10 年来从未改变。

因而,成本优化怎么做的问题,更多是一个管理问题,是一个理念问题,是一个沟通、协调和关系处理、利益平衡的问题。

4.1 总体思路

成本优化,更多是一个管理问题,其最基本的思想是从大局着眼,从源头着手。大局,指向成本优化的目标,目标首先要是正确的,要是有利于建设工程整体利益的;源头,指向成本优化的位置和时机,找准优化的重点环节,看准优化的最佳时机。

在 1.3 节提出了做成本优化需要有功能适配思维、方案比选思维、替代性思维。在 1.5 节提出了优化的三境界,并指出成本优化这个专司优化的工作必须首先做到优化。如何让成本优化这个工作本身是优化的?在这一节,结合本书 32 个优化案例的经验教训总结,以下依次从思维、方法、制度、时间这四个方面总结了以下工作思路。

1. 成本优化,需要用系统性的思维来做整体的优化

系统性的开展成本优化,最大的作用是能避免因小失大、能避免顾此失彼,能做到算大账、算总账,做到真的优化。

案例一:某房地产企业学习标杆企业的地下车库限额设计指标,要求设计优化顾问公司将地下车库的单车位面积指标控制在 30m² 以内。于是,经过优化调整的地下车库完成了,经复核确认单车位面积指标达到约定指标。但是,该项目在成本复盘时发现,单车位的建安成本反而增加了。经过分析,原来是为了控制单车位面积而将地下室各个无效面积处均进行了外墙缩进,导致地下室外墙进进出出,不仅周长增加了,而且还增加了施工难度和工程成本。系统性地进行地下车库的成本优化,必须聚焦优化目标是降低成本而不只是降低单车位面积,在制定和执行限额设计指标时必须回顾目标,提前制定防止出现意外的措施。

案例二:某钢筋混凝土装配式项目,为了控制塔吊规格以降低增量成本,在装配式拆分设计合同中与设计单位约定单构件重量不得超过 1.5t。项目公司的目的在于按

此规定可以使得塔吊规格不用加大，可以避免产生 20 ～ 30 元 /m² 的塔吊增量成本。但是，在实际施工中却发现有大量的可以大规格的构件被拆分成了零碎的小构件，导致现场吊装工作量增加、吊装时间增加、构件与构件之间的连接成本增加，得不偿失。系统性的成本优化，必须聚焦优化目标是总体的降本增效而不单是降低某项成本，在制定成本优化方案时必须考虑优化方案对于装配式构件的生产、安装的负面影响，必须考虑降低成本的措施对工程质量、进度的负面影响，必须统筹考虑、权衡利弊后确定优化方案。

案例三：某商业广场项目，在施工中进行了机电系统的成本优化工作，主要优化项目包括电缆、新风管道等设计富余量比较大的材料。因此依据当时的商业定位及设备负荷选定匹配的电缆及元器件，依据客流量优化新风管的规格，5 万 m² 的商业广场共节省成本约 200 万元。5 年后，商业广场要进行翻新改造、重新招租，个别区域的定位有了较大的调整，引进了知名的某餐饮品牌。但在改造过程中发现原电缆的规格过小而需要重新施工、原新风主管规格过小需要重新施工，仅此两项的返工成本高达500 万元。

由于商业竞争导致商业定位的不确定性，如原定位为百货的商业，由于市场变化变更为餐饮，机电会发生颠覆性变化。对于用电性餐饮，用电负荷可能会增加一倍，因此在商业机电设计时，需要考虑运营期变更的可能性（这种变更往往是可能性非常高的），在建筑及结构不可能改变或只能小改变的情况下，可以较少考虑预留；如果有可能改变商业定位，就需要预留足够的用电负荷。为了节约成本，可以在桥架中预留增加一根电缆（或几根）的位置。同时，在建筑设计时，配电房附近的车位也要适当考虑变更的可能性。对于排油烟管，如果暂时不明确，一种方案是预留改造安装排油烟管的位置，另一种方案是前期预留排油烟管，成本投入较大。在室外适当预留隔油池的容量、数量，同时预埋部分管道至建筑物内或外墙附近，以免后期大量开挖地面。对于新风系统，由于经济水平的提高，建筑对新风的要求越来越高，一般需要考虑一定的余量，同时，建筑设计的新风井需要依据建筑定位变化的可能性考虑增加新风量的条件。

总之，商业项目机电系统性的成本优化，不是简单地压缩建造成本，而是需要结合运营期的功能定位变化的可能方案，统筹考虑使全寿命期成本的最小化的优化才是合理优化。类似的成功案例有上海世博演艺中心，在建造期增加成本，为运营期不同规模的演艺方案预留了建筑设备。

在《江欢成自传：我的优化创新努力》总结到：建设工程的优化设计，不应只从本专业出发，而应从整体综合上考虑。优化设计，需要树立一个整体的概念。以追求整个系统的协调、整个系统的效率和效益为目的，一定不要只看单个专业。我有一句话：如果每一个工种都想本专业最优，最后的结果肯定是不优。

2. 成本优化，需要以价值工程为原则来提供无遗漏的优化方案

这里只收集到一个案例，是笔者在 RICS 皇家特许测量师学会会员申请过程中进行案例复盘时发现的一个优化方案遗漏。这个案例还未来得及列入本书中，这里简要说明价值工程在寻找优化方案上的指导作用。

【案例 3】某项目成本优化案例的复盘

2012 年 12 月左右，大连某海景别墅项目在完成方案设计后收到项目公司反馈：销售市场价格下行，2013 年预期售价要下调，预期销售利润率将低于目标利润率 2 个百分点，需要相应压缩目标成本，以达到利润率考核指标。

根据新的销售均价测算，为保证利润率达标，需要降低可售单方建安成本为 360 元 /m²，合计需要降低成本 3300 万元。当时笔者提供了三个方案，详见表 4-1：

成本优化方案及预期效果一览表　　　　　　　　　　　　　　　　表 4-1

序	优化方案	预期效果
1	缩减地下室面积 60%	地下室面积缩减 60% 即 13200m²，可降低成本 3300 万元
2	缩减地下室面积 30%+ 降低交房标准	只要将地下室面积缩减 30% 即可降低成本 1650 万元 + 降低交房标准 1650 万元
3	调整地上结构形式 + 降低交房标准	进行专项结构设计优化，并将地上结构形式由异形柱改为普通框架柱，弱化户内无梁无柱的要求，实际降低成本 3300 万元

最终经过利弊权衡选择了方案 3。通过结构设计的优化调整、降低交房标准，以及通过调整招标方案而使得总包定标价低于目标成本共三项措施完成了降低成本的目标。

但是 4 年后，笔者在进行案例复盘时发现有漏网之大鱼。如表 4-2 所示，上述三个成本优化方案均是基于降低成本，即归于表 4-2 中的第 4 项。按价值工程分析，1 ~ 3 项属于不可行方案，但第 5 项却是可行的方案，属于可选方案遗漏。

因而，全面的成本优化方案应该再增加大幅降低成本、小幅降低售价的方案。即取消全部地下室，一举解决地下室不挣钱（地下室面积不计容、不计销售面积）且项目位于海边而有渗漏频发的问题，可以降低成本 5400 万元，售价还可降低 500 元 /m²（单套总价可以降低 10 万元，以更低总价促进销售），同时可以提前 2 个月预售，这是多赢局面。

按价值工程原则梳理优化方案 表4-2

序	可选方案	说明
1	售价提高、成本不变	× 售价无上调可能
2	售价提高、成本降低	× 售价无上调可能
3	售价大幅提高、成本小幅提高	× 售价无上调可能
4	售价不变、成本降低	√已选
5	售价小幅降低、成本大幅降低	√未选

尹贻林教授在其著作《工程价款管理》中写到——2000年在北京科学会堂举办了世界工程造价大会，一个英国人发言：造价工程师的使命是什么？是控制成本吗？是，但根本的使命是为项目增值。而为项目增值的基本形式就是设计优化，设计优化的基本工具就是价值工程。

而这个案例让笔者对此深有同感。价值工程是成本优化的基本工具，这个基本工具能帮助我们履行为项目增值的根本使命，而不至于只提供偏于降低成本的方案。

3. 成本优化，需要有管理体制的支持和保障来让优化落地

用三个案例来阐述这一工作的重要性。

案例一：笔者2008年工作于世茂集团区域B。这是笔者与设计优化最近距离的一次。那时，笔者接到通知，区域技术质检部（区域另有设计管理部）提供了两家优化单位给合约部，一家是中冶华天的结构优化，一家是中科院上海分院的建筑节能优化。笔者欣喜若狂，竟然天降奇兵、有外援帮助降低成本，迅速将负责的上海奉贤的别墅项目与之分别签署了两份优化合同，后来又将负责的大连世茂一期与之分别签署合同。两个项目都分别降低了100万元以上的工程成本（折合单方10元/m²），共支付不到20万元的顾问费、专家差旅费。

2013年，笔者从世茂离职后入职某外资房地产企业，负责温州一个明星楼盘、50万m²的城市综合体项目的成本管理。笔者主张聘请设计优化顾问来降本增效，将优化顾问列入了目标成本和招标计划，按集团要求提供了几家优化顾问、优化专家的名单。后来，笔者离开了这家公司。近期据了解，设计优化单位是实力雄厚的上海某大院，优化合同已签署，但最终未能在这个项目落地。我保守估计，若按类似项目的优化效果来看，这个项目若实施设计优化将降低成本近1000万元。是聘请设计优化顾问对项目不利吗？显然不是。类似这种推进优化失败的案例还真不少，有的情况是优化顾问已中标但从未有项目能落地，有的情况是优化顾问拿到图纸后已提交优化出成果，但迟迟签不了合同、落不了地。其中的原因耐人寻味，但肯定不是技术层面的问题。

案例二：某三线城市的商业广场项目，请人做结果优化，一周后提交了设计优化报告，可以节省成本 400 万元。正当优化人员兴高采烈地要庆祝在这个三线城市的首战告捷时，优化方案在设计单位那里遇到极大的阻力，一开始是设计单位不认同优化方案，后来是不愿意修改设计。于是，优化单位按甲方指示自行完成了设计修改后的图纸，但这次是设计单位不愿意盖章。这一来二去，时间被白白浪费，业主方不能再等了，工程如期进行，优化也不了了之。优化没有落地，优化公司自然也是无功而返。优化公司事后分析原因，一是设计单位在当地极有影响力、有背景；二是甲方在设计合同中有惩罚性条款。如果实施了优化设计，设计单位除了在名誉上会受损之外还会被扣除一部分设计费，虽然钱不多但足够丢面子。

案例三：《江欢成自传：我的优化创新努力》一书中分享了一个这样的案例"一项夭折的优化设计工程"，这个案例是某城市的博览中心项目，由某工程局按扩初设计的概算总承包，通过设计优化节约的成本由相关方进行利益分成。总承包方兴致勃勃地联合江欢成公司进行设计优化，然而一段时间后没有了进展。后来了解到，原来是业主的政策变了，改为按工程决算付款。这样一来，如果实施设计优化，节约的钱多了，总承包的收入反而减少了。于是优化不了了之。业主为什么会改变政策，难道是"他们关心的不是少用钱、多办事、办好事，而是多花钱，完成用款计划"？

对此，江欢成院士在自传中进一步指出：优化创新的推进，关键在于体制机制的改革，优化设计需要政策的支持和保障。必须制定必要的章法，规定程序、资质、责任、审批、基本审查费用和优化效益分成比例等。

综合上述的三个案例，推进和实施成本优化之前必须要完成的准备工作之一是建立开展成本优化所需的制度、规则、流程，特别是收益共享的多赢机制。任何单枪匹马式的推进优化都会失败，只有职能部门之间的相互协同才有可能成功；任何企图利益独享的优化都可能面临无果而终，只有充分照顾合作方的利益而实现多赢才更有助于优化成果的落地；任何只为降低成本的优化都可能沦为纸上谈兵，只有全盘考虑、充分评估优化对工程质量、进度、销售、财务、运维乃至企业品牌的影响而实现一举多得、多赢的局面才更可能成功实施。在本书中案例 17、案例 20 中有关于部门协同的管理动作描述，可供参考。

没有政策和制度支持的改变、创新，都难以逃脱半路夭折的厄运，优化也不例外。因而，与其说成本优化不能落地的原因是管理上的问题，还不如直白地说是关系处理和利益平衡上有问题。建立规则，培养环境，有助于减轻关系和利益问题对成本优化落地的负面影响。

要让一项成本优化方案能如愿落地，除了机制体制的准备之外还需要有其他的准备工作，例如成本优化的专项调研，建议项目公司在开展设计优化之前，先对所在企业、所在地区的设计优化作一个调研，特别是当地设计单位、审图单位对优化的态度和接受度，以便有的放矢。设计优化是成本控制的管理前置，而对设计优化的调研，就是成本管理前置的前置。

4. 成本优化，需要在源头入手并全过程介入以实现优化产出最大化

这一点与投资控制的基本原理一样，越前端、投入越少、产出越大。

从前期策划、建筑设计（总平面布置、户型设计等）、地质勘察、建筑设计、结构设计、审图、施工、运维、拆除等全过程均需要开展相应的优化工作。以成本基因的优化为基础，优化方案就容易落地；影响成本的参建单位（如勘察单位、设计单位等）越有成本意识，成本优化就容易落地，就容易做好。实施成本优化的时机越早越好，即抓源头，即使是结构设计优化，也必须是在建筑总图、地质勘察前介入。案例20，从地质勘察入手优化桩基设计方案，取得较好的经济效果。策划是建造的源头，建造是运维的源头；客户是营销的源头，营销是设计的源头；勘察是设计的源头，设计是成本的源头，建筑设计是结构设计的源头，方案设计是施工图设计的源头。一个有成本优化意识的专业管理人士和一个有成本优化意识的专业团队，是所有成本优化工作的管理源头。

在设计阶段，开展成本优化尽可能及早启动，优先选择过程优化而避免结果优化。这两种方式各有特点、各有成效、各有适用情形，也各有不同的管理要求和不同的风险控制措施。正如我国中医治病一样"上工治未病"，设计优化的过程，并不是等发现"病症"去补救，而是必须在设计之前就开始。因而，结果优化太被动，一般情况下尽可能避免采用。两者的对比见表4-3。

过程优化与结果优化的对比表   表4-3

对比项	过程优化	结果优化
控制方式	事前控制 事中控制	事后控制
优化范围	大，全面优化	小，局部优化 影响成本的关键内容在结果优化中无法开展或开展受限。详表15-1
优化效果	省钱多， 优化效果最好	省钱少， 优化效果较差； 容易错过省钱最多的时机，在工期紧的情况下，可省空间相对小

续表

对比项	过程优化	结果优化
评估方式	优化成果上的认定上有困惑，需要事先约定好起算点	优化效果"立竿见影"，省钱直观，优化费用容易计算
对设计单位的影响	不增加设计单位的工作量，甚至分担了部分工作量，可以实现"双赢"	增加设计单位的工作量 设计单位容易产生心理障碍，设计院阻力大
对工程进度的影响	优化与设计同时进行，没有后置动作，不影响总体进度	在设计完成后进行优化、修改，直接增加设计周期，可能影响工期

过程优化的具体做法是：在设计全过程中介入，采取设计与优化并行开展的工作方式。以结构优化为例，过程优化的做法一般是：

（1）项目前期，通过对外部设计条件（租售价格与配置标准、单位功能面积指标、设计计算参数取值标准）进行分析论证、对项目各部位进行多方案的经济分析比较，制定统一的设计技术措施，确定各项设计原则；

（2）初步设计阶段，对结构计算模型、计算参数等进行精细化调整；

（3）施工图阶段，对梁、板、墙柱、楼梯、节点等配筋原则落实情况进行跟进复核。

结果优化的做法是：在施工图设计完成后介入，采取设计与优化依次开展的工作方式。一般在设计单位的结构施工图设计工作初步完成后、项目施工前或局部已开始施工后方才介入。以结构设计优化为例：

（1）优化意见提出阶段，通过对设计单位所提供的施工图纸等资料进行精细化复核，提出评估意见，并通过与设计单位反复沟通确认优化意见；

（2）施工图阶段，配合设计单位调整结构施工图，确保优化建议得以落实。

注：在本书中，涉及的成本优化案例27个，其中13个是过程优化，14个是结果优化。其中案例25有对过程优化与结果优化差异的全过程优化管理和优化价值差异的详细介绍。明细详见表4-4。

本书中案例汇总分析表

表 4-4

序	案例名称	过程优化	结果优化
案例 1	成本优化的综合价值		
案例 2	自制和外购分析		
案例 3	成本优化案例的复盘	√	
案例 4	结果优化案例的教训		√
案例 5	过程优化的一般做法	√	

续表

序	案例名称	过程优化	结果优化
案例 6	绍兴某项目方案优化复盘		√
案例 7	建筑高度与外保温成本	√	
案例 8	不同保温方案对比分析	√	
案例 9	外保温材料对成本与利润影响	√	
案例 10	体形系数和窗墙比的影响分析	√	
案例 11	体形系数对外装饰的成本影响	√	
案例 12	材料配比对外装饰的成本影响	√	
案例 13	主次外立面的成本影响	√	
案例 14	建筑设计做法优化		√
案例 15	江苏项目酒店隔声墙方案优化		√
案例 16	西安住宅项目地下车库的综合优化		√
案例 17	台州项目基坑支护方案优化		√
案例 18	西安项目基坑支护方案优化		√
案例 19	孝感项目基坑支护方案优化		√
案例 20	地质勘察与桩基方案优化		√
案例 21	桩型优化中的系统性思维		√
案例 22	轴压比与布墙率		
案例 23	剪力墙混凝土含量优化思路		
案例 24	剪力墙钢筋含量优化思路		
案例 25	沈阳超高层商业项目的结构优化		√
案例 26	预制楼梯的设计方案优化	√	
案例 27	北京某写字楼项目空调系统优化		√
案例 28	深圳某项目全过程绿色空调系统优化		√
案例 29	施工过程中的土方平衡		√
案例 30	地下车库结构柱加固	√	
案例 31	商业项目地下基础加固	√	
案例 32	办公楼玻璃幕墙更新改造	√	
	合计	13	14

4.2　结果优化的特点和后果

结果优化一般依次经历这样三个过程：

（1）在拿到施工图后同时安排优化审图、咨询公司算量。

（2）根据优化意见组织多方沟通会议，落实优化方案。

（3）复核设计优化方案的落实情况，再次算量、复核确定优化成果。

采取这种方法，一般情况下设计单位的心理抵触会比较大，因而也很难一步到位。加之工期的限制，来不及将优化方案落地的情况经常出现，特别是优化空间最大、工期最紧的地下工程。结果优化的效果较差，而耗费的管理精力反而大。负面案例的教训，更能让我们印象深刻："结果优化太被动，一般情况下不应使用"。

【案例 4】结果优化的案例教训

（1）项目概况

本项目基本情况如表 4-5 所示。

工程概况表　　　　　　　　　　　　　　　　　　表 4-5

序	工程概况	内容
1	工程地点	大连市金州区后石村
2	工程时间	2010 年
3	物业类型	海景别墅
4	项目规模	100,000m²
5	建筑层数	地上 3 层、地下 1 层
6	结构设计	抗震设防 7.5 度

（2）优化情况

一期工程采取结果优化方式，设计单位按优化顾问的意见，共经过三次修改后才达到限额指标。如表 4-6 所示。

大连项目一期别墅工程结构优化情况汇总　　　　　　　　　　表 4-6

序	情况	限额指标（kg/m²）	实际含量（kg/m²）	含量超出（kg/m²）	成本超出（元/m²）	成本超出（%）	优化效果含钢量降低（kg/m²）	优化效果成本降低（元）
1	第一版施工图	56	73	17	85	3%	—	—
2	设计修改一次后	56	67	11	55	2%	6	3,000,000
3	设计修改两次后	56	59	3	15	1%	8	4,000,000
4	设计修改三次后	56	56	0	0	0%	3	1,500,000
	合计						17	8,500,000

注：上述分析以 C-N 房型为典型单元。

（3）优化过程

在收到设计单位的第一版施工图后，同时进行了两项工作，一是委托单位进行了工程量计算，并进行了偏差分析；二是委托设计优化单位提供优化意见。

1）在与设计单位沟通之前，成本管理需要进行优化工作量的分析、找到优化的重点对象。例如在表 4-7 中对所有构件进行了实际含量与目标含量的对比，并找到结构梁的钢筋含量超出最多，占比 50%，是钢筋含量优化的重点对象。关于结果优化，可以总结的经验是不能因为是结果优化就放松管理标准，反而要因为结果优化更难、更需要投入时间、投入专业智慧、提高工作标准。

大连项目一期别墅工程钢筋优化重点分析 表 4-7

单位：kg/m²

序	构件名称	第一版设计			改一次后			改二次后			改三次后			目标含量
		含量	比目标	重点	含量	比目标	重点	含量	比目标	重点	含量	比目标	重点	
1	基础	4.9	-1.7		4.9	-1.7		4.9	-1.7		3.3	-3.3		6.6
2	筏板筋	7.0	3.8	*	6.5	3.3	*	5.9	2.8	*	4.4	1.2		3.2
3	墙	8.0	4.2	*	6.9	3.1	*	6.9	3.1	*	6.2	2.4	*	3.8
4	柱	20	1.4		20	1.4	*	17	-1.2		17	-1.2		18.6
5	梁	24	11	***	21	8.2	**	17	3.6	*	18	4.6	*	13.0
6	板筋	9.0	-2.0		8	-3.5		7.4	-3.6		7.4	-3.6		11.0
	主体小计	73	17		67	11		59	3.0		56	0.1	OK	56.1
7	零星构件	12	2.5		12	2.5		12	2.8		12	2.8		9.5
	合计	85	20		79	14		71	6.4		68	3.5		65

注：* 表示重要性程度。

2）在收到优化单位的优化评估报告后，需要建立优化清单跟进表，逐一落实、销项。如表 4-8 所示。

3）针对优化方案的落实问题，组织协调会议。

在这个过程中，设计单位在收到优化意见后进行了设计合理性的回复，基本态度是设计方案有规范依据，符合规范要求，不同意进行设计调整。这个反馈很正常，没有哪个设计师会轻轻松松地接受设计有浪费的意见、更没有谁愿意为没有回报的工作而耗费时间，而且肯定是需要加班才能完成的设计修改工作。

结构优化清单跟进表　　　　表 4-8

图纸编号	优化建议		设计修改情况			量化			
	优化意见	应修改为	一次修改	二次	需再改	优化后	如再优化	再优化量	平米含量
共性问题									
（OOSJ-04）	地下室外墙竖向配筋,外侧（迎土面）配筋量大于内侧（室内）配筋量, 本图中内外侧竖向配筋均为 Φ16@150 （1340mm²/m）。外墙计算中, 其简图, 上端自由边及简支边。电算计算书表示地下水位标高: −20mm 一般按室外地坪下 500 计, 本项目地下水位标高: −0.950, 室外附加地为荷载按 10kN/m² 计算。请重新计算外墙外侧与内侧竖向钢筋的配筋量		内侧改为: φ12@150, 外侧未改		外侧改为14间距150	2962	2517	444	0.74
	抗震设防列度是按国家规定的权限批准作为一个地区的设防依据, 根据 GB 50011—2001 （2008 年版）附录 A, 辽宁省大连市金州地区的抗震设防烈度为 7 度。计算中, 设防烈度为 7.5 度	应该予以订正为 7 度	设计单位解释: 计算软件自动生成						
	据 GB 50011-2001 （2008 年版）附录 A 辽宁省大连市金州地区的抗震设防烈度为 7 度, 设计基本地震加速度值为 0.15g	另据该项目工程地质勘察报告（中间资料）所述, 在建地区的设计基本地震加速度值为 0.1g	勘察报告笔误						
	按 GB 50011-2001 （2008 年版）§6.1.10 条规定, 底部加强部位的高度可取墙肢总高度的 1/8 和底部二层二者的较大值, 且不大于 15mm。本项目为地上三层, 属于低层住宅, 房屋高度自室外地坪至房屋檐口高度均不大于 12mm。计算时加强区层数取 3 层, 显然不符合实际状况, 过于安全。多层住宅剪力墙底部加强区高度可取墙肢总高度的 1/10 和底层高度二者的较大值	本项目剪力墙底部加强区为底层高度	改为二层	一层					
	计算简图内构件布置应与施工图内构件布置相吻合。施工图中各构件的配筋量应尽量接近计算值, 不要随意增大配筋量, 以免造成不必要的浪费		部分修改						

续表

图纸编号	优化建议		设计修改情况			量化			
	优化意见	应修改为	一次修改	二次	需再改	优化后	如再优化	再优化量	平米含量
	剪力墙两端和洞口两侧应设置边缘构件，剪力墙体的配筋是以边缘构件简图为准，直线段剪力墙配筋值仅供校核之用。当剪力墙抗震等级为二级时，底部剪力墙底截面在重力荷载代表值作用下的轴压比小于 0.3 时，可不设约束边缘构件，仅设置构造边缘构件。构造边缘构件的配筋要求见 GB 50011-2001（2008 年版）6.4.8 中表 6.4.8 或 04SG330 表 B.4		已修改						
-2	基础底板配筋双层双向 Φ16@150（1340mm²/m），与板局部弯矩配筋图所示配筋量相差甚远，板厚 350 最小含钢率 0.236%，请重新计算	Φ12@150（791mm²/m）	上 14 下 16	上 12 下 16	下 14	2,468	2,098	370	0.62
02SJ-01	工况 $D+L$ 的 ΣN+16311.7kN，请核实桩根数		未修改						
	除了露台、屋面的板面负筋拉通外，其余板负筋用分离式配筋		基本修改						
	......								

为此，我们进行了两方面的工作。一是协调大连金建监理公司，组织其造价师力量（当时项目公司没有聘请造价咨询顾问）加班加点计算工程量，并在算量基础上进行图纸含量与目标含量的对比，不仅对比总的含钢量指标，还要细分对比每一类构件的含钢量指标。这样，就找到了设计优化的重点对象，设计优化就可以做到有的放矢。设计优化方案必须做到有的放矢，这是因为一般在结果优化时，时间档期非常紧迫，可以说时间就是成本，有多少时间就能节省多大的成本；二是组织了四方协调会议，并针对可能出现的问题邀请到审图单位（大连建科设计技术咨询有限公司，通过邀请招标确定的战略合作单位，配合度高）的总工程师（在大连当地有专家地位）参会配合同步审图。四方会议如期召开，在会上主要是设计单位与优化单位针对优化清单逐项进行沟通，基本是提问、答复。对于双方争执不下的问题，甲方与审图公司总工程师当场进行协调处理。最终，与会四方对优化报告中的大部分优化意见达成一致。

之后，设计单位经过三轮修改，我们对照优化清单逐个消项。先后组织了三次算量，耗费诸多精力，地产公司设计师、成本人员、配合算量的监理公司均全过程跟进设计成果的量化，其中辛苦仍历历在目。整个优化过程耗时近一个月，因为桩基工程施工中遇到较多的孤石和礁石、工期延长，给地上结构的设计优化留出了时间，否则优化方案难以落实。

最后，优化结果是勉强达到限额设计指标，但地下室结构工程部分因为没有来得及进行优化，结构指标仍然偏高。

4.3　过程优化的一般做法

过程优化的一般做法概括来讲就是"两个维度、三个步骤、三个阶段、两次确认"。

（1）"两个维度"是指设计优化的管理要同时涵盖管理角度、专业角度；

（2）"三个步骤"是指设计优化从管理角度依次划分为：事前、事中、事后，每个步骤均有不同的管理重点，事前重在指导、事中靠检查、事后只能验证；

（3）"三个阶段"是指设计优化从专业角度依次划分为：方案设计阶段、扩初设计阶段、施工图设计阶段。每个设计阶段的特点不同，需要针对性地采取不同的管理方法；

（4）"两次确认"是指在每一个工作环节均按照"事前确认输入条件、事后复核输出成果"的思路进行过程管控。

4.3.1　事前指导

事前指导的主要目的是在设计开始前双方经过充分的沟通、讨论，形成双方认可的限额设计目标和支持性的技术措施、合作流程等。这个阶段最重要、技术含量最高、也最艰难。但"磨刀不误砍柴工"，做足事前指导，就可以在设计开始前便完成设计成本控制的 50% 以上，事半功倍。

事前指导主要是通过在设计开始前，先定技术标准，从设计的前端进行管控。结构设计优化是通过确定《结构设计统一技术措施》来落实，双方首先共同确定技术标准。因为改标准比改设计图容易得多，工作量小、更方便、阻力小、成效大。即使是在结果优化中也需要做足事前指导的工作，例如在案例 4 中通过对钢筋含量的偏差分析，把含量分析精细化到结构构件这个层次去找到设计偏差，找到结构设计优化的重点对象是结构梁这个构件，这就给后面的设计优化工作提供了方向。

《结构设计技术措施》的具体内容是在常规《设计任务书》的基础上，增加以下四份文件作为结构设计的前置条件，即：《结构设计统一技术措施》、《结构构件的标准构造做法》、《结构设计总说明》、《建筑做法》。这四份文件分别对应计算构件、构造构件、通用构件、建筑设计这四个方面进行了全方位的指引和规范。

事前指导的工作内容除了上述针对项目所做的工作之外，更为重要、更有价值回报的工作是企业层面的事前指导，例如将上述工作制定企业级的标准化管理制度、流程以及标准文件。这更为重要。

【案例 5】过程优化的一般做法

仍以案例 4 的二期工程为例，二期工程的不同之处是更换了设计单位，同时设计优化单位没有参与优化过程。

（1）工程概况

大连项目二期工程的基本情况如表 4-9 所示。

工程概况表
表 4-9

序	工程概况	内容
1	工程地点	大连市金州区后石村
2	工程时间	2012 年
3	物业类型	海景别墅
4	项目规模	100,000m^2
5	建筑层数	地上 3 层、地下 1 层
6	结构设计	抗震设防 7.5 度

（2）优化过程

在吸取了一期工程在设计优化上的教训，二期工程中更换了设计单位，并联合设计部进行了设计全过程的管理，开展了事前输入技术标准，事中进行抽样验算。

1)《统一技术措施》

设计单位按要求在设计前提交了《统一技术措施》，内容包括电算模型及计算系数的取值、设计参数、材料选择、荷载取值、各构件的结构设计与配筋原则、结构指标在各构件上的分解目标（构件结构指标的预估值）等。作为甲方需要完成的工作是提前对当地类似项目进行调研，收集相关数据作为设计单位编写的支撑，避免走弯路。

在收到设计单位提交的《统一技术措施》后，我们需要进行逐项复核比对，对偏差部分进行记录，组织三方会议沟通、确认。

通过房地产兄弟企业、监理单位、审图单位分别收集到类似项目的设计图，并汇总相关设计参数，得到表 4-10 调查情况一览表。

大连地区结构设计主要参数调查表 表 4-10

序	项目名称	基本参数				荷载标准值（kN/㎡）					
		基本风压（kN/㎡）	基本雪压（kN/㎡）	抗震设防烈度	地面粗糙度	客厅起居室	卫生间	楼梯	上人屋面	不上人屋面	挑阳台
1	本项目大连金州	0.65	0.45	7度/地震加速度 0.15g	A类	2	2/4	2	2	0.5	2.5
2	庭林熙谷	0.65	0.4	7度/地震加速度 0.1g	B类	2	4	2	2	0.5	2.5
3	金石滩优山美地	0.6	0.4	7度/地震加速度 0.15g	B类	2	2	2	—	0.5	2.5
4	金州红星海世界观	0.75	0.4	7度/地震加速度 0.15g	B类	2	2	3.5	2	0.5	2.5
5	金州-大连海岸东方E区住宅	0.75	0.4	7度/地震加速度 0.15g	B类	2	2	3.5	2	0.5	2.5

由调查情况可知，案例项目的基本雪压取值偏高，地面粗糙度选择偏高。

而这两项参数对本案例项目影响较大，以地面粗糙度为例，直接影响风荷载标准值的取值大小。在《建筑结构荷载规范》中当计算主要承重结构时，风荷载标准值 W_k 与地面粗糙度成正比。例如本案例项目处于大连海边，风荷载控制，原设计中的地面粗糙度选择为 A 类，那么其荷载标准值就比 B 类要高出 24%。

A 类——指近海海面、海岛、海岸、湖岸及沙漠地区；

B 类——指田野、乡村、丛林、丘陵以及房屋比较稀疏的中小城市郊区；

C 类——指有密集建筑群的中等城市市区；

D 类——指有密集建筑群但房屋较高的大城市市区。

2）《结构构件的标准构造做法》

针对按构造设计而非计算确定的构件，以满足规范的最低要求为标准先制定标准设计做法，避免设计单位任意加大。按构造设计的钢筋在总钢筋用量中占有较大比重，重要性如表 4-11 所示（摘自徐珂《剪力墙住宅项目结构节材设计》）。

结构工程材料用量分析 表 4-11

材料用量 =	1）承重构造用量（例如最小配筋率、最小界面尺寸）
	2）承重计算用量（例如梁计算纵筋、经济计算界面）
	3）抗震构造用量（例如暗柱配筋率、墙面积轴压比）
	4）抗震计算用量（例如连梁用钢量、墙体抗震刚度）

例如表 4-12。

剪力墙墙身的构造配筋表

表 4-12

墙厚	水平分布筋		竖向分布筋		排数
	三级	四级	三级	四级	
180	8@200（0.279%）				2
200	8@200（0.251%）				2
250	8@150（0.268%）	8@200（0.201%）	8@150（0.268%）	8@200（0.201%）	2
300	10@200（0.262%）	8@150（0.223%）	10@200（0.262%）	8@150（0.223%）	2
350	10@170（0.264%）	10@200（0.224%）	10@170（0.264%）	10@200（0.224%）	2
400	10@150（0.262%）	10@190（0.206%）	10@150（0.262%）	10@190（0.206%）	2

注：高度小于 24m 且剪压比很小的四级剪力墙，其竖向分布筋的最小配筋率按 0.15%。

3）《结构设计总说明》

对结构设计软件以外的内容进行经济性控制，特别关注"通用性"的设计说明，通用性越强、设计越浪费（通用性强的好处是设计方便、施工方便），避免出现一句话增加几十万的意外情况。例如关于"吊筋"的说明、关于过梁的说明、关于洞口加筋的说明等。

4）《建筑做法》

主要是提前确定墙、地、顶以及其他部位的建筑做法，避免由结构设计师在未知的情况按最大可能的荷载进行保守取值。例如砌体材料的选择涉及材料比重及荷载计算、天棚是否抹灰等均涉及荷载取值等（表 4-13）。

4.3.2　事中检查

结构设计在专业上主要包括三个阶段：结构方案、结构计算、施工图设计，因而，结构优化伴随结构设计的上述三个阶段着手开展。在每一个阶段，设计优化的主要工作分别是：

（1）方案阶段：此阶段是重点。主要内容是做好结构体系的造型和结构布置合理性认证、结构计算和内力分析的检验等工作；

（2）扩初阶段：结构方案的对比、优化；重点关注结构体系、基础方案、地下室的布置等关键环节；

表 4-13

本项目毛坯房交房标准

功能间	部位			
	地面	墙面	楼面	天棚
地下室	地2 预留30厚面层用户自理 50厚C20细石混凝土随打随抹平，内配φ3@100双向钢筋（钢筋上敷地暖管） 保护层（铝箔） 绝热层（30厚挤塑聚苯板（S6）） 350厚C35抗渗混凝土底板 50厚细石混凝土保护层 3+3厚SBS改性沥青防水卷材 20厚1:2.5水泥砂浆找平层 100厚C15混凝土垫层 素土夯实（夯实系数0.9）	外墙4 S6级抗渗钢筋混凝土墙体 3+3厚SBS改性沥青防水卷材 20厚1:2.5水泥砂浆保护层 60厚聚苯乙烯板 120厚MU5.0混凝土实心砖，M5.0水泥砂浆砌筑 回填素土分层夯实	—	棚1 钢筋混凝土板
地下庭院	钢筋混凝土结构层	围墙 结构墙体 水泥砂浆找平层	—	—
车库	—	内墙1 5厚1:2.5水泥砂浆抹平 15厚1:2水泥砂浆打底扫毛 轻集料混凝土小型空心砌块	50厚C20细石混凝土随打随抹平，内配6@200 双向钢筋 80厚加气混凝土 钢筋混凝土结构层	棚1 钢筋混凝土板
地下室设备间	预留30厚面层用户自理 50厚C20细石混凝土随打随抹平，内配6@200双向钢筋 层同高 50厚加气混凝土 钢筋混凝土结构层	外墙4	50厚C20细石混凝土随打随抹平，内配6@200双向钢筋末完成与地热层同高 50厚加气混凝土 钢筋混凝土结构层	同棚1

续表

功能间	部位			
	地面	墙面	楼面	天棚
卫生间	—	内墙1 5厚1:2.5水泥砂浆抹平 15厚1:3水泥砂浆打底扫毛 轻集料混凝土小型空心砌块	楼4 预留30厚面层用户自理 0.8厚聚氨酯防水卷材，四周上返高于楼面标高300，淋浴区上返1800 50厚C20细石混凝土随打随抹平，内加φ3@100双向钢筋（钢筋上敷地暖管） 保护层（铝箔） 绝热层（30厚挤塑聚苯板） 聚氨酯防水涂料1.5mm厚沿墙上返150mm 最薄处20厚1:3水泥砂浆，从门口处向地漏 找0.5%坡 水泥砂浆一道内掺建筑胶	
厨房	—	同上	楼2 预留30厚面层用户自理 50厚C20细石混凝土随打随抹平，内加钢丝网 φ3@100双向钢筋（钢筋上敷地暖管） 保护层（铝箔） 绝热层（20厚挤塑聚苯板） 钢筋混凝土结构层	棚1 钢筋混凝土板
客餐卧	—	同上	楼2 预留30厚面层用户自理 50厚C20细石混凝土随打随抹平（钢筋上敷地暖管） φ3@100双向钢筋（铝箔） 保护层（铝箔） 绝热层（20厚挤塑聚苯板） 钢筋混凝土结构层	棚1 钢筋混凝土板

续表

功能间	部位			
	地面	墙面	楼面	天棚
		外墙 1 涂料饰面层 5 厚聚合物抗裂砂浆，压入耐碱玻纤网格布一层（底层为二层） 胶粘剂粘贴聚苯乙烯板并辅以锚栓固定（连排及门卫 80 厚，双拼 100 厚） 5 厚 1：3 水泥砂浆抹平 15 厚 1：3 水泥砂浆打底扫毛 轻集料混凝土小型空心砌块	楼 1 预留 30 厚面层用户自理 20 厚 1：3 水泥砂浆保护层 1.5 厚丙纶防水卷材，四周上返 150 最薄处 30 厚胶粉聚苯颗粒保温浆料向地漏，找 1% 坡，表面抹平 水泥浆一道（内掺建筑胶） 钢筋混凝土结构层 30 厚挤塑聚苯板 聚合物抗裂砂浆（压入耐碱玻纤网格布一层） 喷质棚涂料	
阳台	—	外墙 2 5 厚专用面砖粘结砂浆粘面砖 15 厚专用抗裂砂浆复合热镀锌电焊网一层 胶粘剂粘贴聚苯乙烯板并辅以锚栓固定（连排及门卫 80 厚，双拼 100 厚） 5 厚 1：3 水泥砂浆抹平 15 厚 1：3 水泥砂浆打底扫毛 轻集料混凝土小型空心砌块 外墙 3 湿贴石材 5 厚聚合物抗裂砂浆，压入耐碱玻纤网格布一层 胶粘剂粘贴聚苯乙烯板并辅以锚栓固定（连排及门卫 80 厚，双拼 100 厚） 5 厚 1：3 水泥砂浆抹平 15 厚 1：3 水泥砂浆打底扫毛 轻集料混凝土小型空心砌块		参见楼 1

续表

功能间	部位			
	地面	墙面	楼面	天棚
露台	—	视外墙形式参见阳台外墙保护层屋顶层维护墙体根据高度防水 1：2.5 水泥砂浆保护层 上反 300/500 1：2.5 水泥砂浆找平层	屋 2 35 厚 C20 干硬性细石混凝土保护层（割缝 1000×1000） 聚苯乙烯板 3+3 厚 SBS 改性沥青防水卷材 基层处理剂 20 厚 1：3 水泥砂浆找平层 加气混凝土碎块找 2% 坡，最薄处 30 厚 钢筋混凝土屋面板（表面清理干净）	—
住宅入口及门廊	台阶做法 10 厚铺地砖面层，干水泥擦缝 20 厚 1：3 干硬性水泥浆一道内参建筑胶， 表面撒水泥粉水泥浆结合层， 60 厚 C15 混凝土 200 厚碎石灌 M2.5 水泥砂浆 干铺 300 厚护沟冻层 素土夯实（夯实系数 0.9）	视外墙形式参见阳台外墙	—	平屋面 3 1：3 水泥砂浆找 1% 坡抹平，最薄处 20 厚（内掺 5%（防水剂） 钢筋混凝土屋面板 板底腻子刮平 喷顶棚涂料（白色）
阁楼层	—	内墙 1 5 厚 1：2.5 水泥砂浆抹平 15 厚 1：3 水泥砂浆打底扫毛 轻集料混凝土小型空心砌块	—	棚 1 钢筋混凝土板

（3）施工图阶段：结构构件设计的精细化管理。

在具体操作方法上，建议"先做先审、样板先行"。先做样板单元（房、层、各构件）的设计，复核通过后，再开展大面设计。这样基本可以避免出现一旦需要修改、就要全部修改、设计院不情愿、工作量太大影响工期等情况的出现，大大减少和降低结构优化所致的返工量和障碍。即变"先设计后算量"为"先算量后设计"。

例如在案例 5 中，我们与设计单位商议后以代表性较强的 E 型别墅作为样板房先设计、先算量。在收到 E 型别墅的设计图后 2 天内完成钢筋和混凝土的算量，并对照目标进行分析偏差，发现含钢量指标为 68kg/m², 超出限额指标 12 kg/m²。于是，组织了设计单位、审图单位、地产公司设计部一起开会查找原因、讨论解决方案。

会议讨论后，形成如下共识：

1）地面粗糙度：二期可按 B 类；

2）新的结构设计规范将框架柱最小截面由 300×300 提高到 400×400，会上三方确认：可按结构计算实际需要截面尺寸进行设计，400×400 并非强制要求；

3）对于联排别墅的地下室顶板厚度，可以按一般楼板考虑，不按嵌固考虑，在满足计算的前提下，再适当加厚即可，即联排别墅的整体地下室顶板 130mm 厚即可；

4）对于一层客厅与餐厅的高差 600mm，考虑高差小于 1/2 层高，可不按错层考虑；

5）别墅坡屋顶上屋脊处的结构设计：可按折板设计，而不用设计梁。

按上述意见经过第一次修改后，E 型别墅的钢筋含量达到限额指标。之后，其他别墅才开始设计，按照修正后的《结构设计技术措施》进行设计。这样，样板先行的方法避免了所有别墅的设计修改，减轻了设计单位的工作量，达到了预期的成本控制目标。

4.3.3　事后验证

在正式出图前提供施工图电子版和全套结构计算书，供甲方进行计算和复核，验证最终的限额指标与《结构设计技术措施》中构件结构指标预估值的差异。

但事后验证也并非等施工图出来了再验证，而是紧密结合结构设计的各个细分工序和设计软件特点进行的见缝插针式的过程验算，以尽早发现问题、尽早修改。

按照结构设计的一般工序，事后验证可分两步走：

（1）在完成结构计算后进行粗略验证。

PKPM 系列的造价软件 STAT 可以在完成结构计算后得出一个理论的配筋量和混凝土量，是理论量，与最终施工图计算量约有 5% 左右的偏差（具体偏差值与设计师对软件进行人工干预的程度有关）。验算时间短，一般在完成结构计算后即可提供；不会发生算量成本；但精度略有偏差。这种方法可用于初估，或比较两种设计方案之间的指标差异。

（2）完成结构画图后，抽样精确复核验证。

在完成 CAD 画图后、正式出图前（大约有 7 个工作日），可以进行抽样复核或委托造价咨询公司结合工程量清单编制来进行全面复核。在 BIM 时代，这项工作可以更快更准确，任何对设计的优化调整都能实时量化。这可以视为最终的确认。

前期策划阶段的成本优化

优化，就是比前人做得好些再好些。

——江欢成

决策挣大钱，技术挣小钱。

——这是对策划阶段成本优化价值的形象陈述。

前期策划，位于建设工程全寿命期管理的前端。前期和设计阶段决定了建设工程全寿命期费用的80%，初步设计阶段决定了工程投资的80%。前期策划，是一个创新求增值的过程，创新的基础是同类工程管理经验和教训的分析和总结。

前期策划阶段的成本优化，是成本优化的最大价值点。其重心在于通过成本优化为建设工程的全寿命期管理创造增值，对于房地产开发项目而言就是提高利润，包括销售利润、运营利润。主要任务包括三项：一是通过多方案的比选和持续优化，实现全寿命期成本最低化和运营收益最大化；二是通过前期调研和功能分析、产品组合的多方案比选，确定财务指标最优的产品组合方案，以实现土地价值的最大化利用；三是通过系统性的规划制定全寿命期成本配置结构的优化方案以获取增值收益的最大化。

赵丰先生在其著作《房产开发与政府项目成本管理作业指导书》中指出，成本优化在前期策划阶段的核心目标是改良和优化成本基因。

本篇介绍建设工程在策划阶段的价值管理与案例，共1章，是一个房地产开发项目的方案复盘。这是必须要改变的现状，改变即创新，即优化。复盘的案例旨在告诉我们，在影响成本的主要阶段，是最需要由"画了算"改变为"算了画"的。

本篇主要内容：

第5章介绍在拿地和策划阶段以土地价值最大化为目标的成本优化思路，并以绍兴某项目的规划方案复盘为案例，介绍快速、精确的方案排布的AI工具。

第5章
基于土地价值最大化的优化管理

过去的近 20 年被称为我国房地产市场的"黄金时代",其原因是绝大多数房地产开发项目的利润实现过程在很大程度上取决于我国快速城市化过程中的土地溢价。而自 2016 年下半年开始,我国房地产行业总体上扬态势基本终结,甚至开始出现整体下行态势,"黄金时代"已结束。

蒙炳华先生在《房地产开发的差异化与成本管理核心》中指出,企业的竞争力归根结底取决于差异化能力与成本优势。土地差异化在于认识,产品差异化在于创造。一个房地产企业在土地竞标时是否具有优势,取决于其对土地差异化价值的认识判断加其能创造的产品差异化价值减去其成本的差值,差值越高竞争力就越强。也就是说,土地竞标比的不是企业成本,而是企业的综合实力。

本章介绍的是以我国房地产开发行业目前最先进的"max(利润)"决策引擎——"土地效益精算法",对绍兴某房地产开发项目的规划设计复盘。

5.1 传统方案定位的 4 大痛点

在房地产的新时期,若仍以惯性写给,继续沿用"强排法"进行目标验证,而不进行锱铢必较的利润最大化演算,显然是难以获得土地价值最大化的。采用传统方式进行方案定位一般会遇到这样的 3 大痛点:

痛点 1:变量多、时间和人力有限,导致无法穷尽所有产品组合。

通常来说,即便锁定同一地块、同一产品线和同一定价方案,考虑到产品线中各种产品（高层塔楼、小高层、多层、别墅、联排等，以及不可售的幼儿园等配套建筑）的排布位置、各产品配比等因素，在时间有限、人力有限的前提下，采用传统方式，仍然是无法通过穷尽所有产品组合来求得项目最大开发利润的设计方案。

痛点 2：周期长，人力成本高，且难有客观一致结论。

土地评估的方法大概有 5 种：市场比较法、成本修正法、收益还原法、基准地价修正法、假设开发法等。其中最精确的为假设开发法，其本质是一种试错法，也就是根据过往经验来进行强排，每出一套强排设计方案都需要很长的时间（3 ~ 5 天甚至更长），且已做出的方案也很难判断出哪一套方案利润更高，除非经过详尽的测算。

比如，在下面的两个方案中（该项目为某品牌房企收到的由传统设计院给出的两套看似很接近的方案）。若不经过计算，根本无法判断哪个方案的经济效益更好（图 5-1、图 5-2）。

图 5-1　项目规划方案 1　　　　　　　　图 5-2　项目规划方案 2

痛点 3：细节问题多，无法思考全面。

除以上几个方面外，采用传统方式进行工作，还会遇到各种各样层出不穷的细节问题，比如：

（1）容积率是否一定做到最大值？做到，会出现单价低的产品；不做到，则平均售价高，选择最高容积率就利润最大吗？

（2）高层、多层、别墅，应如何配比，才能让小区总体利润最高？高层多了小区总货值低，别墅多了又太消耗土地，怎么办？

（3）多层户型加大面宽、减小进深，有利户型设计提高单价，但也会消耗土地。哪种方案更有利？

（4）别墅设置私家车库，与只提供公共地下车库，两种方案会造成地上物业的单价、地下车库建设量的变化。哪种方案利润更大？

5.2 什么是土地效益精算法

"土地效益精算法"是根据土地控制条件、栋型条件、价格、成本预处理等基础上，通过空间解析、线性代数、偏微积分的数学方法，结合大量项目案例的实战经验总结出来的适合拿地阶段、策划阶段、方案阶段的算法（图5-3）。

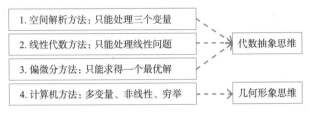

图 5-3　求得项目最大利润方案的 4 种常用方法

下面以"土地效益精算法"为算法引擎的智能规划投资决策系统"策地帮"为例，展现"土地效益精算法"的功能以及用法。

5.2.1 "土地效益精算法"与传统"强排法"有何区别

通过图5-4与图5-5对比，简明扼要地给出"土地效益精算法"与传统"强排法"的本质区别：算出最佳利润方案后直接画图。

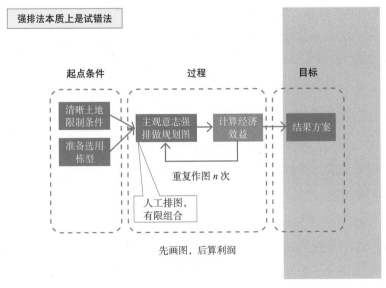

图 5-4　传统强排法：先画后算

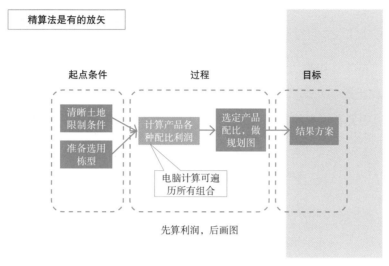

图 5-5　精算法：先算后画

5.2.2　实践应用中有什么经验和结论

以"土地效益精算法"为基础，结合"策地帮"算法，得到了几十条的经验以及结论。例如：

（1）容积率不变的前提下，减少高层的建筑面积，给到单价高的低多层住宅上。同时，减少商业裙楼的面积，为增加的低多层住宅腾出密度。

（2）小区有效容积率和密度被限定，一个小区最多只需三种栋型即可满足开发利润的最大。

（3）备选栋型所有组合均达不到规定有效小区容积率、密度时，只需一种栋型即可满足开发利润的最大。

（4）相同容积率（其中都含某两栋型,且仅此两栋型有不同配比）的两个规划方案，整体密度高的方案售价高。

（5）相同容积率（都采用某三栋型，仅此配比不同）的两个规划方案，除例外条件下，整体密度高的方案总利高。

（6）高层底层栋容之比，小于各自楼面与中庭毛利差的比，则低层不应赠送中庭。

将这些经验与结论通过软件的方式运用到工作之中，实现真正意义上的人工智能。以上精算推论，很多甚至是反传统、反设计师直觉的，但却能够带来货真价实、真金白银的巨额利润增量。可以说：这些精算推论，直击传统强排设计的思维盲区，能为房地产开发项目带来新的价值增量。

5.2.3 会给我们的工作组织与协调方式带来什么变化

通过以下的工作组织、流程，我们可以看出，采用"土地效益精算法"，房地产开发企业的工作组织与协调方式发生了变化——设计部门（或投资决策机构）会增加一个环节：通过搜集各专业数据，来完成最佳的产品配比计算（图5-6）。

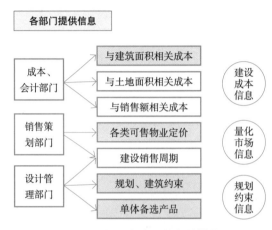

图 5-6　项目各专业信息的搜集

然而，这样的增加是"一次性"的，因为通过该环节的论证后，项目土地的利润已经能够被彻底发挥到最大，不再需要像传统的工作方式那样，反复推倒重来、反复试错与论证了，房地产企业的投资决策效率和由此产生的巨大效益，均将因增加了前置管控环节，而大大增加（图5-7、图5-8）。

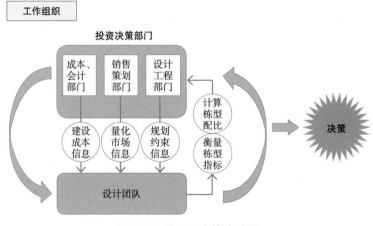

图 5-7　论证与决策的过程

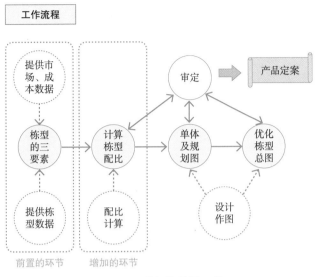

图 5-8　增加的前置环节

5.3　能解决哪些问题

"土地效益精算法"是一种适用于拿地阶段、策划阶段、方案阶段多阶段的算法。以下列举 3 个常见问题，一起思考，如果只是凭借经验与感觉进行定性分析，能够解决下面的问题吗？

问题 1：叠拼增加地下室夹层，增加成本提高售价，要不要做？

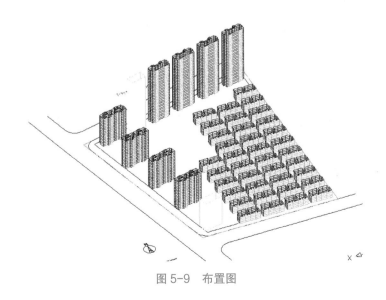

图 5-9　布置图

原方案中（图 5-9），选择最优方案为实施方案，此方案为 4 层叠拼、33 层、18 层的三产品组合；考虑实施方案中，在公共地下车库与叠拼的首层之间，增加夹层，其面积同于首层面积。想解决此问题，如果传统方案对比，需要进行如下 3 点讨论：

（1）夹层对地下室成本有多大影响？

（2）叠拼若装修，效益有何影响？

（3）增加夹层延长工期，引起资金成本变化如何？

显然，以上这 3 个问题，不经过详尽的计算，任何人都是很难一口给出答案的。

问题 2：赠送中庭提高售价，做了是赚还是赔？

原方案为叠拼及 18 层的二产品组合。停车按 1.2 辆 / 户。有建议提出，可以每户减少 15m²，营造一个中庭，其售价变动后核算入名义售价中。其余产品售价及成本不变。哪些因素，会影响做不做中庭？想解决此问题，如果传统方案对比，需要进行如下 4 点讨论：

（1）对叠拼开发总量什么影响？

（2）送中庭对地下车库什么影响？

（3）时间可能拖延引起资金成本增加多少？

（4）如果叠拼装修，对效益如何影响？

同样地，这显然是一个"牵一发而动全身"的问题，是不可能不经计算直接得出答案的，而计算过程，通常是跨部门开会、耗时漫长的。

问题 3：底商的排布，是选择全东向、二层底商，还是东 + 北、一层底商？

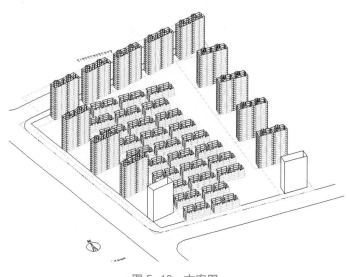

图 5-10　方案图

某项目 2.0 容积率，居住部分已经确定为 18 层住宅与叠拼的组合（见图 5-10）。规划部门要求商业裙楼只有北、东向允许布置。营销将裙楼定价如表 5-1 所示。

某项目裙楼销售均价表　　　　　　　　　表 5-1

底商方向	计容面积单价（元 /m²）	
	首层单价	二层单价
东	30,000	18,000
北	20,000	13,000
北	23,000	—
东	35,000	—

哪些因素，会影响底商方向、层数？想解决此问题，如果传统方案对比，需要进行如下 3 点讨论：

（1）商业裙楼占据一定的总体密度，不同层数对其他住宅产品的配比变化的影响？

（2）东、北商业裙楼做到最高价，是否小区有最高利润？

（3）调整规划商业面积占比为 5%，结果有什么变化？

显然，这仍然是一个无法不经计算而仅靠经验和直觉给出答案的问题，若用传统方式解决该问题，估计得开三次会、耗时两个星期。

以上三个问题，相信大家通过定性分析，不可能通过经验和直觉得出正确结论。而通过"土地效益精算法"+AI 引擎"策地帮"，则只需要修改相应的选项，来对比更改前后的方案利润对比，即可进行精准的定量分析，自动"浮现"出最佳利润方案。

以问题 2 举例：是否赠送中庭，我们便可以在其他条件保持不变的情况下，选择送中庭与不送中庭两种情况，分别进行查看最优方案的利润对比情况。

经过对比，我们可以看到：不送中庭要比送中庭的总盈利高 727 万元 =169,091 万元 -168,364 万元。故选择"不送中庭"的方案，对地产商来说更为划算。一个很复杂的问题，采用土地效益精算法 +AI 为引擎的"策地帮"软件，只需要几十秒便可轻松解决。

情形一：不送中庭

不送中庭的产品设置和利润计算结果见图 5-11、图 5-12。

建设工程成本优化——基于策划、设计、建造、运维、再生之全寿命周期

图 5-11　不送中庭的产品设置

《中庭》测算最优方案表

Powered by 策地帮　　　　　　　　按 总利润 排序，未计税；总方案 3003 个，有效方案 52 个　　　　　2018 年 8 月 11 日 23:42

			方案 1	方案 2	方案 3	方案 4	方案 5	方案 6	方案 7	方案 8	方案 9	方案 10
计容面积 m²	塔楼	04F叠拼	74566.904	74566.904	75788.4749	78837.2053	78755.4407	78755.4407	54261.4251	54261.4251	79605.5985	55548.7041
		18F-1T2	69633.096	69633.096	69698.8041	69862.7947	52448.8395	52448.8395	89938.5749	89938.5749	52448.8395	89938.5749
	裙楼	裙楼2F	4500	4500	3212.721	0	4098.0705	4098.0705	4500	4500	3212.721	3212.721
	配套	幼儿园	800	800	800	800	800	800	800	800	800	800
		建全民健身活动	150	150	150	150	150	150	150	150	150	150
		建物业管理用房（地上）	200	200	200	200	200	200	200	200	200	200
		建物业管理用房（地下）	0	0	0	0	0	0	0	0	0	0
		垃圾房	150	150	150	150	150	150	150	150	150	150
		地下设备房	0	0	0	0	0	0	0	0	0	0
各类产权计容建筑面积		住宅	144200	144200	145487.279	148700	131204.2802	131204.2802	144200	144200	132054.438	145487.279
		商业	4500	4500	3212.721	0	4098.0705	4098.0705	4500	4500	3212.721	3212.721
		办公	0	0	0	0	0	0	0	0	0	0
		第四	0	0	0	0	0	0	0	0	0	0
计容总建筑面积			150000	150000	150000	150000	136602.3507	136602.3507	150000	150000	136567.159	150000
不计容建筑面积			40344.2042	40344.2042	40420.9333	40612.4298	35871.4724	35871.4724	42691.1618	42691.1618	35912.4328	42760.2962
塔楼建筑面积			144200	144200	145487.279	148700	131204.2802	131204.2802	144200	144200	132054.438	145487.279
裙楼建筑面积			4500	4500	3212.721	0	4098.0705	4098.0705	4500	4500	3212.721	3212.721
配套建筑面积			3000	3000	3000	3000	3000	3000	3000	3000	3000	3000
容积率			1.5	1.5	1.5	1.5	1.366	1.366	1.5	1.5	1.3657	1.5
密度			0.25	0.25	0.25	0.25	0.25	0.25	0.208833	0.208833	0.25	0.208966
总利润（亿元）			16.9091	16.9091	16.7758	16.4431	15.8008	15.8008	15.7996	15.7996	15.7063	15.6699
销售收入（亿元）			24.5248	24.5248	24.434	24.2074	22.8722	22.8722	23.4884	23.4884	22.8055	23.401
成本利润率（%）			235.92	235.92	232.74	224.96	238.52	238.52	218.54	218.54	236.16	215.54
销售利润率（%）			70.23	70.23	69.95	69.23	70.46	70.46	68.61	68.61	70.25	68.31
与方案1利润差（万元）			0	0	-1332.8841	-4659.424	-11082.9764	-11082.9764	-11094.5955	-11094.5955	-12027.7103	-12391.5778

| 方案 1 | 方案 2 | 方案 3 | 方案 4 | 方案 5 | 方案 6 | 方案 7 | 方案 8 | 方案 9 | 方案 10 |

图 5-12　不送中庭的利润计算结果

084

情形二：送中庭

送中庭的产品设置和利润计算结果见图 5-13、图 5-14。

图 5-13　送中庭产品设置

图 5-14　送中庭的利润计算结果

因而，AI 智能精算法能把一块土地上的房地产开发价值发挥到最大化或提供最大化的选择方案，能辅助快速决策，直击传统强排设计的思维盲区。

【案例 6】绍兴某项目规划方案复盘

用"策地帮"软件，为绍兴某一线地产品牌的实际已完项目进行复盘所得到的结果。我们用其原方案与"策地帮"进行测算给出的最优方案进行对比后发现（总平面图见图 5-15 ～图 5-18）：

通过"策地帮"优化后的方案，在控规不调、产品线不变、售价和成本也不变的情况下，通过对排布方案和产品配比进行优化，即可提高单项目利润高达 3640 万元。

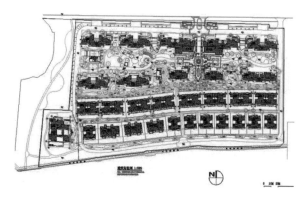

图 5-15　原方案总平图

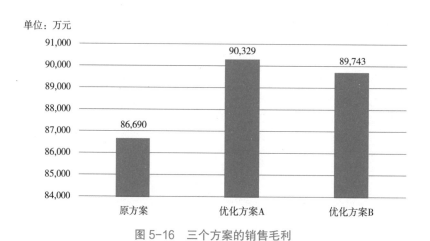

图 5-16　三个方案的销售毛利

三个方案的明细见表 5-2 ～表 5-5，3 个方案的销售毛利对比图见图 5-16（注：表 5-3、表 5-4 和表 5-5 中只列了"地上主体建安成本"，是因为不同面积段的业态，地库配比是不同的，因此地库的单方成本在不同面积段、不同的方案中，不会是一个定值，而是一个与该配比相关联的成本指标。"策地帮"在进行人工智能暴力破解计算的过程中，会自动逐一计算并最终得到最佳配比）。

优化前后三个方案的毛利测算表　　　　　表 5—2

方案	建造成本（万元）	售价（万元）	毛利（万元）		
			小计	差额	占比
原方案	28,176	114,867	86,690	—	100.0%
优化方案 A	28,217	118,546	90,329	3,639	104.2%
优化方案 B	28,229	117,973	89,743	3,053	103.5%

原方案测算明细表　　　　　表 5—3

业态	面积	地上建安成本		售价		毛利（万元）
		单价（元/m²）	合价（万元）	单价（元/m²）	合价（万元）	
高层 24	61,410	2,800	17,195	10,000	61,410	44,215
高层 18	25,000	2,800	7,000	11,000	27,500	20,500
双拼	5,906	3,000	1,772	21,500	12,698	10,926
联拼	7,366	3,000	2,210	18,000	13,259	11,049
合计	99,682	—	28,176	—	114,867	86,690

优化方案 A（容积率 1.8; 密度 22.2%）　　　　　表 5—4

业态	面积	地上建安成本		售价		毛利（万元）
		单价（元/m²）	合价（万元）	单价（元/m²）	合价（万元）	
高层 24	71,342	2,800	19,976	10,000	71,342	51,366
高层 18	13,076	2,800	3,661	11,000	14,383	10,722
双拼	15,265	3,000	4,580	21,500	32,820	28,240
联拼	—	3,000	—	18,000	—	—
合计	99,683	—	28,217	—	118,546	90,329

优化方案 B（容积率 1.8; 密度 22.4%）　　　　　表 5—5

业态	面积	地上建安成本		售价		毛利（万元）
		单价（元/m²）	合价（万元）	单价（元/m²）	合价（万元）	
高层 24	83,779	2,800	23,458	10,000	83,779	60,321
高层 18	—	2,800	—	11,000	—	—
双拼	15,904	3,000	4,771	21,500	34,194	29,422
联拼	—	3,000	—	18,000	—	—
合计	99,683	—	28,229	—	117,973	89,743

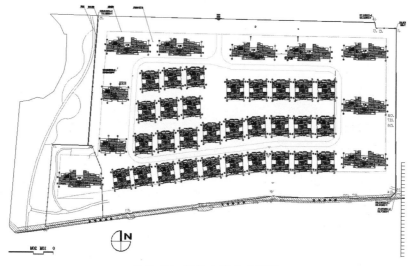

图 5-17　优化方案 A 总平图

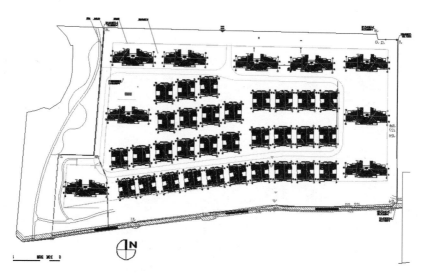

图 5-18　优化方案 B 总平图

　　在"白银时代"的锱铢必较，运用 AI 智能精算工具，这就是新时代土地价值最化的实现手段和工具。管控前置、利润精算，才是房地产行业真正的核心竞争力之所在——利润，不仅是"设计"出来的，更是"精算"出来的。

建筑设计的成本优化

成本，是设计必须考虑和尊重的重要因素。

———沈源

"笔下一条线，投资千千万。"

——沈源先生在其著作《建筑设计管理方法与实践》中这样描述建筑设计对成本的影响。

在一般意义上讲，建筑设计的合理性，是结构设计经济性的源头。《江欢成自传：我的优化创新努力》一书中这样表达建筑设计与结构设计的关系：在建筑行业，建筑师无疑是龙头，而龙身、龙尾也足以影响龙头。

本篇介绍建筑设计阶段的成本优化管理与案例，共6章。

主要内容：

第6章介绍外立面保温工程的设计与成本协同管理以提高性价比。

第7章介绍外立面门窗工程在方案设计阶段、施工图设计阶段的成本优化管理。

第8章介绍如何在方案设计阶段做好控建筑风格、控体形系数、控外墙选材和比例这三项工作。

第9章介绍如何在建筑设计完成后、施工之前开展第二轮成本优化工作，如何取得项目公司和区域公司的支持。

第10章介绍五星级酒店隔声设计的成本优化管理，除了成本以外还要在方案比选中考虑哪些因素。

第11章介绍地下室工程综合成本优化管理。地下室综合优化包括流线分析、竖向分析、消防分析、塔楼竖向构件分析、柱网分析、综合管线分析、出入口分析、人防分析、地库轮廓线分析、设备用房分析等共27项的综合成本优化。

第6章
外立面保温工程的成本优化

在建设工程的节能设计中，建筑外保温、建筑外立面门窗虽然分属两个专业工程，但因建筑节能而同属一个系统。

外保温工程的成本指标，以住宅为例，按地上建筑面积大概范围是南方 100 元 /m² 以内、北方 120 元 /m² 以内，与外门窗工程的成本指标相差不大。外保温与外门窗工程在设计上有相同之处，也有着完全不同的技术要点。

6.1 外保温工程的敏感性

外保温工程的敏感性，主要体现在这四个方面：建筑节能、成本、质量、防火。

1. 外墙保温系统的能耗占整个建筑物的 30% 左右，属于能耗较敏感

建筑物能耗划分见表 6-1。

建筑物能耗划分表

表 6-1

项目	外窗	外墙	屋面	地下室顶板
面积占比	12% ~ 18%	50%	20%	18%
能耗比例	> 50%	30%	10%	< 10%

2. 外墙保温效果与建筑防火性能相克相伴，属于消防敏感点

外保温工程在兼顾节能与防火的同时，主要通过选择外保温方案、优化节点设计来进行设计与成本的协同管理。一般情况下，保温材料的特性是保温性能好、阻燃性能就差，两者很难兼得；另一方面自几次建筑火灾事件后，保温材料的防火问题被提到前所未有的高度，既是强制性标准又是消防敏感点。

3. 外保温工程质量涉及建筑外立面的美观和安全性，属于社会敏感点

外保温工程在设计上是外装饰层的基层，其质量问题直接影响外立面效果。近年来各地出现的外保温"脱落"事件，极易引发客户投诉的群体性事件。

以下，从方案设计、施工图设计两个阶段分别展开，重点分析各阶段影响成本的技术因素，从而总结出设计管理与成本的协同管理要点。

6.2　方案设计阶段

在方案设计阶段主要从两个方面开展优化工作，一是保温系统方案的选择，二是节能计算。

在方案设计阶段，建筑高度的影响、外保温材料的变更、不同物业类型的影响这三个方面都是与成本息息相关，系统性思考如何进行这三个方面的协同管理是成本管控的关键。

6.2.1　重视建筑高度对保温材料的选用的影响

《建筑设计防火规范》（GB 50016-2014）6.7 节，明确提出了住宅高度小于 27m（或 24m）时对材料燃烧性能的具体要求，规范解读如下：

（1）对于有空腔的建筑外墙外保温系统，当建筑高度 $H \leqslant 24m$ 时，保温材料燃烧性能 $\geqslant B_1$；

（2）对于无空腔的建筑外墙外保温系统，建筑高度 $H \leqslant 24m$ 的公共建筑或者建筑高度 $H \leqslant 27m$ 的住宅建筑可以采用 B_1 级外保温材料（无须做耐火窗）。

建筑材料及制品的燃烧性能等级见表 6-2。

建筑材料及制品的燃烧性能等级（GB 8624-2012）　　　　　　　　　表 6-2

燃烧性能等级	名称
A	不燃材料（制品）
B_1	难燃材料（制品）
B_2	可燃材料（制品）
B_3	易燃材料（制品）

注：燃烧性能是指材料燃烧或遇火时所发生的一切物理和化学变化，这项性能由材料表面的着火性和火焰传播性、发热、发烟、炭化、失重以及毒性生成物的产生等特性来衡量。

从设计管理的角度考虑，保温材料的选用只需要满足防火要求即可，避免因设计保守造成无效成本的增加。即如果规范要求可以采用 B_1 级材料就可以满足防火要求时，没有必要采用 A 级材料。

【案例 7】建筑高度与外保温成本

山东省某项目 6 层住宅楼，建筑高度 20.1m，地上建筑面积 5840m²，外保温面积约 6700m²。

成本分析：本项目总建筑高度为 20.1m < 27m，按照规范要求可以采用 B_1 级外保温材料 EPS，那么如果设计失误采用 A 级岩棉保温时，我们来看一下保温变化所带来的成本变化并分析无效的成本增量（表 6-3）。（注：两种保温方案均满足山东省 75 节能设计标准。）

不同保温材料的成本对比

表 6-3

方案	保温材料	外保温面积（m²）	综合单价（元/m²）	外保温成本（元）	差异
1	10cm 聚苯板 B_1 级	6700	130	871,000	100%
2	11cm 横丝岩棉 A 级	6700	195	1,306,500	150%

注：本表仅供测算比选使用，具体项目应具体分析；暂不考虑保温厚度对建筑面积的影响。

由分析可知，采用 A 级保温材料比 B_1 成本增加 435,500 元（50%），折合地上建安成本增加约 75 元/m²，成本的浪费明显。

小结：设计师须掌握建筑高度和外保温材料的关系，满足规范要求即可，错误的选用燃烧等级更高的外保温材料对成本的浪费巨大。

6.2.2 重视保温系统方案的选择

在保温系统的设计中，主要是从节能与防火的角度权衡保温体系。根据《建筑设计防火规范》（GB 50016-2014）的要求，外保温体系方案常用的有两种：

方案 1：A 级外保温材料 + 普通节能外窗

方案 2：B_1 级外保温材料 + 耐火窗（说明：耐火窗为新规范实施之后的新型外窗系统，业界定义为即满足节能外窗要求又满足防火窗的耐火完整性要求的外窗）

（注：夹芯保温体 + 普通节能外窗，此体系非主流保温系统，在此不做比选）

保温方案的比选：根据上述方案 1 和方案 2 的要求，本次以常见的外保温薄抹灰体系进行方案的比选。

【案例 8】不同保温方案对比分析

以山东某项目为背景，地上 17 层、地下 2 层，地上面积 6,770m²，外保温面积 7,340m²，外窗面积 1,200m²。

情形一：铝合金窗　　　　　　　　　　　　　　　　　　　　　表 6-4

方案		保温系统	外窗系统	保温面积（m²）	外窗面积（m²）	保温单价（元/m²）	外窗单价（元/m²）	造价万元	排序	与方案一成本相同时，耐火窗单价（元/m²）
方案 1		岩棉薄抹灰系统 A 级+普通节能外窗	11cm 厚横丝岩棉（K=0.040，修正系数 1.20）	铝合金 60 系列 5+12A+5+12A+5	7340	1200	195	530	207	100%	—
方案 2	1	B₁ 外保温+耐火窗	10cm 厚模塑聚苯板（K=0.039，修正系数 1.05）	同等 K 值耐火窗	7340	1200	130	1200	239	116%	928
	2		8cm 厚石墨聚苯板（K=0.033，修正系数 1.05）	同等 K 值耐火窗	7340	1200	145	1200	250	121%	836
	3		7.5cm 厚挤塑聚苯板（K=0.032，修正系数 1.05）	同等 K 值耐火窗	7340	1200	140	1200	247	119%	866

说明：本表仅供测算比选使用，具体项目应具体分析。

情形二：塑钢窗　　　　　　　　　　　　　　　　　　　　　　表 6-5

方案		保温系统	外窗系统	保温面积（m²）	外窗面积（m²）	保温单价（元/m²）	外窗单价（元/m²）	造价万元	排序	与方案一成本相同时，耐火窗单价（元/m²）
方案 1		岩棉薄抹灰系统 A 级+普通节能外窗	11cm 厚横丝岩棉（K=0.040，修正系数 1.20）	塑钢 65 系列 5+12A+5+12A+5	7340	1200	195	440	196	100%	—
方案 2	1	B₁ 外保温+耐火窗	10cm 厚模塑聚苯板（K=0.039，修正系数 1.05）	同等 K 值耐火窗	7340	1200	130	1200	239	122%	838
	2		8cm 厚石墨聚苯板（K=0.033，修正系数 1.05）	同等 K 值耐火窗	7340	1200	145	1200	250	128%	746
	3		7.5cm 厚挤塑聚苯板（K=0.032，修正系数 1.05）	同等 K 值耐火窗	7340	1200	140	1200	247	126%	776

分析 8 个方案比选后，我们发现：

（1）"A 级外保温＋普通外窗"的成本最低（也是目前主流的外保温方案选择）；

（2）"B₁ 级保温＋耐火窗"的方案由于耐火窗价格较高总造价明显高于方案一，应用较少；

（3）如果耐火窗的单价能控制在 700 ～ 900 元 /m²，该方案则具有一定的经济性，性价比较高。

6.2.3　重视节能计算

主要包括控制体形系数、审核 K 值及修正系数、择优选择屋面及楼面顶板保温材料三个方面，以下分述。

1. 控制体形系数，控制耗热量指标计算值

（1）当体形系数控制在节能直接判定时的限值标准时，其能耗最低，整个保温系统（外墙保温、门窗、屋面保温、地面保温）的总成本越低。研究表明体形系数每增大 0.01，能耗指标约增加 2.5%。详见第 7 章。

（2)当体形系数超过直接判定的标准时,外围护结构需要权衡判断。外墙保温、门窗、屋面保温、地面保温需要参与能耗计算，各项指标需要统筹考虑，以建筑物的耗热量指标进行整体判断。

（3）当计算值无限接近耗热量指标限制时，此时建筑物的能耗最为经济合理。

图 6-1 所示为山东省 75 节能各地区的耗热量指标限值要求。

4.3.2 进行建筑围护结构热工性能判断时，所设计建筑的建筑物耗热量指标不应大于表 4.3.2 规定的限值。

表 4.3.2　建筑物耗热量指标 q_H 限值

城市	(t_n-t_e)（℃）	耗热量指标 q_H 限值（W/m²）			
		≤3层	4～8层	9～13层	≥14层
济南	16.2	12.8	9.2	8.2	7.4
青岛	15.9	11.7	7.8	7.0	6.2
淄博	16.5	13.1	9.4	8.3	7.5
枣庄	15.9	12.4	8.4	7.6	6.7
东营	17.3	14.2	10.3	9.2	8.3
烟台	16.2	12.8	8.6	7.8	6.9
潍坊	17.7	14.5	9.7	8.9	7.9
济宁	16.2	12.9	9.3	8.3	7.4

图 6-1　山东省耗热量指标限值要求

以山东省济南市某高层建筑为例，通过节能计算判断节能设计是否经济合理。

建筑物能耗热量指标计算结果　　　　　　　　　表 6-6

指标种类	耗热量指标 q_h（W/m²）
指标限值	7.40
实际计算值	7.20

通过围护结构热工性能的权衡判断，该工程的全年能耗小于参照建筑的全年能耗，满足《山东省居住建筑节能设计标准》（DB37-5026-2014）节能建筑的规定。该表节选自《居住建筑节能计算书》。

从表 6-6 可知，耗热量指标计算值 7.20 已经接近于耗热量指标限值 7.40 的要求，外围护结构的保温厚度基本合理，可适当地调整屋面保温厚度及地面保温厚度使其逼近耗热量指标 7.40 的要求。

建筑物的能耗计算不是一次计算就能得到最优结果，应多次试算、调整，使其达到能耗合理、经济的目标。

2. 审核 K 值及修正系数

根据外围护结构的材料属性，审核节能计算书中的 K 值及修正系数。本部分内容在门窗工程中有讲解，此处不再赘述。

3. 择优选择屋面、楼面顶板保温材料

屋面及楼面顶板（采暖与非采暖空间楼板）的面积占比较少，对成本的影响相对较弱。可根据当地常用的保温材料择优选用，并注意以下细节：

（1）当选择倒置式屋面（保温层在防水层之上）时，其屋面保温层的厚度在计算值的基础上要增加 25%。

具体见《倒置式屋面工程技术工程》（JGJ 230-2010）第 5.2.7 条第二款：屋面系统保温层的设计厚度，应根据热工计算确定，并应符合有关节能标准的规定。

按现行国家标准《民用建筑热工设计规范》（GB 50176-2016）附录 4.1 计算保温层厚度；按保温层的计算厚度增加 25% 取值。

山东省建筑屋面常用挤塑板作为屋面保温材料，75 节能时需要 85mm 挤塑板保温层，倒置式屋面在 85mm 基础上增加 25% 的附加保温层，即需要增加 25mm 附加保温层，成本增加 12 ~ 15 元 /m²。

（2）当选用 A 级外保温材料时，屋面防火隔离带（A 级保温材料）可以取消。因为 A 级无机保温材料的导热系数比 B 级保温材料的导热系数高，取消后有利于降低整个保温系统的综合成本，同时可以省掉后期验收时增加的防火隔离带材料检测费用，降低后期验收成本。

（3）采暖与非采暖空间楼板的节能计算时，均要考虑层间楼板保温层的贡献，考虑后可降低顶板保温层厚度。参见表 6-7。

分隔采暖与非采暖空间的楼板 表 6-7

序	各层材料名称	厚度	导热系数	修正系数	蓄热系数	热阻值	热惰性指标
1	C20 细石混凝土	60	1.51	1	15.36	0.04	0.61
2	真空镀铝聚酯薄膜	1	1.00	1	0.009	0.00	0.00
3	挤塑聚苯板	20	0.30	1	0.301	0.61	0.20
4	钢筋混凝土	100	1.74	1	17.20	0.06	0.99
5	矿物纤维喷涂保温层	45	0.035	1	0.77	1.07	0.99
6	水泥砂浆	20	0.93	1	11.37	0.02	0.24
	合计	246	—	—	—	1.797	3.035

表 6-7 已考虑层间楼板 20mm 挤塑板的导热系数，从而使顶板无机纤维喷涂保温层的厚度降低了 25mm，成本降低约 20 元 /m²。

小结：屋面保温及采暖和非采暖空间顶板保温均参与系统能耗计算，虽然对成本的影响不是起决定性作用，但是在选择保温材料的时候依然要选取当地成熟可靠的保温材料，保证整个保温系统的稳定性，同时要加强对此处的节能计算审查，合情合理合法的减少无效成本。

6.2.4 重视住宅建筑中商业网点的节能设计要求

我们经常碰到住宅建筑首层或者二层布置了一些商店、理发店等小型的营业场所。对此部分商业网点的节能设计，如果属于公共建筑部分则按公共建筑节能标准设计，就可以减少无效成本。

参考《山东省居住建筑节能设计标准》（DB37 5026-2014）的要求：居住建筑中的底部有公共建筑的部分（含商业服务网点），其建筑面积大于地上总面积的 20%，且大于 1000m² 时，则应与居住建筑部分区别对待，公共建筑部分执行《公共建筑节能设计标准》（DBJ14-036-2006），居住建筑部分执行本标准。

实际上，不管是否满足建筑面积大于地上总面积的 20% 且大于 1000m² 的条件，属于公建部分的都可以按照公建节能标准设计，从而避免无效成本的增加。

以下案例不考虑其他外围护结构，仅从外墙保温角度分析其中原因。

本项目按照岩棉外保温体系，当商业网点满足不大于地上建筑面积 20%，且小于

1000m²。以下对比按公共建筑节能设计标准与住宅设计标准所带来的成本变化。

由《公共建筑节能设计标准》限值要求可知：

按照公建，需满足传热系数 0.60 的要求——则保温厚度约 8cm；

按照住宅，需满足传热系数 0.45 的要求——则保温厚度约 11cm。

具体要求见图 6-2。

3.3.2　乙类公共建筑的围护结构热工性能应符合表 3.3.2-1 和表 3.3.2-2 的规定。

表 3.3.2-1　乙类公共建筑屋面、外墙、楼板热工性能限值

围护结构部位	传热系数 K[W/(m²·K)]				
	严寒A、B区	严寒C区	寒冷地区	夏热冬冷地区	夏热冬暖地区
屋面	≤0.35	≤0.45	≤0.55	≤0.70	≤0.90
外墙(包括非透光幕墙)	≤0.45	≤0.50	≤0.60	≤1.0	≤1.5
底面接触室外空气的架空或外挑楼板	≤0.45	≤0.50	≤0.60	≤1.0	—
地下车库与供暖房间之间的楼板	≤0.50	≤0.70	≤1.0	—	—

《公共建筑节能设计标准》（GB50189-2015）

济南地区属于寒冷B区

4.2.1　建筑各部位围护结构的传热系数 K 不应大于表 4.2.1 规定的限值，当传热系数 K 不满足限值要求时，必须按本标准第 4.3 节的规定进行围护结构热工性能权衡判断。

表 4.2.1　围护结构传热系数 K 限值

围护结构部位		传热系数 K 限值 [W/(m²·K)]		
		≤3 层建筑	4~8 层的建筑	≥9 层建筑
地板	屋面	0.30	0.35	0.40
	外墙	0.35	0.40	0.45
	架空或外挑楼板	0.35	0.40	0.45
	分隔供暖与非供暖空间的楼板	0.50	0.50	0.50
	阳台门	2.0	2.0	2.0
	单元外门	3.0	3.0	3.0
外窗	$C_{ot} ≤ 0.2$	2.3	2.5	2.5
	$0.2 < C_{ot} ≤ 0.3$	2.0	2.3	2.3
	$0.3 < C_{ot} ≤ 0.4$	1.8	2.0	2.0
	$0.4 < C_{ot} ≤ 0.5$	1.8	1.8	1.8

注：1. 坡屋面与水平面的夹角大于 45°时按外墙计，小于 45°时按屋面计。
2. 供暖房间与室外直接接触的外门应按阳台门计。

《山东省居住建筑节能设计标准》（DB37 5026-2014）

图 6-2　国家及山东省的标准对传热系数的要求

小结：

（1）不同的节能标准造成了保温材料 3cm 厚的差异，按目前容重大于 140kg/m³ 的岩棉需要 750 元 /m³ 左右进行测算，商业网点按住宅节能设计时，造成隐形成本损失约 2 ~ 3 元 /m²。

（2）商业网点按公建节能设计标准计算时，其综合成本（外墙、门窗等）均比按住宅节能设计省。

6.2.5　重视外保温材料的变更对成本和利润的影响

作为甲方的设计管理人员，因政策、规范等变动引起的外保温变更是比较常见的，由于变更会涉及成本影响，以及面积影响（由于销售面积是测算在外保温外侧，保温面积的变化必然引起销售面积的变化），所以须重视外保温材料的变更对成本的影响。

【案例 9】外保温材料对成本和利润的影响

以山东省 17 层住宅（层高 3m）建筑进行测算，轮廓线参见图 6-3 所示，由于政

策变动导致原岩棉保温改为 EPS 外保温。（注：两种保温方案均满足节能设计要求。公安部消防局下发 350 号文，取消执行 65 号文。即撤销建筑外墙保温必须使用防火级别达到 A 级材料的规定。则 B_1、B_2 级保温材料属于可用范围了）

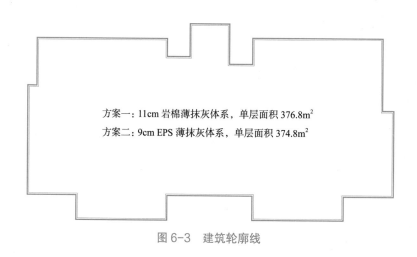

方案一：11cm 岩棉薄抹灰体系，单层面积 376.8m^2
方案二：9cm EPS 薄抹灰体系，单层面积 374.8m^2

图 6-3　建筑轮廓线

成本测算结果见表 6-8。

成本测算结果　　　　　　　　　　　　表 6-8

方案	薄抹灰保温系统	单价（元/m^2）	单层面积（m^2）	外保温面积（m^2）	单层外保温总价（元）
1	11cm 岩棉	195	376.8	254	49,518
2	9cm EPS	135	374.8	253	34,114
	相差	60	2	1	15,404

注：本表仅供测算比选使用，具体项目应具体分析。

1. 成本影响

由成本测算知道，岩棉改为 EPS 时其成本能节省 15,404 元（31%），折合单层建筑面积，降低了 41 元/m^2，单从这一角度而言成本有所降低，但千万不要忽略了另外一个因素的变化——销售面积。

2. 销售面积的影响

由 11cm 的岩棉变更为 9cm 的 EPS 外保温，意味着可售面积将减少了 376.8-374.8=2m^2。我们以济南地区房价 18,000 元/m^2 为例，该保温材料的变化导致销售面积减少 2m^2，直接造成销售损失达 36,000 元，折合 96 元/m^2。可见外保温成本降低，但同时有可能带来销售面积的减少，设计管理人员必须综合考虑。

3. 经济损失

即：销售收入减少 36,000 元、成本节约 15,404 元，估算经济损失为 20,596 元，折合 55 元 /m²。那么，当销售价格为多少的时候，此时的成本节约才划算呢？下面我们来计算一下。

价格平衡点：15,404（成本节约）/ 2m²（面积增加）=7,702 元 /m²，即当售价高于 7,702 元时，改外保温减少的建安成本小于销售价格损失，此时改保温是不划算的；反之，当售价低于 7,702 元时，改保温是节省成本的。

小结：

（1）方案阶段外保温材料变更时，一定要注意对地上容积率的影响，避免损失容积率，否则得不偿失。可以提前介入节能试算，提高地上容积率。

（2）外保温变更如果减少了销售面积，一定要考虑变更保温材料所带来的成本影响，并综合考虑对销售面积的影响。反之，如果保温材料变更增加了建筑面积，一定要考虑增加面积对规划指标的影响，从而减少设计风险。

6.3　施工图设计阶段

在施工图设计阶段，我们将从以下几点探讨保温工程设计与成本的协同管理：屋面板和楼板燃烧性能的要求，非采暖空间的保温，设计节点二次深化以及保温体系的粘接面积、锚栓数量、保温材料容重的选择。

以下分别从保温构造设计的经济合理性、户内保温墙面的优化、保温节点的深化以及结构性热桥的防范四个方面来分析，并探讨设计与成本协同管理的管控要点。

6.3.1　选择合适的保温体系

对于保温体系的选择，我们可以从以下两个方面来考虑：

（1）粘接面积和锚栓数量。任何一种保温体系都有一套成熟工法，有的保温体系如 EPS 薄抹灰体系，以粘接为主、锚栓锚固为辅；岩棉保温体系以锚栓锚固为主、粘接为辅，所以设计阶段的技术标准应以当地的保温体系构造为准，粘接面积和锚固数量不必过分加大，以免造成不必要的成本浪费。

（2）保温材料的密度。保温材料的密度影响到材料价格，更影响到保温系统的安全稳定，在规范允许的范围内，选择密度较低的材料，对系统安全没有影响，但有利于成本控制，所以密度的选择也至关重要。以 EPS 薄抹灰为例，EPS 密度一般在

18 ~ 22kg/m³，薄抹灰体系时 EPS 密度通常选择 18kg/m³。

以山东省 EPS 薄抹灰体系为例，根据山东省聚苯板《外墙外保温应用技术规程》、《外墙保温构造详图（三）聚苯板薄抹灰保温系统》的设计要求，当饰面层设计为涂料时，胶粘剂涂抹面积与聚苯板面积之比不得小于 40%；当饰面层设计为面砖时，胶粘剂涂抹面积与聚苯板面积之比不得小于 50%；锚栓的数量不宜小于 3 个（20 ~ 36m 设置 3 ~ 4 个，36m 以上设置不少于 6 个）。

小结：粘结面积和锚栓的数量在当地的设计标准中均有明确的要求，设计管理人员在撰写技术标准的时候，一定要考虑当地的设计要求，人为加大粘接面积和锚固数量，将产生无效成本。

6.3.2　重视节点二次深化设计

对于有线条的外墙，诸多部位均采用保温板贴出，造型的要求应考虑保温板自身的属性并兼顾消防设计要求，避免二次变更引起成本增加。

（1）减少保温线条

下面的节点中，深色范围内的保温板厚度太厚，且此处并没有保温线条，考虑加气混凝土的导热系数影响后，原 65 厚 EPS 可以优化为 25 厚保温浆料的构造措施，参见图 6-4。

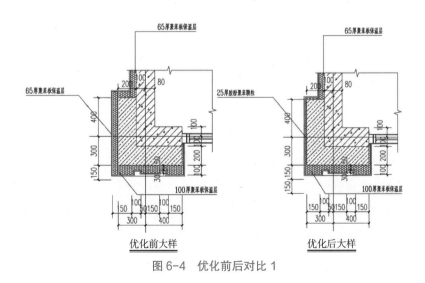

图 6-4　优化前后对比 1

小结：线脚大样的成本虽然占比很少，但是对施工及后期的结算都会有一定程度的影响，控制线条的施工合理性，可减少成本上的浪费，降低后期结算风险。

（2）封闭空间，规避容易产生纠纷的内置保温板

图 6-5 中优化前的大样，保温板置于封闭空间的内侧，竣工结算时很难确定外保温是否真正做（一般情况下总包单位做完砌块墙体后，内侧的保温板很难施工，有时候保温单位也会说内侧保温板已经做好），这就造成了后期结算上的困难，优化后的保温板置于砌块墙体的外侧，这样就可以规避掉后期结算上容易有纠纷的问题。

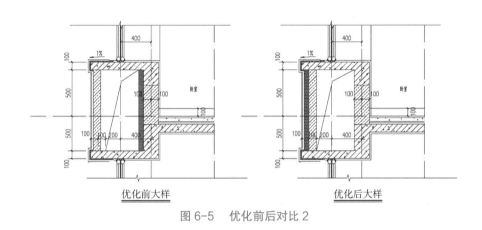

优化前大样　　　　　　优化后大样

图 6-5　优化前后对比 2

（3）注意屋面板耐火极限对保温材料燃烧性能的影响

按《建筑设计防火规范》中 6.7.10 条要求：

1）当屋面板耐火极限 ≥ 1h 时，屋面保温材料燃烧性能高于 B_2 级；

2）当屋面板耐火极限 < 1h 时，屋面保温材料耐火性能高于 B_1 级。

建筑的屋面外保温系统，当屋面板的耐火极限不低于 1.0h 时，保温材料的燃烧性能不应低于 B_2 级；当屋面板的耐火极限低于 1.0h 时，不应低于 B_1 级。采用 B_1、B_2 级保温材料的外保温系统应采用不燃材料作防护层，防护层的厚度不应小于 10mm。

屋面板的耐火极限不低于 1.0h 时的条件容易满足，一般情况下屋面结构板为 120mm 厚，耐火极限基本上都大于 1.0h，所以屋面保温材料可以采用 B_2 级挤塑板。

经市场询价可知，挤塑板 B_2 级比 B_1 级便宜 100 元 /m^3 左右，节约成本为 10 元 /m^2，若屋面板耐火极限不足 1h，则须选用 B_1 级保温材料，此时产生无效成本 10 元 /m^2。

6.3.3　非采暖空间的精细化设计

建筑节能设计只针对有节能要求的建筑，对于一些非办公、非居住的建筑不需要按照节能设计要求，设计管理人员应区分采暖空间及非采暖空间部位，有的放矢地进行精细化设计管理。

（1）车库外墙、设备用房等，可以不设计保温。

有些非采暖空间，如车库外墙、设备用房这些不需要保温设计的部位，一定在设计之初就要进行精细化设计，防止后期非采暖空间按照采暖空间的保温做法施工，减少无效成本的发生。需要澄清的是有些设计是防水层的保护层。

（2）特殊部位，为了减少热桥而造成的运营成本增加，须进行保温构造设计。

有时，为了非采暖空间的防潮、防结露，必要时也要进行保温构造的设计，此处为了减少热桥，故非采暖空间的保温设计可考虑 2 ～ 3cm 的保温浆料，这些费用的付出有一定的必要性。尽管加入保温浆料之后，成本略有增加，但却避免了后期因大规模的热桥现象的发生而造成的成本损失。设计优化并不仅仅是为了降低成本，也可能是为获得更大的收益而增加成本。

第7章

外立面门窗工程的成本优化

在建设工程中，外立面门窗专业工程具有以下三大敏感点：

（1）属于"看得见的部分"，是营销的敏感点；

（2）外窗能耗达 50% 左右，是建筑能耗薄弱部位，是能耗的敏感点；

（3）成本占比仅次于主体建筑、安装，是成本的敏感点。

门窗工程，极其重要、极其敏感且有多重约束，是整个建筑节能系统的其中一部分，甲方设计管理既需要充分考虑客户需求，加强设计与成本的协同，又需要统筹兼顾、利用技术优势"降本增效"，提高性价比。

7.1 方案设计阶段

在方案设计阶段，门窗成本优化管理要点包括：执行产品定位，落实客户需求；控制体形系数和窗墙比，外窗三大件，以及外窗与外保温的协同设计方案比选。

1. 控制体形系数、窗墙比不超限，可以避免增加门窗成本 10% 以上

体形系数、窗墙比对建筑节能的影响非常大，外墙、外窗、屋面三项保温是外围护结构的最重要的组成部分，参与能耗计算。而体形系数、窗墙比在不超规范限值时按最低配置进行直接判定，在超过后必须进行权衡判断。

（1）体形系数：建筑物与室外大气接触的外表面积与其所包围的体积之比。

（2）传热系数：即 K 值，是在稳定传热条件下，围护结构两侧空气温差为 1℃，1h 内通过 1m^2 面积传递的热量，单位是 W/（m^2·K）。

（3）窗 墙 比：在建筑和建筑热工节能设计中的常用指标。墙是指一层室内地坪线至屋面高度线（不包括女儿墙和勒脚高度）的围护结构。

以下分别说明并对比分析：

情形一：直接判定法。

当体形系数不超规范限值时，外窗按规范的最低配置，是最为经济合理的一种方式。

在直接判定时，围护结构（含外窗）只需要满足自身的传热系数要求即可，外窗设计与外保温设计无联动机制。（对于直接判定的建筑，如果需要提高外窗节能要求以满足营销需要，或者要达到《绿色建筑评价标准》里的加分项，就另当别论了。）

以山东省 75 节能标准（DB37/5026-2014）为例，根据节能设计标准的要求，当体形系数不超图 7-1 的规定时，各朝向的外窗可根据不同的窗墙比的要求选用外窗配置，参见图 7-2。

4.1.4 居住建筑的体形系数 S 不应大于表 4.1.4 规定的限值。当体形系数 S 大于限值时，必须按本标准第 4.3 节的规定，进行围护结构热工性能权衡判断。

表 4.1.4 体形系数 S 限值

建筑层数	≤ 3 层	4～8 层	9～13 层	≥ 14 层
体形系数	0.52	0.33	0.30	0.26

图 7-1 体形系数要求

4.2.1 建筑各部位围护结构的传热系数 K 不应大于表 4.2.1 规定的限值，当传热系数 K 不满足限值要求时，必须按本标准第 4.3 节的规定进行围护结构热工性能权衡判断。

表 4.2.1 围护结构传热系数 K 限值

围护结构部位		传热系数 K 限值[W/($m^2 \cdot K$)]		
		≤3 层建筑	4～8 层的建筑	≥9 层建筑
屋 面		0.30	0.35	0.40
外 墙		0.35	0.40	0.45
地板	架空或外挑楼板	0.35	0.40	0.45
	分隔供暖与非供暖空间的楼板	0.50	0.50	0.50
	阳台门	2.0	2.0	2.0
	单元外门	3.0	3.0	3.0
外窗	$C_{Ql} \leq 0.2$	2.3	2.5	2.5
	$0.2 < C_{Ql} \leq 0.3$	2.0	2.3	2.3
	$0.3 < C_{Ql} \leq 0.4$	1.8	2.0	2.0
	$0.4 < C_{Ql} \leq 0.5$	1.5	1.8	1.8

注：1 坡屋面与水平面的夹角大于 45°时按外墙计，小于 45°时按屋面计。
　　2 供暖房间与室外直接接触的外门应按阳台门计。

图 7-2 外窗配置选用要求

【案例 10】体形系数和窗墙比的影响分析

项目为 18 层（大于 14 层）住宅，体形系数 0.25（不超 0.26），符合直接判定条件。依据图 7-2，当北向窗墙比 ≤ 0.2 时，外窗 K 值选用 2.5（即可以选用铝合金 60 系列 5+12A+5Low-E），以此类推，相应的价格情况如表 7-1 所示。

相同体形系数下、不同窗墙比对外窗单价的影响分析

表 7-1

单位：元 /m²

窗墙比	K 值	门窗配置	综合单价	单价差异
$C \leq 0.2$	2.5	60 系列铝合金窗 5+12A+5Low-E	490	100%
$0.2 < C \leq 0.3$	2.3	60 系列铝合金窗 5+6A+5+6A+5Low-E	520	102%
$0.3 < C \leq 0.4$	2.0	60 系列铝合金窗 5+9A+5+9A+5Low-E	540	110%
$0.4 < C \leq 0.5$	1.8	70 系列铝合金窗 5+12A++12A+5Low-E	550	112%

说明：依据山东省 75 节能标准（DB37/5026-2014）。

同一建筑物，在体形系数一致的情况下，外立面的窗墙比越大、建筑物的热工计算越不利，也就是说这个建筑物能耗损失越大。在这种情况下，要达到同样的保温节能效果，对于外窗的要求就越高，其 K 值的选用就越小。即窗墙比越大、门窗 K 值越小、门窗配置越高、单价越高。

由此可知，窗墙比的提高不仅会增加外窗的工程量，还会导致外窗的单价提高。可见，控制窗墙比对外门窗成本控制的意义重大。

情形二：权衡判断。当体形系数超过规范限值时，门窗成本增加约 10%。

这种情况下，需要进行权衡判断，以取得最高性价比。即对外墙保温、屋面保温、外窗配置三个因素进行综合分析、总体评判，三者互相制约、相互补位，只要三者整体耗热量指标满足规范即可。外墙的能耗较大就需要外窗来弥补，外窗的配置和成本就会相对高。

相关数据同案例 10，表 7-2 中通过对是否超限这两种情况的对比，可以看到：在山东省这个案例中，当体形系数超过规范限值时，外窗成本增加 10%。

体形系数和窗墙比超限对门窗设计和成本的影响分析　　　　　　表 7-2

单位：元 /m²

是否超限	朝向	门窗配置	K 值	综合单价	单价差异
情形一 直接判定	北向	60 系列铝合金窗 5+12A+5Low-E	2.4 ~ 2.6	490	100%
	南向	60 系列铝合金窗 5+6A+5+6A+5	2.2 ~ 2.4	520	102%
情形二 权衡判断	北向	60 系列铝合金窗 5+9A+5+9A+5Low-E	2.00	540	110%
	南向	70 系列铝合金窗 5+12A++12A+5Low-E	1.70	550	112%

说明：依据山东省 75 节能标准（DB37/5026-2014）。

所以，甲方设计师根据不同的项目定位，选择不同的体形系数、窗墙比限值。一般建议刚需楼盘的体形系数、窗墙比的控制值按能耗计算达到直接判定的标准（山东省体形系数限值）；改善类的楼盘可适当提高上限，但不能超过最大限值，否则成本将进一步增加。

2. 在体形系数、窗墙比超限后，必须主动进行外窗与其他外围护的协同设计以获得最高性价比，否则可能增加外保温成本约 5%

该单体建筑的体形系数超过规范限值，外保温厚度大时，外窗的 K 值可适当提高（即可以降低节能设计标准），反之降低。当设计采用 12cm 厚岩棉薄抹灰体时，此时外窗 K 值需达到 2.0 的最低要求；当设计采用 9cm 厚岩棉时，此时外窗 K 值需达到 1.8 的最低要求。

究竟哪个方案的成本更低呢？我们以实际工程为例进行对比（表 7-3）。

保温与门窗系统节能方案对比分析　　　　　　表 7-3

方案	设计参数		成本估算（元）		
	保温材料	门窗配置	保温	外窗	合计
1	120mm 岩棉	K 值 2.0 60 系列铝合金窗 5+9A+5+9A+5Low-E	7340 × 200	1200 × 540	2,116,000
2	90mm 岩棉	K 值 1.7 70 系列铝合金窗 5+12A+5+12A+5Low-E	7340 × 185	1200 × 550	2,017,900

说明：单体地上建筑面积 6770m²，外保温面积 7340m²，外窗面积 1200m²。

分析显示：方案 2 比方案 1 降低直接成本 4.6%，同时，方案 2 降低了外墙整体厚度,还可以提高地上建筑面积、增加可销售面积。即通过降低外窗 K 值(增加外窗成本)来降低外保温厚度(降低保温成本)的方案是可行的,需要具体分析。

也就是说我们通过设计优化,在满足相同节能标准的前提下,虽然门窗成本略有增加,但带来了外保温成本的相对大幅度减少,总体上是降低了节能工程成本。所以,在方案设计阶段,节能设计一定要经过方案比选以获得最高性价比。

3. 按产品定位标准严控外窗三大件: 材质、五金件、玻璃

在产品定位确定后,整个项目包括外窗的交付标准就可以确定了。在方案阶段应确定外窗材质、开启方式(影响五金件价格)、玻璃的组成(三玻双中空还是双玻单中空还是双玻 Low-E 等)。材质、五金件、玻璃这三大件在外窗的成本中占比最大,设计中应重点关注。

从甲方设计管理角度,上述三大件的选用应考虑建筑节能、营销定位、目标成本以及考虑使用期间的客户满意度。表 7-4 是某标杆地产 2014 年限额标准,可供参考。

某标杆地产 2014 年限额标准

表 7-4
单位: 元 /m²

业态	档次	型材及表面处理	玻璃	五金	地上单方限额指标
住宅	超高	可选用氟碳喷涂	双层中空 可按需选用 单面 Low-E	进口品牌 "诺托"	≤ 200
	高档	粉末喷涂	双层中空	香港"坚朗" 杨氏"立兴" 等合资品牌	≤ 200
	中档	表面粉末喷涂	单层或 双层中空	南海"合和" 或其他档次	≤ 140
	低档	塑钢型材	单层	普通品牌	≤ 80
别墅	超高	可选用氟碳喷涂 或复合材料 如木包铝	双层中空 可按需选用 单面 Low-E	进口品牌 "诺托"	≤ 350
	中、高档	粉末喷涂	双层中空	香港"坚朗"、 杨氏"立兴" 等合资品牌	≤ 200

建议刚需楼盘采用塑钢产品,以平开方式为主并结合悬窗、固定窗、推拉窗。玻璃的组合以满足规范要求的下限为宜,通常 75 节能塑钢需要三玻双中空或双玻 Low-E,双玻 Low-E 较为便宜一点。

玻璃单价对比　表 7-5

玻璃系列	配置	估算单价（元 /m^2）
双层 Low-E	5+12A+5Low-E	165
三玻双中空	5+6A+5+6A+5	185

说明：均以非钢化玻璃、中空处理均以结构胶为例。

7.2 施工图设计阶段

在施工图设计阶段的管理要点是精细化设计，确保限额设计落地。包括审核节能计算书、优化东西向窗墙比、控制外窗开启、区分采暖与非采暖、规避错漏碰缺五项。

1. 尽量减少东西朝向房间的窗墙比，避免超限后设计外遮阳，避免增加门窗成本 20% 左右

东西向窗墙比超限后需增加遮阳措施，遮阳措施的成本也不可小觑，按洞口面积计算 100 元 /m^2 一扇窗增加外遮阳，相当于门窗单价增加 20% 左右。建议东西向没有特殊要求外，尽量减少窗墙面积比，当然设置观景阳台等营销需要的外窗，可以适当增加外窗面积，但也不宜超规范的限值。

以山东省 75 节能设计为例，参见图 7-3 所示 4.2.11 条，当东西向窗墙比超过 0.3 时，外窗需设置外遮阳措施。

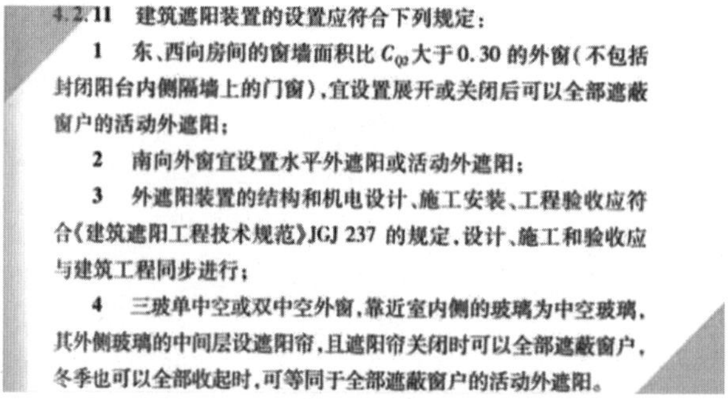
4.2.11 建筑遮阳装置的设置应符合下列规定：

1 东、西向房间的窗墙面积比 C_{Q2} 大于 0.30 的外窗（不包括封闭阳台内侧隔墙上的门窗），宜设置展开或关闭后可以全部遮蔽窗户的活动外遮阳；

2 南向外窗宜设置水平外遮阳或活动外遮阳；

3 外遮阳装置的结构和机电设计、施工安装、工程验收应符合《建筑遮阳工程技术规范》JGJ 237 的规定，设计、施工和验收应与建筑工程同步进行；

4 三玻单中空或双中空外窗，靠近室内侧的玻璃为中空玻璃，其外侧玻璃的中间层设遮阳帘，且遮阳帘关闭时可以全部遮蔽窗户，冬季也可以全部收起时，可等同于全部遮蔽窗户的活动外遮阳。

图 7-3　建筑遮阳装置设置要求

2. 提前审核《建筑节能计算书》，避免人为因素造成设计超标而增加成本

外窗的 K 值应按照方案阶段给定的配置要求，按规范给定区间下限选取，同时外保温材料的导热系数和修正系数按规范给定的限值，不能随意地放大。

该项目的节能计算中保温材料的 K 值选择就有问题，对比规范取值和节能计算书的实际取值。

规范要求的修正系数为 1.15，而设计单位在节能计算中采用的是 1.30，扩大了 13%。这意味着保温设计保守,那么同一个建筑节能系统之下的门窗将相应增加成本（图 7-4、图 7-5）。

续表 J.0.1－2　建筑材料导热系数的修正系数

建筑保温做法			修正系数
建筑保温与结构一体化技术（保温芯材）	CL 结构体系	斜插腹丝 100 根	1.35
		斜插腹丝 200 根	1.57
	复合保温外模板现浇混凝土系统（XPS，PU）		1.10
	IPS 现浇混凝土剪力墙自保温体系		1.30
	夹芯保温复合砖砌体结构体系	保温板材	A② +0.1
		现场浇注保温材料	A②
幕墙保温构造	保温板材		A②
	喷涂无机纤维，硬泡聚氨酯（PU）保温材料		1.20
	岩棉板，玻璃棉板		1.10
	真空绝热板		1.15
屋面保温构造	PU 板（硬泡聚氨酯板），XPS 板		1.15
	喷涂硬泡聚氨酯（PU）		1.25
	EPS 板，SEPS 板（25kg/m³）		1.20

图 7-4　建筑材料导热系数的修正系数要求

3.4　屋项

3.4.1　屋顶构造一(1)

材料名称（由外到内）	厚度 δ	导热系数 λ	蓄热系数 S	修正系数	热阻 R	热惰性指标
	(mm)	W/(m.K)	W/(m² K)	α	(m² K)/W	D=R*S
防水层	4	0.170	3.302	1.00	0.024	0.078
细石混凝土找平层	30	1.280	15.000	1.00	0.023	0.352
挤塑聚苯板(ρ=25-32)	100	0.030	0.320	1.30	2.564	1.067
聚合物水泥砂浆找平层	20	0.930	11.370	1.00	0.022	0.245
水泥珍珠岩找坡层(ρ=300)	30	0.180	1.770	1.50	0.111	0.295
钢筋混凝土	100	1.740	17.200	1.00	0.057	0.989
混合砂浆	20	0.870	10.750	1.00	0.023	0.247

（节能计算书）

图 7-5　节能计算书实际取值

3. 对开窗面积、开启面积、开启方式进行精细化设计，进一步降低成本

（1）开窗面积要合理，避免采用 800 ~ 1200mm 的宽度，开启一扇太大，开启两扇浪费，建议单扇开启宽度宜 600 ~ 800mm，太小会造成型材损耗过大，800 ~ 2100mm 时建议也单扇开启（要满足通风要求），大于 2100mm 时建议双扇开启。

（2）开启面积的大小对型材本身、五金件、纱扇的成本都有影响，建议开启面积满足自然通风的要求即可，刚需型楼盘以满足自然通风的最低限制为准，改善型及以上楼盘可以适当提高标准。

（3）开启方式影响五金件的类型和价格。开启方式的选择有两个原则：

1）满足消防要求是前提。

2）一户一议、一扇一议。在同一单体建筑需要根据不同户型、不同分区考虑业主敏感度、使用舒适性进行分区，不能说一平开就整栋楼都平开。经济合理的方式是推拉、平开、内开内倒及固定等多种方式的最佳组合，以较低的投入来提升产品附加值。有的窗台高度很高比如厨房和卫生间，可以选用内开内倒或下悬窗，虽然增加五金成本，但是用户的体验感高，对营销有推动作用。

7.3 深化设计阶段

在深化设计阶段的管理要点是精细化设计、优中取优。在招标阶段，直接用设计图中的门窗表就招标，这是极其错误的做法，会导致成本浪费。即使施工图设计的质量再精细，门窗的二次深化设计也不可或缺。

1. 优化窗户的分格方式，降低成本、提升功能

图 7-6 优化前窗型是常规分格方法，而优化后则可以减少水平支撑、降低型材含量（玻璃用量略有增加），同时也改善了视线的通透性，业主的体验感也得到了很大的提升。

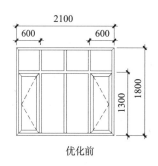
优化前

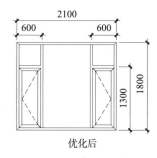
优化后

图 7-6 窗型优化对比图

2. 二次深化确定合适的型材种类型式，提高性价比

对于业主不关注、敏感度低的公共空间在满足节能的前提下，可以适当地降低型材标准，如 65 系列铝合金改为 60 系列、户内采用铝合金而公共空间采用塑钢型材等。

3. 重视满足外窗设计中消防要求，避免中标后变更增加成本

对于楼梯间、防烟楼梯间前室、消防电梯前室、三合一前室，当采用自然通风时，规范对外窗开启面积有要求，二次深化设计中一定要注意满足，避免中标后变更。

第8章
外立面装饰工程的成本优化

外墙饰面是建筑设计的"点睛之笔",是整个建筑物的"皮肤",是建筑风格的关键元素。在外立面工程成本中,主要涉及功能性成本(建筑节能保温设计,需要综合考虑建筑物朝向、长宽比、日照等)、敏感性成本(外立面装饰、建筑造型、平面布局、采光通风),两者有统一的一面,也有对立的一面。

外墙饰面工程是设计和成本协同管理的重点,其重要性体现在以下三个方面:在外立面工程中工程量最大、成本敏感;直接影响建筑物的品质,最容易受到外界破坏;所涉及的材质品种繁多,成本差异大。

8.1 方案设计阶段

在方案设计阶段,主要控制三大内容:建筑风格、体形系数、立面选材。

8.1.1 根据楼盘定位、控制建筑风格

建筑风格是成本影响最大,极简主义盛行是近年来建筑风格的变化趋势。无论是豪宅、高档酒店,还是普通住宅项目,这是一种最为节材的建筑风格,是对成本控制和环境保护最为有利的建筑风格。

建筑风格是建筑物外貌的重要特征,不同的风格对应不同的成本。建筑风格应符合楼盘的整体定位,楼盘档次越高其建筑风格越复杂,成本越高(表8-1)。

各种建筑风格的对比 表8-1

序	类型	成本	用户体验	进度	特征
1	现代主义	低	一般	高	简约
2	ARTDECO	低	一般	高	庄重儒雅
3	新古典	适中	较好	中	单纯朴素庄重
4	地中海	适中	较好	中	自由奔放、色彩鲜亮
5	英式	高	高	低	庄重古朴
6	法式	高	高	低	优雅高贵

　　不同的建筑风格，需要不同的外立面效果装饰，造型较为复杂、夸张的法式和英式风格建筑，其外立面装饰面积比现代主义和ARTDECO风格多，新古典和地中海风格介于中间（图8-1）。

图8-1　各种建筑风格外立面装饰

　　为了对不同建筑风格的外装饰进行数据量化，我们引入墙地比——指扣除门窗洞后外立面装饰面积与地上计容面积的比值。

　　在相同的材料配置下，建筑的外立面率越高，其成本越高，楼盘的档次也越高。根据标杆企业的工程经验，外立面率控制如表8-2所示。

不同档次的住宅墙地比参考值 表 8-2

序	项目类型	墙地比	备注
1	普通住宅（刚需）	1.15 ～ 1.25	高层住宅
2	中档住宅（首改）	1.2 ～ 1.3	高层住宅
3	中档住宅（再改）	1.25 ～ 1.4	高层住宅
4	豪宅	1.4 ～ 1.5	多层为主

山东济南的两个楼盘，一个刚需住宅类项目 A（ARTDECO 风格）和一个改善类住宅类项目 B（法式风格），其代表性立面和墙身图参见图 8-2、图 8-3 所示。

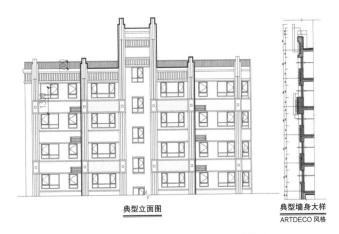

图 8-2　项目 A（ARTDECO 风格）

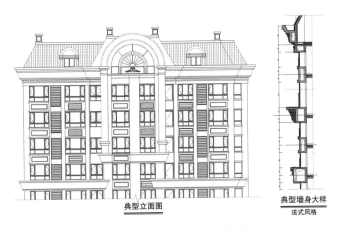

图 8-3　项目 B（法式风格）

项目 A 的墙地比为 1.2，项目 B 的墙地比为 1.35，以地上面积 10,000m^2 来计，项目 A 总外饰面面积为 12,000m^2，项目 B 总外饰面面积为 13,500m^2，两个项目的外饰面差值

为 $1500m^2$，如果两个项目选用同一种外墙材料时，其成本增加比例 $1500/12000=12.5\%$。

8.1.2　控制体形系数

体形系数：建筑物与室外大气接触的外表面积与其所包围的体积的比值。（来源：《民用建筑节能设计标准（采暖居住建筑部分）》（JGJ26—95。）

一般而言，体形系数对工程量和成本的关系如下：

（1）体形系数与建筑平面长宽比的关系。当建筑物的平面长度等于宽度时，此时体形系数最小；长宽比接近结构限值时，此时体形系数最大。

（2）体形系数的增加与外表面面积的关系。根据测算结果，体形系数每净增加 0.01（注意不是 1% 的增加率），其每平方米建筑面积增加 $0.03 \sim 0.04m^2$ 的外表面积。

（3）体形系数与建筑节能、外立面装饰面积的关系。建筑物的体形系数不仅反映了建筑物节能保温，还侧面反映了建筑物的外墙保温、外饰面积大小，当建筑物的体形系数接近规范限值时，此时的建筑物不仅能耗最低，且外饰面积最小。例如山东省75 节能标准 (《山东省居住建筑节能设计标准为例》（DB375026-2014))，参见图 8-4。

4.1.4　居住建筑的体形系数 S 不应大于表 4.1.4 规定的限值。当体形系数 S 大于限值时，必须按本标准第 4.3 节的规定，进行围护结构热工性能权衡判断。

表 4.1.4　体形系数 S 限值

建筑层数	≤ 3 层	4～8 层	9～13 层	≥ 14 层
体形系数	0.52	0.33	0.30	0.26

图 8-4　体形系数限值要求

【案例 11】体形系数对外装饰的成本影响

以山东省某高层住宅为例，25 层高层住宅地上面积 $9720m^2$，两种方案均采用真石漆，价格 80 元 $/m^2$。

方案 1：体形系数控制在 0.26（节能直接判定，详 7.1 第 1 条）

方案 2：体形系数控制在 0.39（节能权衡判断，详 7.1 第 1 条）

根据测算，方案 2 比方案 1 每平方米建筑面积增加的外墙涂饰面积为：

（0.39 - 0.26）× 9,720 × 3.1 × 0.8（外墙面积系数）/ 9,720 = $0.32m^2$

每平方米建筑面积增加的外墙涂饰成本 = 0.32 × 80 = 25.6 元 $/m^2$。

外墙涂料成本增加约 32%。所以，体形系数较小的建筑，不仅节能效果好，而且在外墙保温和外饰面的成本上也较经济。

8.1.3　控制立面选材和配比

选择最简单的材料、最简单的施工工艺，有利于降低建造成本和维护成本。以项目所在地山东省比较常用的外立面材质及相应的估算价，可以归纳如表 8-3 所示。

不同材料的成本估算数据　　　　　　　　　　　　　　表 8-3

序	材质	成本（元/m²）	备注
1	外墙普通涂料	30 ~ 40	平涂
2	外墙弹性涂料	40 ~ 50	拉花
3	真石漆	70 ~ 80	与品牌、岩片配置比例、色彩有关
4	多彩石	90 ~ 120	属多彩涂料
5	质感漆	110 ~ 130	
6	面砖	110 ~ 130	
7	一体板	280 ~ 350	硅钙板（含保温层），以 EPS 保温测算
8	超薄石材一体板	450 ~ 550	含保温层，以 EPS 保温测算，普通石材面层 12mm，背栓固定
9	干挂铝板	600 ~ 1000	2.5mm 铝板
10	干挂石材	800 ~ 1200	不含保温层，以 EPS 保温测算，普通石材面层 25mm，龙骨固定

注：以上价格仅供结算分析使用，实际价格与市场、地区、材料等均有出入。

立面材料极其丰富，且价格变化较大，针对楼盘的定位及售价合理的选择材料，对成本的影响很大，建议：

（1）刚需楼盘：以价格因素考虑外墙立面材质；

（2）首改楼盘：从价格和品质上综合考虑外墙材质，可适当提高外墙材质（控制比例）；

（3）再改（轻奢侈）型楼盘：从价格和品质上综合考虑外墙材质，适当提高外墙材质（比例可适中）；

（4）豪宅楼盘：以竞品楼盘作为参考。

【案例 12】材料配比对外装饰的成本影响

以山东省某 25 层高层住宅为例，地上建筑面积 9720m²，其中：大堂部位 80m²，两层基座 850m²，其余约 8790m²；外墙面积约 12145m²，其中：大堂部位 95m²，基座 1050m²，其余 11000m²。我们以不同方案测算如表 8-4 所示。

不同方案测算结果

表 8-4

单位：元 /m²

方案	大堂部位		基座		其他墙面		总价（元）	折合建面（元 /m²）
	材质	单价	材质	单价	材质	单价		
1	多彩石	95	普通弹性涂料	45	普通弹性涂料	45	551,275	57
2	多彩石	95	多彩石	95	普通弹性涂料	45	603,775	62
3	一体板（不含保温）	200	多彩石	95	普通弹性涂料	45	613,750	63
4	一体板（不含保温）	200	多彩石	95	多彩石	95	1,163,750	120
5	超薄石材一体板	450	一体板（不含保温）	200	多彩石	95	1,297,750	134
6	干挂石材	1,000	一体板（不含保温）	200	多彩石	95	1,350,000	139
7	干挂石材	1,000	干挂石材	1,000	多彩石	95	2,190,000	225

小结：根据项目定位合理的选择控制外墙立面的材质和比例，减少成本的波动；推行适合本公司的立面标准化，为集团化采购提供条件，有助于降低成本。

8.2　施工图设计阶段

施工图阶段的要点在于方案阶段三控"建筑风格、体形系数、材料选配"的基础上进行精细化的设计，减少无效成本。

8.2.1　按外立面的主次程度选材

建筑立面材质极其丰富且可挑选空间非常大，同一种效果的外墙立面可以用多种材质实现。

例如：多彩漆可以实现光面石材效果，真石漆可以实现毛面石材效果，质感漆可以实现仿砖效果，氟碳漆可以实现铝板的观感等。通过使用材料替代，来保证立面效果多样化的同时实现成本降低。

【案例 13】主次外立面的成本影响

以某地区中档楼盘为例，基座两层为石材干挂（单层建筑面积 390m²），以上为多彩石涂料，其中楼盘南北方向为小区的主立面，东西立面为次要立面（图 8-5）。

图 8-5　建筑平面图

基座两层外墙展开面积约 950m² （其中南北向约 670m²，东西向约 280m²），原设计立面均采用石材干挂，单价 800 元 /m²，总价约 760,000 元。

现根据立面的主次程度，将东西立面改为超薄石材一体板（石材饰面 12mm，背栓固定），由于一体板能够大幅度减轻自重，其固定方式省去了主次龙骨，其单价为 450 元 /m²，优化后总价降低 98,000 元，降低 13%。

小结：方案阶段控制建筑整体的立面选材比例，施工图阶段依然可以根据立面的重要程度进一步的优化，在保证整体效果的前提下，其成本节约依然可观。

8.2.2　按部位的可视化程度选材

按客户的视觉感受来细分，建筑立面中的部位可以分为可视化、非可视，建筑的选材宜应根据建筑立面具体部位的可视化程度选材，并减少非可视化部位的材料成本。

如图 8-6 所示，空调板位置均被空调格栅遮蔽，其可展示的效果极其有限，此处非可视的部位均可以采用成本最为节省的外墙弹性涂料作法。

立面中非可视部位位置分散，这部分的饰面更应该进行精细化的设计，避免无效的成本浪费。

8.2.3　按工程实际情况，选择立面材料建筑做法

外墙材料的建筑做法，每个厂家都有一定的差异，以最为常用的涂料为例，需要考虑以下三点：

（1）腻子分为普通腻子，单组分柔性腻子、弹性腻子和双组分柔性腻子、弹性腻子。一般为双组分腻子比单组分腻子略贵，但是现场一般很少使用双组分腻子，一是在于

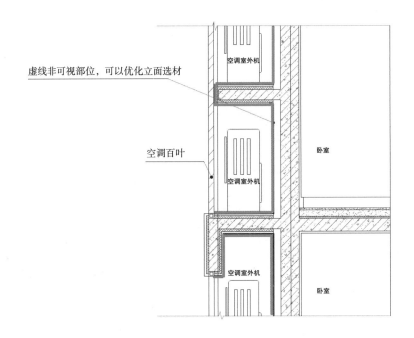

虚线非可视部位，可以优化立面选材

空调室外机

空调百叶

空调室外机

卧室

空调室外机

卧室

图 8-6　建筑外墙剖面图

双组分现场配制工艺难把控，二是双组分腻子黏稠度高不容易"出活"。所以，目前使用的多为单组分腻子，柔性腻子居多。

腻子找平为 2 ～ 3 遍，腻子的耗量是 1.2 ～ 1.5kg/m^2，外墙涂饰工程建议与外墙保温同属一个单位，这样外保温单位可以控制墙体的垂直度，减少外墙腻子的修补量，一般两遍即可。

（2）抗碱底漆的重要作用是透气防水、防止墙体金属离子进入外墙面层，减少外墙返碱现象。一般情况下底漆一遍的造价大概在 1.5 ～ 3 元 /m^2，底漆尽量不要"低配"，避免后期维修返工成本的增加。

（3）罩面漆 1 ～ 2 遍，每个厂家均有不同配方，建议采购时与厂家密切配合，超配面漆没必要，还会造成成本浪费。

建筑做法是建筑涂饰能否发挥长久稳定性的重要基础，涂饰建筑做法每个厂家都有微小的变化，甲方采购或者编制清单时应特别注意，避免做法"超配"，带来不必要的后果；另一方面，应重视建筑做法的系统性，避免出现大面积的返修维护，减少二次施工的成本增量。

第 9 章

建筑工程做法优化

关于建造成本的合理配置，在房地产行业已有这样的总结：严控结构性成本，合理匹配性投入功能性成本，足量和灵活投入敏感性成本，才能形成房地产企业的产品竞争力。

而功能性成本主要是指为了匹配项目定位标准而需要合理配置的成本，不同档次、不同需求的产品定位或产品的某个部品部件的成本投入必须合理匹配，过度设计就会造成功能性浪费。功能性成本进一步细分为基本功能成本和附加功能成本。本篇主题对应的工程建筑做法即是基本功能性成本。

在住宅项目中如何进行工程建筑做法优化？在总成本不变的情况下剔除过剩的功能性成本来提高敏感性成本的投入，以提高项目整体效益。

【案例 14】建筑设计做法优化

以浙江省某项目建筑做法方案优化过程为例进行分析。

本项目在区域公司和项目公司的支持下：优化达到预期效果合计降低 354 万元，折合总建筑面积单方指标 63 元 /m²，占地价以外建造成本的 2%。

（1）基本情况

1）工程概况（表 9-1）

2）图审单位情况

情况一：图审单位非垄断，可自行招标确定第三方审图公司，优化设计一般在设计前开展。

①在施工图设计招标前，把建筑做法与结构限额一起以设计委托书形式与招标文件一起下发，由施工图设计中标单位执行；

②根据建筑做法编制工程总承包清单进行招标，询标时明确建筑做法按此版本执行，推进建筑做法落地，减少履约风险；

情况二：图审单位是当地单位垄断，优化设计一般是设计后、施工前。

为配合房产公司尽快获取建设工程规划许可证，施工图设计单位一般会按当地常用的建筑做法设计以尽快通过图纸审查，图纸审查完成之后建筑做法优化以设计联系单的形式下发。

本项目属于情况二，图审单位属于当地单位垄断。

工程概况   表 9-1

序	工程概况	内容
1	工程地点	浙江省 ×× 市
2	工程时间	2017 年 4 月
3	物业类型	小高层、洋房
4	项目规模	总建筑面积 5.6 万 m^2，其中：地下室 1.37 万 m^2
5	地块特征	8 幢电梯洋房、2 幢小高层、1 层地下室
6	建造标准	C 标，无全装修要求

（2）优化前的准备工作

本项目开展优化时，图纸会审已完成，工程总承包单位已定标，通过梳理目标成本、复查设计图纸的经济性，发现建筑做法的经济性有提升空间，并从技术和管理两方面做了优化前的准备工作。

1）技术性准备

①联系设计院收集设计依据的现行规范及当地质量通病防治导则，根据资料与设计院提供的建筑做法校对相同部位主要差异项，预估可优化金额；

②收集公司内部周边楼盘建筑做法、销售合同中的交付标准的要求，作为内部对标资料，咨询已建项目在优化过程碰到的问题，准备预案并学习解决争议的方法；

③带着主要差异表去调研周边 3 家同档次竞品楼盘的建筑设计做法，作为外部对标资料：

a.搜集相关的施工图纸资料；

b.踩盘实地考察相关做法，拍照存档。

④了解当地质监站质检员的监督模式及关注重点，判断是否有二次优化的可能性。

2）公司内部协调性准备

项目成本管理部在完成上述的准备工作后，同项目工程部、设计部进行初步沟通：在符合规范要求的前提下合理优化原设计做法以剔除过剩功能、减少工序、降低成本、缩短工期，符合项目整体利益。通过沟通了解到项目工程部、设计部有以下顾虑，并不支持进行优化：

①项目设计部：已完成图纸审查程序，修改建筑做法需出设计联系单并经图审单位盖章，需反复沟通，会增加设计院的工作量，担心设计院不愿意配合；

②项目工程部：施工蓝图已下发，担心施工单位会对优化后的内容有抵触情绪，增加现场工程管控的工作量和难度。

于是，项目成本部将初步优化方案及内部协调的情况同时向项目负责人及区域成本管理部进行汇报，积极争取支持。

①按照公司制度，二级成本科目可以自行调剂，建筑做法优化节省的成本可以调剂到建筑外立面、公共部位装修等客户敏感性成本科目内，这样可以在不增加总成本的前提下提升项目品质、提高使用功能、增强项目卖点，把钱花在刀刃上；

②承诺在优化时考虑工程进度因素，以不影响进度节点为前提；

此外，进行了以下两项工作以消除项目设计部与项目工程部顾虑：

①建筑做法内外部对标，建筑做法优化工作由项目成本管理部主责梳理；

②待内部开会协商一致后，由项目成本管理部主责约谈工程总承包单位洽谈优化事宜，与施工总承包单位达成一致后整理建筑做法交给设计院编制联系单。

最终经过协调，取得了区域成本管理部和项目负责人的支持，实施了建筑设计做法的成本优化，预估可优化节省成本约 300 万元。

（3）实施优化方案

1）确定优化思路

①结合公司内外部类似项目的建筑做法，进行相同部位进行对标；

②规范内的相同部位，不同的建筑做法进行对标，分析经济合理性；

③运用价值工程分析，选择符合规范要求、工期短、经济性好的建筑做法；

④制定专项方案，提高客户满意度，合理规避交付风险。

2）确定优化项目清单

建筑做法梳理完成后优化金额约 229 万元，主要优化项如图 9-1 所示。

总体优化金额见表 9-2。

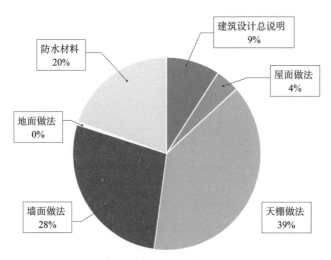

图 9-1　建筑做法优化节省成本分布

总体优化金额汇总表　　　　　　　　　　　　　　　　　　　　表 9-2

序	优化项	节省成本金额（元）	节省单方指标（元 /m²）
1	建筑设计总说明	210,706	3.8
2	屋面做法	93,867	1.7
3	天棚做法	889,996	15.9
4	墙面做法	635,208	11.3
5	地面做法	11,673	0.2
6	防水做法	449,909	8.0
	合计	2,291,359	40.9

①建筑设计总说明

a. 在项目当地，砖胎膜均用水泥多孔砖砌筑，经济性好，原设计为水泥实心砖，优化为水泥多孔砖，优化金额约 8.7 万元。详见表 9-3。

砖胎膜材料优化金额明细　　　　　　　　　　　　　　　　　　表 9-3

	设计做法	工程量（m³）	单价（元 /m³）	合价
原设计	MU15 水泥实心砖、M7.5 水泥砂浆砌筑	1,367	567	774,853
优化后	MU10 水泥多孔砖、M7.5 水泥砂浆砌筑	1,367	503	687,992
	优化金额	1,367	64	86,860

b. 根据当地质量监督文件要求，不同材料基体交接处的抹灰，应采取在底层砂浆

与面层砂浆之间（基层抹灰中部）设置热镀锌钢丝网、耐碱网格布等加强网防止开裂的措施，加强网与各基体的搭接宽度不应小于 250mm；原设计采用热镀锌钢丝网，造价贵，项目周边地块均使用耐碱网格布，经济性好，优化为耐碱网格布，优化金额约 12 万元（表 9-4）。

抹灰钢丝网材料优化金额明细　　　　　　　　　　　表 9-4

	设计做法	工程量（m²）	单价（元 /m²）	合价
原设计	建筑做法总说明第五章墙体第 7 点砌体（多孔砖）与梁、柱或混凝土墙体结合的界面处（包括内、外墙）以及墙体中嵌有设备箱、柜时，应在墙体抹灰层中加设热镀锌钢丝网片（直径不小于 1mm，网片宽 500mm，沿界面缝两侧各延伸 250mm，用锚钉固定）	33,930	8.49	288,070
优化后	砌体（多孔砖）与梁、柱或混凝土墙体结合的界面处（包括内、外墙）以及墙体中嵌有设备箱、柜时，应在墙体抹灰层中加设耐碱网格布（宽 500mm，沿界面缝两侧各延伸 250mm）	33,930	4.84	164,224
	优化金额	33,930	3.65	123,846

②屋面做法

屋面需对比正置式与倒置式，原设计为正置式，优化为倒置式。

差异：保温厚度比节能专篇加厚 25%，但可取消水泥砂浆保护层和聚酯无纺布；

优点：工序少，防水效果好，总体施工进度快，经济性好，优化造价约 9 万元。

屋面防水方案优化金额见表 9-5。

屋面防水方案优化金额明细　　　　　　　　　　　表 9-5

	设计做法	工程量（m²）	单价（元 /m²）	合价
原设计	50 厚细石混凝土（内双向配 φ6@200）保护层	2962	36.15	107096
	干铺聚酯无纺布一层	2962	6.05	17923
	2.0 厚 MBP-S 防晒抗皱膜自粘防水卷材	2814.9	30.80	86699
	1.5 厚 MPU 聚氨酯防水涂料	3036	31.64	96078
	20 厚 1∶3 水泥砂浆找平层	2962	21.71	64317
	50 厚挤塑聚苯板，B1 级	2962	32.43	96075
	节能泡沫混凝土找 2% 坡，最薄处 30 厚（均厚约 50）	2962	176.28	522148
	钢筋混凝土屋面板（表面平整）	—	—	—
	小计	2,962	334.35	990,336

续表

设计做法		工程量（m²）	单价（元 /m²）	合价
优化后	40 厚细石混凝土（内双向配 φ4@200）保护层	2,962	32.67	96,786
	取消干铺聚酯无纺布	0	0	0
	63 厚 B1 挤塑板保温层（倒置式厚度比节能专篇加厚 25%）	2,962	40.86	121,055
	2.0 厚 MBP-S 防晒抗皱膜自粘防水卷材	2814.9	30.80	86,699
	1.5 厚 JS Ⅰ型防水涂料	3036	22.98	69,781
	水泥砂浆保护层取消	0	21.71	0
	节能泡沫混凝土找 2% 坡，最薄处 30 厚（均厚约 50）	2962	176.28	522,148
	钢筋混凝土屋面板（表面平整）	—	—	—
	小计	2,962	302.66	896,469
优化金额		2,962	31.69	93,867

③天棚做法

重点关注保温设计做法的经济性，天棚过高配置等问题：

a. 楼板保温需对比板底保温和地面保温做法的经济性，因本项目为毛坯交付不须另做石膏板吊顶，选择方案三地面保温。

优点：细石混凝土面层平整交付效果好降低交付风险，工序少，总体施工进度快，经济性好，优化造价约 72 万元。

楼板保温做法优化后造价对比见表 9-6。

楼板保温做法优化后造价对比表   表 9-6

序	方案一 图纸做法（板底保温）		方案二 板底保温		方案三 地面保温	
	做法	综合单价	做法	综合单价	做法	综合单价
1	20 厚 1：2 水泥砂浆找平	21.71	20 厚 1：2 水泥砂浆找平	21.71	40 厚 C25 细石混凝土，内双向配 φ4@200	36.04
2	刷素水泥浆一道（内掺建筑胶）	2.42	刷素水泥浆一道（内掺建筑胶）	2.42	10 厚 XPS 挤塑聚苯板	6.5
3	钢筋混凝土板	—	钢筋混凝土板	—	钢筋混凝土板	—
4	界面剂	2.42	取消界面剂	0	取消界面剂	0
5	10 厚岩棉板（A 级），尼龙锚栓双向中距 500 锚固	11.35	10 厚 XPS 挤塑聚苯板采用满粘法，增加锚栓双向 @500 锚固	6.5	取消	0
6	9 厚石膏板（专用螺钉固定于结构板内）	30.74	9 厚石膏板（专用螺钉固定于结构板内）	30.74	取消	0

续表

序	方案一 图纸做法（板底保温）		方案二 板底保温		方案三 地面保温	
	做法	综合单价	做法	综合单价	做法	综合单价
7	石膏腻子刮白二道 （下挂 100mm）	13.79	石膏腻子刮白二道 （下挂 100mm）	13.79	石膏腻子刮白二道 （下挂 100mm）	13.79
	综合单价（元 /m²）	82.43	—	75.16	—	56.33
	工程量（m²）	27760	—	27760	—	27760
	合价（元）	2288157	—	2086342	—	1563621
	优化金额（元）					724，536

　　b. 商业网点天棚喷乳胶漆不是交付标准，配置过高，按周边地块常规做法刮腻子即可。

　　优点：工序少，总体施工进度快，经济性好，优化造价约 16 万元。

　　商业网点天棚面层做法优化金额明细见表 9-7。

商业网点天棚面层做法优化金额明细

表 9-7

	设计做法	工程量（m²）	单价（元 /m²）	合价
原设计	喷或滚刷乳胶漆二道；封底漆一道（干燥后再做面涂）	4,574	20.48	93,676
	石膏腻子一道（干燥后再做底涂）	4,574	8.00	36,592
	10 厚 1：1：6 混合砂浆抹面，压实赶光；8 厚 1：1：6 混合砂浆打底	4,574	24.21	110,737
	基层刷专用界面处理剂一道	4,574	2.84	12,990
	小计	4,574	55.53	253,994
优化后	取消乳胶漆	0	0	0
	石膏腻子刮白二道	4,574	12.00	54,888
	梁侧、梁底面 8+5 厚 1：2 水泥砂浆找平、界面剂一道	914.80	24.68	22,577
	素水泥浆一道，内掺建筑胶	4,574	2.42	11,069
	小计	4,574	19.36	88,534
	优化金额	4,574	36.17	165,460

　　④墙面做法

　　墙面关注不同砌体砂浆厚度，不须设置砂浆层的部位予以取消减少不必要的成本：

　　a. 根据 05J909《工程做法》规范要求粉刷厚度，结合根据当地质量监督文件要求，外墙粉刷底层应采用防水砂浆，进行外墙防水材质替换、粉刷厚度更改。

优点：经济性好，优化金额约 27 万元。

墙面做法优化金额明细见表 9-8。

墙面做法优化金额明细　　　　　　　　　　　　　　　　　　表 9-8

	设计做法	工程量（m²）	单价（元/m²）	合价
原设计	10 厚 1:2.5 水泥砂浆抹面，压实赶光	15960.68	20.01	319,373
	10 厚聚合物水泥防水砂浆打底、找平	15960.68	39.45	629,649
	小计	15960.68	59.46	949,022
优化后	6 厚 1:2.5 水泥砂浆找平，9 厚 1:3 防水水泥砂浆打底内掺建筑胶	15960.68	39.28	626,936
	界面剂一道	15960.68	2.84	45,328
	小计	15960.68	42.12	672,264
优化金额		15960.68	17.34	276,758

b. 根据 05J909《工程做法》规范要求，进行内墙砂浆厚度更改。

优点：经济性好，优化金额约 30 万元；

内墙砂浆厚度优化金额明细见表 9-9。

内墙砂浆厚度优化金额明细　　　　　　　　　　　　　　　　表 9-9

	设计做法	工程量（m²）	单价（元/m²）	合价
原设计	5 厚 1:2 水泥砂浆罩面压实赶光；15 厚 1:3 水泥砂浆打底扫毛	53,642.69	26.5	1,421,531
	砌块墙刷专用界面剂一道	53,642.69	2.84	152,345
	小计	53,642.69	29.34	1,573,876
优化后	5 厚 1:2 水泥砂浆罩面压实赶光；8 厚 1:1:6 水泥石灰膏砂浆打底、找平	53,642.69	20.96	1,124,351
	砌块墙刷专用界面剂一道	53,642.69	2.84	152,345
	小计	53,642.69	23.8	1,276,696
优化金额		53,642.69	5.54	297,180

c. 踢脚线设计为暗踢脚线，与水泥砂浆墙面一起施工，不须单独立项。

优点：避免费用重复计取，优化金额约 6 万元；

踢脚线做法优化金额明细见表 9-10。

踢脚线做法优化金额明细　　　　表 9-10

	设计做法	工程量（m²）	单价（元 /m²）	合价
原设计	10 厚 1：2.5 水泥砂浆压实赶光；8 厚 1：1：6 混合砂浆打底	2,265.08	24.21	54,838
	砖墙（砌块刷专用界面剂一道）	2,265.08	2.84	6,433
	小计	2,265.08	27.05	61,270
优化后	取消水泥砂浆踢脚线	0	0	0
	取消界面剂	0	0	0
	小计	0	0	0
	优化金额	2,265.08	27.05	61,270

⑤地面做法

重点关注面层材料选择、面层厚度、找平层厚度。

a. 住宅户内楼地面是客户敏感点，原设计为 20 厚水泥砂浆，平整度差，优化后为 40 厚 C25 细石混凝土内配钢丝网防止开裂。优化不仅是减法，客户敏感点适当做加法（优化金额已在天棚做法优化处计算，此处不再计算）。

b. 地下室地面面层是客户敏感点：

（a）原设计为耐磨地坪，防潮、耐候能力弱，档次较低，优化为 1.5mm 厚耐磨环氧地坪漆（增配）；

（b）找平层厚度减少，总体优化金额约 1 万元，见表 9-11。

地下室地面面层做法优化金额明细　　　　表 9-11

	设计做法	工程量（m²）	单价（元 /m²）	合价
原设计	撒矿物骨料耐磨材料、表面加工平整、喷洒养护剂养护	11,117.36	15	166,760
	80 厚 C25 细石混凝土（内双向配 φ6@150 钢筋网）分块捣制、随打随抹平（按建筑轴网设 20 宽缝，间距 ≤ 6m）	11,117.36	52.3	581,438
	钢筋混凝土防水底板	—	—	—
	小计	11,117.36	67.3	748,198
优化后	1.5mm 厚耐磨环氧地坪漆面	11,117.36	30	333,521
	最薄处 50 厚 C25 细石混凝土找坡 0.5%（内双向配 φ6@200 钢筋网）分块捣制，随打随抹平（按建筑轴网设 20 宽缝，间距 ≤ 6m）	11,117.36	36.25	403,004
	钢筋混凝土防水底板	—	—	—
	小计	11,117.36	66.25	736,525
	优化金额	11,117.36	1.05	11,673

⑥防水做法

a. 根据《住宅室内防水工程技术规范》JGJ 298-2013 厨房墙面宜设置防潮层，不是必须设置，周边地块厨房均不设置防潮层，进行砂浆材质替换、厚度调整，优化金额约 14 万元，见表 9-12。

厨房墙面防潮层做法优化金额明细

表 9-12

设计做法		工程量（m²）	单价（元/m²）	合价
原设计	12 厚聚合物水泥防水砂浆抹平、8 厚 1:1:6 混合砂浆打底	6,676.33	44.53	297,297
	砖墙（砌块刷专用界面剂一道）	6,676.33	2.84	18,961
	小计	6,676.33	47.37	316,258
优化后	5 厚 1:2.5 水泥砂浆罩面压实赶光	6,676.33	23.69	158,162
	砖墙（素水泥浆一道）	6,676.33	2.42	16,157
	小计	6,676.33	26.11	174,319
优化金额		6,676.33	21.26	141,939

b. 原设计聚氨酯防水涂膜，具有刺激性气味不适用于室内，且造价比 JS 贵。优化为 1.5 厚 JS Ⅱ 型防水涂料，四周卷起高度按规范要求优化为 250 高，经济性好，优化金额约 8 万元，见表 9-13。

防水做法优化金额明细

表 9-13

设计做法		工程量（m²）	单价（元/m²）	合价
原设计	20 厚 1:2 水泥砂浆找平	8728.14	21.71	189,488
	1.5 单组分聚氨酯防水涂膜，四周卷起 300 高	9178.05	31.64	290,394
	最薄 30 厚泡沫混凝土找坡 1% 兼找平	8728.14	17.62	153,831
	钢筋混凝土楼板	—	—	—
	小计	8728.14	72.61	633,713
优化后	20 厚 1:2 水泥砂浆找平	8728.14	21.71	189,488
	1.5 厚 JS Ⅱ 型防水涂料，四周卷起 250 高	8998.08	22.98	206,776
	最薄 30 厚泡沫混凝土找坡 1% 兼找平	8728.14	17.62	153,831
	钢筋混凝土楼板	—	—	—
	小计	8728.14	63.02	550,095
优化金额		8728.14	9.58	83,618

c. 人防地下室顶板防水要求达到一级防水，结合《地下工程防水技术规范》（GB 50108-2008）地下工程种植顶板：耐根穿刺防水层应铺设在普通防水层上面，经对比 10J301

地下建筑防水构造规范顶板有 6 项优点：工序减少，总体施工速度快、经济性好，人防区顶板优化金额约 19 万元，见表 9-14。

人防地下室顶板防水做法优化金额明细　　　　　　　　表 9-14

	设计做法	工程量（m²）	单价（元 /m²）	合价
原设计	主体结构顶板（自防水）	—	—	—
	水泥基渗透结晶型防水涂料	2671.71	23.7	63,320
	2 厚聚合物水泥防水涂料	2671.71	31	82,823
	20 厚 1 : 2.5 水泥砂浆找平层，内掺 4% 的砂浆防水	2671.71	29.53	78,896
	4 厚 SBS 耐根穿刺改性沥青防水卷材防水层	3473.23	45.18	156,920
	10 厚 M2.5 低强度等级混合砂浆隔离保护层	2671.71	13.17	35,186
	70 厚 C20 细石混凝土保护层，内双向配 φ6@200	2671.71	46.85	125,170
	小计	2671.71	202.98	542,315
优化后	主体结构顶板（自防水）	—	—	—
	水泥基渗透结晶型防水涂料	2671.71	23.7	63,320
	取消 2 厚聚合物水泥防水涂料	0	0	0
	取消水泥砂浆找平层	0	0	0
	4 厚 SBS 耐根穿刺改性沥青防水卷材防水层	3473.23	45.18	156,920
	10 厚 M2.5 低强度等级混合砂浆隔离保护层	2671.71	13.17	35,186
	50 厚 C20 细石混凝土保护层，内双向配 φ6@200	2671.71	35.25	94,178
	小计	2671.71	130.85	349,604
优化金额		2671.71	72.13	192,711

d. 非人防地下室顶板细石混凝土保护层厚度减少，非人防区顶板优化金额约 3 万元，见表 9-15。

非人防地下室顶板做法优化金额明细　　　　　　　　表 9-15

	设计做法	工程量（m²）	单价（元 /m²）	合价
原设计	主体结构顶板（自防水）	—	—	—
	20 厚 1 : 2.5 水泥砂浆找平层	2712.19	21.71	58,882
	1.5 厚 MPU 白色聚氨酯（环保型）防水涂膜	3525.85	31.64	111,558
	4 厚 SBS 耐根穿刺改性沥青防水卷材防水层	3525.85	45.18	159,298
	干铺聚酯无纺布一层	2712.19	6.05	16,409
	70 厚 C20 细石混凝土保护层，内双向配 φ6@200	2712.19	46.85	127,066
	小计	2712.19	174.48	473,213

续表

设计做法		工程量（m²）	单价（元/m²）	合价
优化后	主体结构顶板（自防水）	—	—	—
	20厚1:2.5水泥砂浆找平层	2712.19	21.71	58,882
	1.5厚MPU白色聚氨酯（环保型）防水涂膜	3525.85	31.64	111,558
	4厚SBS耐根穿刺改性沥青防水卷材防水层	3525.85	45.18	159,298
	干铺聚酯无纺布一层	2712.19	6.05	16,409
	50厚C20细石混凝土保护层，内双向配φ6@200	2712.19	35.25	95,605
	小计	2712.19	162.88	441,752
优化金额		2712.19	11.60	31,461

3）内、外部协调

①内部协调

项目成本部完成上述优化评估和估算后，组织区域成本管理部、设计管理部、工程管理部、营销管理部和项目设计部、项目工程部、项目营销部开会讨论，会上详细介绍各个部位优化所依据的规范与周边住宅项目同部位建筑做法的调研情况，优化后建筑做法对于项目加快工期、降低成本、提升品质均有利，符合项目整体利益，会议达成一致，并在销售合同交付条件内对应条款进行修改。

②外部协调

a.工程施工总承包单位协调

（a）与总包交底之前项目成本管理部梳理建筑做法易争议点与区域成本管理部汇报；

（b）召集项目设计部、项目工程部、工程施工总承包单位召开建筑做法交底会议，会上详细介绍各个部位优化所依据的规范与周边住宅项目同部位建筑做法的调研情况，经激烈讨论，工程施工总承包单位提出：地下室车库地面80厚细石混凝土改为50厚细石混凝土太薄行车容易压坏，要求改为最薄60厚细石混凝土，拟增加3万元；

（c）此争议点在预估范围内，经汇报区域成本管理部同意总承包单位诉求，会议上将优化建筑做法与施工总承包单位达成一致，会后整理会议纪要及建筑做法打印会签。

b.设计院协调

将调整完成的建筑做法发给项目设计部复核确认，并协调设计院办理设计修改手续。

第 10 章

五星级酒店隔声处理成本优化

五星级酒店的私密性要求远高于普通酒店，其中酒店的声学隔声效果是保证酒店区域私密性的重要措施。据统计，酒店经营过程中顾客对于隔声不满的投诉居于酒店投诉的第一位，可见隔声处理是酒店建设中相当重要的环节。

由于建设方与使用方客观存在的立场差异以及隐蔽特性，隔声处理在酒店项目建设过程中，尤其在项目前期往往容易被忽视，若等到施工期才开始隔声方案设计及实施往往会花费巨大代价。

10.1 五星级酒店隔声处理的重要性

五星级酒店项目的隔声处理需要从项目前期（如项目方案设计阶段）就加以重视，具体原因在于：

1. 噪声来源的多样性导致全方位的隔声处理需求

五星级酒店属于大型公共建筑，其使用功能的多样性会导致噪声来源的多样性。如外墙及外窗传入客房的城市噪声、内隔墙传入的来自相邻客房的噪声、客房门传来的走廊嘈杂声、楼板传来的撞击声、卫生间及其管道传入的相邻房间的噪声、通风系统传入的风机噪声等均可能成为酒店客房噪声的来源。

任何一种噪声均可能给酒店正常经营带来负面效应。这种多样性的噪声来源必然导致包括天花、楼地面以及墙面在内的全方位隔声需求，因牵涉面广、工程数量大而造成造价大幅度增加（以酒店客房为例的全方位隔声处理方式示例及造价影响分析参见表 10-1）。

以酒店客房为例的全方位隔声处理方式示例及造价影响分析　　表 10-1

部位		举例	典型隔声处理方式	造价影响分析
上下层楼板间隔声		硬物（如鞋跟）撞击客房入口玄关石材	楼面增加软垫物	① 增加软垫物（如橡胶隔声垫）的造价 ② 导致层高增加的造价
横向隔声	客房之间隔墙的隔声处理	隔壁住客高声交谈	增加四层石膏板的间墙	① 增加填充物及附着物费用 ② 增加横向分隔厚度导致增加的造价
	电梯竖井与客房之间	电梯升降时对导轨产生的摩擦和停靠时的振动	客房内增加轻钢龙骨双层石膏板隔墙	
	门	来自客房走道噪声	增加门与门之间的空气层，并挂上软性吸声隔声帘	
	幕墙结构	酒店附近的环境噪声，如交通道路噪声	中空玻璃幕墙，幕墙与楼板连接处加填保温隔声棉，幕墙竖框内填充吸声物料，竖框两面以石膏板遮盖并以密封剂密封	
内装饰隔声	轻钢龙骨与梁、柱、地垄、幕墙接口处	隔壁住客高声交谈	轻钢龙骨与梁、柱、地垄、幕墙接口处均填充橡塑隔声软垫	
机电噪声	坐便器	厕所冲水	生铁水管外包隔声处理	外包处理费用
	空调风口	风机盘管噪声	送风管内贴吸声棉	内贴附着物增加费用

2. 隔声标准限值的严格性导致高标准的隔声处理需求

参考现行国家标准《民用建筑隔声设计规范》（GB 50118）关于酒店类建筑物的噪声环境规定以及国际公认的隔声标准，以五星级酒店为例允许噪声级及空气声隔声标准如表 10-2 和表 10-3 所示。

五星级酒店室内允许噪声级　　表 10-2
（单位：dB（A））

部位	白天	夜间
客房	≤ 40	≤ 30
会议室	≤ 40	
多功能室	≤ 40	
办公室	≤ 45	
餐厅、宴会厅	≤ 50	

五星级酒店客房空气声隔声标准　　表 10-3
（单位：dB）

部位	隔声标准
客房之间隔墙、楼板	> 50
客房与走廊之间	> 45
客房门	≥ 30
客房外窗	≥ 35

五星级酒店客房空气声隔声标准应达到 55dB 以上，即达到"邻房的电视机及高声谈话完全听不到"的标准，这样的高限值必然导致相关造价成本的增加。

10.2　五星级酒店隔声处理的造价控制方法

1. 建议在酒店的方案设计阶段，安排隔声处理设计单位介入

酒店噪声来源多样，隔声处理同样涉及较多专业。较多酒店项目建设方往往在装饰设计阶段才引入隔声专业设计单位，而在这个阶段土建结构、外立面以及综合机电专业一般已经开始施工，如果因隔声降噪处理需要拆改，花费的造价及时间成本较大，且受限于现场实施条件，往往事倍功半。因此笔者建议隔声处理专项设计单位在方案设计阶段即行介入，由隔声设计单位与建筑、结构、外立面、综合机电、内装设计单位尽早进行隔声相关设计沟通，事前控制成本。同时此阶段不涉及过多的专项设计服务，相关设计费用也不会过多增加。隔声专业设计单位与其他设计单位建议重点协调沟通的内容参见表10-4。

方案设计阶段隔声专业设计单位与其他设计单位建议重点协调沟通的内容　　表 10-4

序	设计专业	隔声处理专项设计
1	建筑	①根据横向隔声需求（如需增加隔声垫），评估对于层高的影响； ②隔墙形式的选用； ③不同的建筑布局对于隔声方式的影响（如靠近设备机房、电梯间的房间隔声处理）
2	结构	设备间采用浮筑设计
3	外立面	建筑外立面（幕墙、铝合金门窗、外墙等）隔声处理
4	综合机电	①设备机房的隔声处理； ②横向及竖向管道的隔声方式处理
5	内装饰	①不同类型隔墙方案、装饰饰面对于隔声处理方式的影响； ②装饰细部（如开关盒）的隔声处理方式

2. 隔声处理方案的对比与遴选

结合近年来所经历的五星级酒店项目案例，归纳了隔声处理方案遴选需考虑的要点包括以下四项：

（1）客房部位是酒店隔声方案的重点。由于客房面积一般占到酒店建筑面积的50%以上，并且客房的使用时段处于最能够体现隔声效果的夜晚睡眠时期（酒店遭遇投诉最多的就是夜晚时段噪声投诉）。相形之下公共区域的隔声要求不如客房严格，而某些对于声学效果严格的区域，如会议室、多功能间、舞台、卡拉OK等区域则另需完成包含隔声效果在内的声学专项设计，并且这些公共区域的建筑面积相对客房面积总量权重较小，因此建议重点管控客房区域的隔声处理方案比选。

（2）选择占造价权重较大的部位对应的隔声方案进行对比。以客房部位为例，隔声处理专项设计部位一般包含：客房之间的分隔墙、客房卫生间隔墙、客房与走道之间的分隔墙、客房与风井隔墙、幕墙及楼层间缝隙隔声、卫生间管道、管道穿墙、隔声门、风机盘管机组等。

（3）把握各隔声专项设计方案的核心差异。以表10-5所示分隔墙隔声处理方案一和方案二为例，两种方案对应的石膏板面层及岩棉方案基本类同，其核心差异在于墙体材料采用普通加气混凝土砌块还是阻尼隔声板。

（4）全面衡量各方案造价成本，积极与建设单位和设计单位协调沟通，进行方案优化。

【案例15】某酒店隔声墙方案优化

以江苏省某酒店为例。项目总建筑面积99,979m²，其中地上建筑面积69,575m²，地下建筑面积30,404m²，由地下3层+地上塔楼+地上裙房组成。其中塔楼地面以上共38层，主屋面高度157.4m，除塔楼有10层作为办公用途之外，其余为酒店用房。

酒店的隔墙隔声设计做法如表10-5中采用方案一（阻尼板方案）和方案二（加气混凝土方案）的综合单价分别为476元/m²和365元/m²（见表10-6、表10-7）。

不同隔声方案对应隔墙造价对比　　　　　　　　　　　　　　　表10-5

单位：元/m²

	方案一 （阻尼板方案）	方案二 （加气混凝土方案）	优化后方案 （石膏板隔墙方案）
设计方案	双层9.5mm厚石膏板，错缝 75C型轻钢龙骨内填 75mm厚容重80K岩棉 18mm厚志绿阻尼隔声板458 15mm声学空腔 50C型轻钢龙骨内填 50mm厚容重80K岩棉 双层9.5mm厚石膏板，错缝 客房A　　客房A	双层12mm纸面石膏板 50C龙骨填充保温棉 100mm加气砖墙 50C龙骨填充保温棉 双层12mm纸面石膏板	双层9.5mm纸面石膏板 75C龙骨填充隔声棉 双层9.5mm纸面石膏板 75C龙骨填充隔声棉 双层9.5mm纸面石膏板
综合单价	476	365	362

经过与建设单位和设计单位沟通后进行了方案优化，增加并选用第三种方案即石膏板隔墙方案，该方案的造价为人民币362元/m²（表10-8），相对最低。按照5000m²需要隔声处理隔墙面积计算，较方案一节约成本57万元，较方案二单价略低，且隔声性能更佳。

（说明：本案例探讨隔声方案的优化，为简化计算，未考虑方案三因净空间增加带来的效益增加及装饰工程成本增加。）

方案一（阻尼板方案）   表 10-6

序	项目	单位	数量	单价	合价
1	材料费	m²	1	306.68	306.68
1.1	四层 9.5mm 厚普通纸面石膏板	m²	4.12	9.55	39.35
1.2	阻尼隔声板（阻尼层加厚）	m²	1.03	107	110.21
1.3	双层 0.6mm 厚 75C 型龙骨	m	5.83	9.14	53.29
1.4	双层 0.6mm 厚 38 穿心龙骨	m	0.99	2.18	2.16
1.5	双层 50mm 厚 48K 隔声棉填充	m²	2.06	28	57.68
1.6	隔声密封剂	管	1.5	24	36
1.7	自攻螺钉（共 6 层面板）	m²	5	1	5
1.8	安装辅材	m²	1	3	3
2	人工费	m²	1	100	100
3	机械费	m²	1	2	2
4	直接费小计	m²	1	1	408.68
5	管理费、规费、利润及税金	项	16.48%	408.68	67.35
6	综合单价	元 /m²	1	476	476

方案二（加气混凝土方案）   表 10-7

序	项目	单位	数量	单价	合价
1	材料费	m²	1	209.99	209.99
1.1	双面双层 12mm 厚普通纸面石膏板	m²	4.2	12	50.4
1.2	100 厚加气混凝土砌块	m³	0.091	525.86	47.6
1.3	双层 0.6 厚 50 系列隔墙竖向龙骨	m	3.57	6.5	23.21
1.4	双层 0.6 厚 50 系列隔墙天地龙骨	m	1.02	4.5	4.59
1.5	双层穿心龙骨，D38×12×1.0mm	m	1.02	3.8	3.88
1.6	双面双层 50mm 厚岩棉	m²	2.1	25	52.5
1.7	构造柱	m³	0.007	491.22	3.26
1.8	圈梁	m³	0.005	427.9	2.07
1.9	钢筋	kg	2.24	4.81	10.76
1.10	安装辅材	m²	1	11.73	11.73
2	人工费	m²	1	109	109
3	机械费	m²	1	2	2
4	直接费小计	m²	1	1	320.99
5	管理费、规费、利润及税金	项	13.58%	320.99	43.59
6	综合单价	元 /m²	1	365	365

优化后方案（石膏板隔墙方案）   表 10-8

序	项目	单位	数量	单价	合价
1	材料费	m²	1	180.3	180.3
1.1	双面双层 9.5mm 厚普通纸面石膏板	m³	4.2	9.5	39.9
1.2	双层 9.5mm 厚普通纸面石膏板	m²	2.1	9.5	19.95
1.3	双层 0.8mm 厚 75 系列隔墙竖向龙骨	m	3.57	11.95	42.65
1.4	双层 0.8mm 厚 75 系列隔墙天地龙骨	m	1.02	9.5	9.69
1.5	双层穿心龙骨，D38×12×1.0mm	m	1.02	3.8	3.88
1.6	双面双层 50mm 厚岩棉	m²	2.1	25	52.5
1.7	安装辅材	m²	1	11.73	11.73
2	人工费	m²	1	136	136
3	机械费	m²	1	2	2
4	直接费小计	m²	1	318.3	318.3
5	管理费、规费、利润及税金	项	13.58%	318.3	43.22
6	综合单价	元/m²	1	362	362

（5）运用价值工程原理全面衡量并选择隔声处理方案。这就要求隔声方案的遴选除建安造价之外，还应全面衡量隔声效果、建设周期、使用功能及使用空间、施工验收等各方面因素（表 10-9）。

运用价值工程原理遴选隔声方案宜考虑的因素及关注点   表 10-9

序	考虑的因素	关注点
1	建安造价	不同隔声处理方式的造价增减，包括隔声处理及引起各相关专业，包括建筑、结构、外立面、综合机电以及内装饰造价的增减，此外还有因施工难易造成的造价增减
2	隔声效果	①声音必须达到隔声标准最低限值； ②须满足最低限制的情况下，结合其他横向面及纵向面的隔声效果。例如仅内隔墙隔声效果达到 65dB，但外窗隔声效果最多只能做到 55dB，那么可以考虑隔声效果较低的方案； ③结合建安造价等其他因素选择
3	建设周期	①材料供货周期。目前市场阻尼板的普及率相对较低，需专业供应商进行供货，考虑到酒店隔墙的工程量较多，故装饰施工单位须提前制定合理的采购需求计划，对供应商进行充分的管理、协调配合，以保证供货周期，从而保证建设周期。因此将增加一定的管理成本及风险因素； ②材料现场施工期。采用预制阻尼板造价较高，但工厂化程度高、现场湿作业少，工期较短。由于装饰工程包括隔墙施工一般处于项目建设期的关键线路，为保证进度可能需要考虑工期更短的预制板方案（最多能节省 50% 左右的隔墙施工期）
4	使用功能及使用空间	采用阻尼板的造价较高，但每间客房使用面积增加 1.15m²，以 500 间客房计算增加 575m² 的使用面积，增加了得房率
5	施工验收	确保隔声棉、木饰面等消防验收通过

地下室作为项目配套部分，除特殊功能外，仅作为地下停车库及设备用房。为满足地上功能而存在，属于可少配建部分，大部分房地产开发项目都要求在满足项目功能需求车位数的基础上，尽可能地控制地下室面积。

但地下室的建造成本偏高，且一般在 2000 ~ 4000 元 /m²，成本差异较大；地下室工程的施工周期占项目主体施工周期的 40% 以上；地下室的停车效率一般在 28 ~ 40m²/ 辆，差异性较大。尤其在项目功能复杂、地质条件复杂的地方，在可控范围内，地下室的综合优化已成为成本优化的关键点。

地下室综合优化包括流线分析、竖向分析、消防分析、塔楼竖向构件分析、柱网分析、综合管线分析、出入口分析、人防分析、地库轮廓线分析、设备用房分析等共 27 项的综合成本优化。以下案例分析仅为其中 3 项。

【案例 16】住宅地下车库的综合优化

本项目通过建筑专业三个方面的优化，共节约成本约 814 万元，折合地下室面积单方成本节约 143 元 /m²。具体金额及分布详见图 11-1、表 11-1。

西安某项目地库工程成本优化汇总表　　　　　　　　　　表 11-1

序	优化内容	优化量	节省成本 / 增加收益（元）	占比
1	流线分析	增加车位 50 个	4,000,000	49%
2	竖向分析	减少挖方 3.9 万 m³ 减少弃土 5.6 万 m³	3,836,000	47%
3	消防分析	减少 2 个防火分区	308,860	4%
	合计		8,144,860	100%

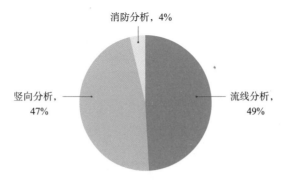

图 11-1 地下车库工程成本优化节省金额分布图

（1）工程概况（表 11-2）

项目位于西安市雁塔区，于 2018 年初完成方案设计整体场地平坦，无太大高差起伏。

工程概况表
表 11-2

序	工程概况	内容
1	工程地点	陕西省西安市
2	工程时间	2018 年
3	物业类型	高层住宅 + 商铺组成，11 栋高层 +14 栋叠拼
4	用地面积	90,144m²
5	建筑面积	273,774m²，其中：地下室建筑面积为 57,020m²

根据市政条件及规划要求，本项目需配建机动车位 2118 辆，地下室需配建生活水池、生活水泵房、消防水泵房、消防控制室、弱电机房及其他防排烟风机房（图 11-2）。

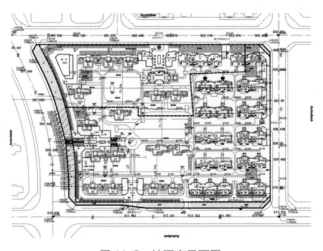

图 11-2　地下室平面图

本案例从 3 个点进行优化分析：流线分析、竖向分析、消防分析。

（2）流线分析

一般可从以下 7 点进行优化：

①提高车道利用率，对非双边垂直式作分析调整；

②长排列与短排列对比分析；

③环通式与尽端式对比分析；

④柱网应结合车位、车道调整，确认不可调的柱子，结合塔楼及轮廓线平行布置；

⑤处理好塔楼与车库交接部分的停车布置；

⑥处理主车道与次车道及出入口的关系；

⑦处理好停车流线与防火分区，人防分区的关系。

1）该项目的优化方案

①原方案布置在较短的车道距离布置了环形车道，空间浪费较大，停车效率较低；将流线进行调整，改为 45m 的尽端停车，可增加 6 个标准停车位，高差可采用 5% 的坡度解决，对停车无影响（图 11-3）。

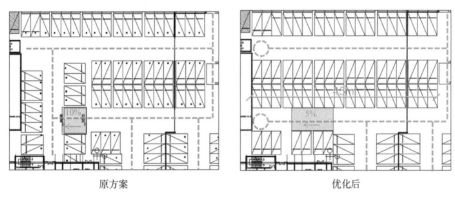

原方案 优化后

图 11-3 优化前后对比图 1

②原方案布置为单边停车，停车效率较低，通过对行车流线的调整，可变为双边停车，停车效率提高，增加 3 个标准停车位，原方案 10% 的坡道可调整为 5%，对停车无影响（图 11-4）。

2）优化结果：

通过流线分析，在未增加地下室面积的前提下，通过调整共增加标准车位 50 个（5.3m×2.4m 标准车位）。

按照项目交易价格 8 万元 / 车位测算，则收益增加 50×8=400 万元。

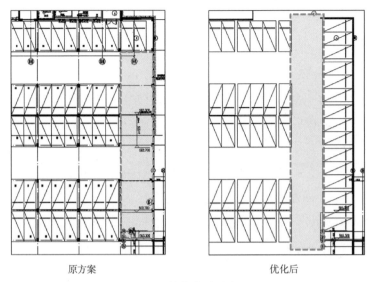

原方案　　　　　　　　　　优化后

图 11-4　优化前后对比图 2

（3）竖向分析

原地形图南高北低，东高西低，南北高差约 11m，东西高差约 3.5m。深色区域为高层住宅区域，需要配置地下机动车库。深色区域南北方向南北高差约 10.5m，东西高差约 2.1m（图 11-5）。

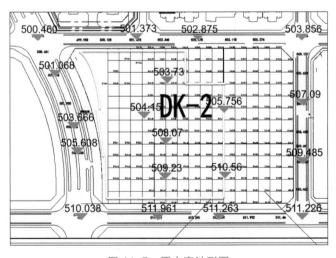

图 11-5　原方案地形图

1）优化方案

原竖向设计南北高差处理采用在北边商铺与台阶消化约 5m 高差，场地再通过多台地处理消化剩余 5m 高差，处理方式较合理，方案保持不变，只是考虑排水风险及成本节省等，在原设计标高基础上将高层区场地整体抬高（图 11-6）。

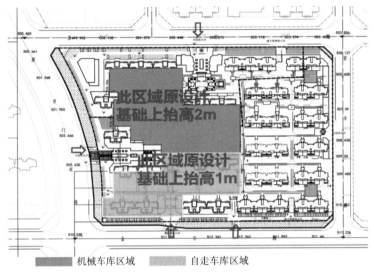

图 11-6　优化方案

2）优化结果

土方成本节约了 383 万元。通过对比原竖向设计地形模型与高层区场地整体抬高后的竖向设计地形模型，可以得出挖方量、填方量、地下室顶板覆土量、外弃土量，从而计算出土方成本。详见表 11-3。

土方成本优化金额明细　　　　　　　　表 11-3

序	项目内容	单价（元/m³）	原方案		优化后	
			工程量（万 m³）	合价（万元）	工程量（万 m³）	合价（万元）
1	挖方量		29.1		25	
2	地下室顶板覆土	21	5.2	109	5.2	109
3	填方量	21	2.5	53	3.7	78
4	外弃土	73	22.9	1,672	17.3	1,263
土方造价			1,833		1,450	
节省造价			383			

注：1. 松土系数按 5%；
　　2. 根据甲方提供，外弃土按 73 元/m³ 计，现挖现填按 21 元/m³ 计；
　　3. 竖向标高抬高后基坑结构的节省成本未测算在内。

（4）消防分析

如图 11-7，由方案 1 和方案 2 防火分区划分对比，发现方案 1 比方案 2 减少了 B1-07a 和 B1-17a 两个防火分区，且方案 1 的空间通透性较好。

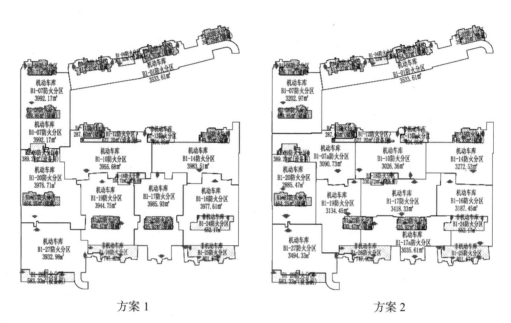

方案 1　　　　　　　　　　　　　　　　方案 2

图 11-7　负一层防火分区划分对比

优化结果：由表 11-4 成本分析可知，方案 1 比方案 2 节约 31 万元。

方案 1 与方案 2 成本对比表　　　　　　　　　　　　　　　　表 11-4

序	项目内容	单位	单价	方案 1		方案 2		方案 1 比方案 2	
				工程量	合价	工程量	合价	节省额	节约率
1	防火墙	m³	757	1,195	904,336	1,247	943,470	39,133	4%
2	防火卷帘	m²	1,047	297	311,075	362	378,631	67,557	22%
3	疏散楼梯数量	个	30,419	42	1,277,598	42	1,277,598	0	0
4	风机房	个	18,721	35	655,226	41	767,550	112,324	17%
5	配电间	个	44,923	13	583,993	15	673,838	89,845	15%
	合计				3,732,228	–	4,041,088	308,860	8%

第 4 篇

结构设计的成本优化

结构优化就是合理化。

——江欢成

林同炎教授在《结构概念和体系》中把结构设计分为三层次，即构件层级、结构分体系、结构整体体系，分别对应施工图设计、初步设计、方案设计三个阶段，这也可以作为结构优化的三层次。

　　在结构设计的优化中需要注意的两点是建筑设计对结构设计的先天性影响，地质勘察对结构设计的先天性影响。本篇共5章，现有案例仅为结构设计优化的其中一部分。内容如下：

　　第12章介绍基坑支护工程的成本优化。以浙江、西安、湖北3个项目为例，来为大家分析基坑支护方案的成本优化思路和过程。

　　第13章介绍桩基工程的成本优化。以浙江、湖北等2个项目为例，来为大家分析桩基础方案的成本优化思路和过程。

　　第14章介绍住宅剪力墙结构的成本优化。从为什么重点控制剪力墙到怎么控制，并以湖北某住宅项目为例解析其限额指标。

　　第15章介绍超高层商业项目的结构设计优化。以沈阳某项目为例，分析从4个阶段：方案设计、结构模型计算、扩初设计、施工图设计阶段展开分析。

　　第16章介绍装配式结构中的楼梯优化。以带肋预制楼梯为例，从构件费用、塔吊费用两个方面分析经济效果。

第12章
基坑支护工程方案优化

基坑支护工程的基本特点有三项，一是多属临时性工程，一般不构成工程实体，对于业主方而言是属于投入而无利润回报的成本；二是身处地下，影响因素多，受力复杂，技术性较强，安全度的随机性大、安全事故的后果严重；三是因岩土的区域特性而具有地域性强、差异大的特点，当地专家的作用对成本影响较大。

基坑支护工程的成本优化，一般是在经济性与安全性的天平之间选择一个平衡点，这个平衡点选择得好，花费少，选择得不好花费多或引发安全事故。因而，基坑支护工程既涉及设计和施工方案的优化，也涉及招标方案的优化。本章案例主要是介绍了设计和施工方案的优化，在招标方案的优化上略有涉及。

案例17：基坑原设计方案不经济的表象在于所有部位都是一个设计方案，这种没有结合工程场地实际情况的设计方案一般都是不经济的。按图估算金额超出目标成本约48%，也验证了设计方案超出当地成本控制水平。

案例18：未有效踏勘工程现场，导致设计过于保守，险些造成成本浪费。其根本原因在于这是一个快速推进项目，时间紧而又没有进行设计前端管控。

案例19："亡羊补牢，为时未晚"，在基坑回标价均超出目标成本后，积极借助投标单位的能力与经验进行设计方案的优化，将定标价控制在目标成本范围内。

【案例 17】台州项目基坑支护方案优化

（1）基本情况

1）工程概况（表 12-1）

工程概况表

表 12-1

序	工程概况	内容
1	工程地点	浙江省台州市
2	工程时间	2018 年 3 月
3	物业类型	中低端小高层
4	项目规模	总建筑面积 14.4 万 m^2，其中：地下室 3.06 万 m^2
5	基本参数	地下室为 1 层，开挖深度为 4m 左右 开挖基坑安全等级为二级 支护周长约 890m，支护面积约 3560m^2
6	土质特征	软土地基，开挖深度范围内土层为 1-0 层杂填土、1-1 层粉质黏土和 2-1 层淤泥 1-0 层为强透水性土； 1-1 层为微透水性和不透水性土； 2-1 层淤泥，流塑状，强度低，自立能力较差，开挖时易坍塌
7	工期安排	围护施工到拆除，约 4 个月
8	挖土工况	使用 12t 载重汽车，每天出土量约 1500m^3
9	堆场	钢筋笼加工场地、支模架堆场设置在围护边坡外的幼儿园位置

2）基坑支护原方案

设计院提供的原基坑支护方案为：二级放坡素混凝土喷射 + 五排水泥搅拌桩重力式挡墙 + 钻孔灌注桩围护墙 + 钢筋混凝土内支撑局部位置加强等组合围护结构，电梯井采用三排水泥搅拌桩（图 12-1）。

图 12-1　现场施工图

经估算，基坑支护费用为 1334 万元，超目标成本约 93%（目标成本约 690 万），估算明细如表 12-2 所示。

表 12-2

优化前的基坑支护工程造价

序	名称	单位	数量	单价	合价	每延米（元/m）	支护面积（元/m²）
1	水泥搅拌桩	m³	27,355	210	5,744,683	6,455	1,614
2	钻孔灌注桩	m³	3,253	1,100	3,577,968	4,020	1,005
3	桩钢筋笼	t	194	5,637	1,096,113	1,232	308
4	凿桩头	个	900	122	110,139	124	31
5	喷射混凝土	m²	9,671	88	849,808	955	239
6	冠梁、支撑梁	m³	1,552	460	714,105	802	201
7	冠梁、支撑梁钢筋	t	159	5,685	905,058	1,017	254
8	格构柱	t	9	6,812	60,627	68	17
9	排水沟、排水井	m³	283	533	150,724	169	42
10	模板	m²	2,583	50	128,518	144	36
	合计				13,337,744	14,986	3,747

（2）偏差分析

设计单位提供的初稿设计方案的安全系数过大，整个围护方案在各个部位均采用五排水泥搅拌桩挡墙＋钻孔灌注桩围护墙支护形式，未结合工程场地的特点进行因地制宜地差异化设计，导致成本偏高。

通过深入研究当地的常用支护形式，并结合场地周边情况，对项目支护方案分区位分析如下（图 12-2）：

1）02 部位应分段考虑支护形式

①未靠近民房处，支护方式对其影响较小，建议选择安全性、经济性兼顾的支护方式；

②距离民房、水务公司 20m 处，支护方式对其影响大，建议选择安全系数高的支护方式。

2）03 部位（已拆迁地块）:因支护方式对其影响小，建议选择经济性好的支护方式；

3）04 部位（靠近山体及规划道路）: 因支护方式对其影响较小，建议选择安全性、经济性兼顾的支护方式；

4）05 部位（安置房）:与地块相隔 50m，距离较远，因此支护方式对其影响较小，建议选择安全性、经济性兼顾的支护方式。

图 12-2　项目周边地块划分区位图

（3）方案优化

1）优化过程

①内部沟通一致，确定进行设计优化

项目合约部在完成上述分析后，同项目工程部、设计部、设计院进行初步沟通，确定优化方案具备可行性，可在保证安全的前提下压缩设计余量降低成本，符合项目公司利益。遂向区域合约管理部进行汇报，确定需要进行设计优化。

项目合约部正式汇报项目总监，说明了设计优化在技术上可行，不影响招标节点，且有利于项目工程进度。确定了设计优化的原则，在保证安全的前提下压缩设计余量降低成本。

②召开设计讨论会，确定优化方案

项目公司召集区域设计部、设计院、项目工程部讨论设计优化方案，详细了解设计所依据的规范，向设计院介绍当地其他同类项目的做法，分析了优化设计可以为项目进度和成本带来的收益，得到了设计院的理解和支持。形成优化方案如下：

a. 总体方案

结合项目地块周边情况，进行多方案比选，充分利用场地特点，结合出土道路、塔吊位置制定基坑支护方案（表 12-3、图 12-3）。

优化前后的方案对比　　　　　　　　　　　　　　　表 12-3

序	方案比选	设计院方案	优化后方案（专家论证前）
1	主要桩型	钻孔灌注桩、水泥搅拌桩	松木桩、拉森钢板桩
2	工期	养护时间久	施工快速
3	质量	水泥搅拌桩过多，搅拌桩偷工减料现象普遍，质量难以保证	拉森钢板桩质量可控，防护重点部位才使用水泥搅拌桩、钻孔灌注桩
4	造价	1334 万元	613 万元

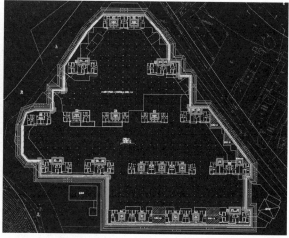

图 12-3　总体方案图

b. 因地制宜地制定分区优化方案（表 12-4、图 12-4）

不同区域的基坑优化方案　　　　　　　　　表 12-4

序	优化部位	设计院方案	优化后方案
1	区位图 02 部位场地东面未靠近民房处	二级放坡素混凝土喷射、5 排水泥搅拌桩挡墙 + 钻孔灌注桩	一级放坡素混凝土喷射、拉森钢板桩
2	区位图 02 部位场地东面（红线外侧 20m）靠近民房处	二级放坡素混凝土喷射、5 排水泥搅拌桩挡墙 + 钻孔灌注桩	一级放坡喷射素混凝土、3 排水泥搅拌桩挡墙
3	区位图 02 部位场地东面最不利点	二级放坡素混凝土喷射、5 排水泥搅拌桩挡墙 + 钻孔灌注桩	Φ600 水泥搅拌桩止水帷幕、钻孔灌注桩挡墙、5 排水泥搅拌桩加固墩局部加强
4	区位图 03 部位场地北面处已拆迁地块	二级放坡素混凝土喷射、5 排水泥搅拌桩挡墙 + 钻孔灌注桩	一级放坡素混凝土喷射、拉森钢板桩
5	区位图 03 部位场地北面处集水井 / 电梯井紧邻坑边位置	二级放坡素混凝土喷射、5 排水泥搅拌桩挡墙 + 钻孔灌注桩	一级放坡素混凝土喷射、拉森钢板桩、钢内支撑
6	区位图 04 部位场地西面靠近山体、靠近环山北路	二级放坡素混凝土喷射、5 排水泥搅拌桩挡墙 + 钻孔灌注桩	一级放坡喷射素混凝土、Φ600 水泥搅拌桩止水帷幕、Φ600 钻孔灌注桩、4 排 Φ600 水泥搅拌桩加固墩局部加强，靠近环山北路局部采用混凝土角撑
7	区位图 05 部位场地南面距离安置房小区 50m	二级放坡素混凝土喷射、5 排水泥搅拌桩挡墙 + 钻孔灌注桩	二级放坡喷射素混凝土、坡脚松木桩加固
8	坑中坑（电梯井）	3 排水泥搅拌桩	2 排水泥搅拌桩
9	水泥搅拌桩空搅部分水泥掺量	空搅部分水泥掺量 7.5%	空搅部分水泥掺量 6%

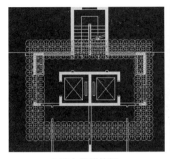 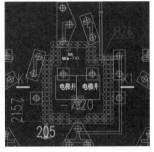

3 排水泥搅拌桩　　　2 排水泥搅拌桩

图 12-4　水泥搅拌桩

在拉森钢板桩选型时，需要注意以下 3 点：

（a）场地是否具备拉森钢板桩施工条件，施工机械：液压机械手，施工半径 5 ～ 6m；

（b）评估钢板桩施工周期可控性：租赁费用按天计算，租赁期过久可能导致选择钢板桩造价比其他桩型高，得不偿失；本项目施工周期按 4 个月考虑；

（c）钢板桩存在无法回收风险，12m 拉森钢板桩买断费用预计在 1 万元 / 根，每延长米造价在 2.5 万元，费用高昂，须根据现场情况提前进行预判风险。

按优化后方案测算，造价为 613 万元，较原方案节约 54%。

优化前后的工程造价对比，见表 12-5。

优化前后基坑支护造价对比表　　　　　　　　表 12-5

序	名称	单位	单价（元）	优化前（万元）		优化后（万元）		节约（万元）	
				工程量	总价	工程量	总价	金额	比率
1	水泥搅拌桩	m³	210	27,355	574	10,324	217	358	62%
2	钻孔灌注桩	m³	1,100	3,253	358	880	97	261	73%
3	桩钢筋笼	t	5,637	194	110	79	45	65	59%
4	凿桩头	个	122	900	11	0	0	11	100%
5	喷射混凝土	m²	88	9,671	85	5,251	46	39	46%
6	冠梁、支撑梁	m³	460	1,552	71	308	14	57	80%
7	冠梁、支撑梁钢筋	t	5,685	159	91	50	28	62	69%
8	格构柱	t	6,812	9	6	6	4	2	38%
9	排水沟、排水井	m³	533	283	15	283	15	0	0%
10	模板	m²	50	2,583	13	830	4	9	68%
11	拉森 IV 钢板桩租赁 4 个月含打拔	t	1,800	—	0	737	133	−133	—
12	松木桩	m	33	0	0	3,102	10	−10	—
	合计			—	1,334	—	613	721	54%

表 12-6 是优化后的工程造价明细表。

优化后基坑工程造价明细表　　表 12-6

单位：元

序	名称	单位	数量	单价	合价	每延米（元/m）	支护面积（元/m²）
1	水泥搅拌桩	m³	10,324	210	2,168,066	2,436	609
2	钻孔灌注桩	m³	880	1,100	967,450	1,087	272
3	桩钢筋笼	t	79	5,637	446,201	501	125
4	拉森IV钢板桩租赁4个月含打拔	t	737	1,800	1,325,700	1,490	372
5	喷射混凝土	m²	5,251	88	461,456	518	130
6	冠梁、支撑梁	m³	308	460	141,666	159	40
7	冠梁、支撑梁钢筋	t	50	5,685	283,268	318	80
8	格构柱	t	6	6,812	37,807	42	11
9	排水沟、排水井	m³	283	533	150,724	169	42
10	模板	m²	830	50	41,288	46	12
11	松木桩	m	3,102	33	101,870	114	29
合计					6,125,494	6,883	1,721

c. 专家论证及图纸会审

（a）专家论证

当出现以下的基坑支护方案时，需要进行专家论证：

情况 1：开挖深度超过 5m（含 5m）的基坑（槽）的土方开挖、支护、降水工程。

情况 2：开挖深度虽未超过 5m，但地质条件、周围环境和地下管线复杂，或影响毗邻建筑（构筑）物安全的基坑（槽）的土方开挖、支护、降水工程。

本篇案例项目符合情况 2，故需要进行专家论证。专家论证会议上，专家对于优化图纸内防护薄弱处提出评审意见，根据专家评审意见及图审单位要求对基坑围护图纸进行修改，修改后测算造价增加约 75 万元（表 12-7）。

专家论证会设计调整增加成本汇总表　　表 12-7

单位：元

序	专家论证评审意见	名称	单位	数量	单价	合价
1	集水井 500×500×600 偏小，调整为 1000×1000×1000	水泥搅拌桩	m³	358	210	75,207
2	适当增补重要部位坑底加固，坑中坑搅拌桩延至支护桩边	水泥搅拌桩	m³	1,004	210	210,790

续表

序	专家论证评审意见	名称	单位	数量	单价	合价
3	钻孔桩超灌高度 0.5m 改为 0.8m	钻孔灌注桩	m³	62	1,100	68,365
4	调整支护边坡的坡率为 1：1.5	喷射混凝土	m²	2,073	88	182,152
5	近环山北路侧角撑部位支护桩进行加强，采用 700 桩径钻孔桩，并增设被动器加固支墩	水泥搅拌桩	m³	313	210	65,631
		钻孔灌注桩	m³	130	1,100	143,253
合计			m	890	837	745,398

（b）图纸会审

通过与项目部、设计沟通，再进一步进行精细化设计，通过内部设计联系单的形式取消、削弱对基坑支护工程的安全作用小的部位，节约金额 44 万，详见表 12-8。

图纸会审后节约金额汇总表　　　　　　　　　　表 12-8
单位：元

序	联系单优化内容	名称	单位	数量	单价	合价
1	取消地块中间部位的坑中坑支护搅拌桩，改为放坡式开挖	水泥搅拌桩	m³	1,004	210	210,790
2	取消非重点部位的被动区加固墩	水泥搅拌桩	m³	211	210	44,336
3	取消高位桩施工时的临时放坡面层，调整支护边坡的坡率为 1:1	喷射混凝土	m²	2,073	88	182,152
合计			m	890	491	437,279

图 12-5　现场施工图

2）优化结果

经过最后的专家论证和图纸会审后，最终优化后的基坑支护总价约为643万元，每延米造价为7229元/m,在台州当地已达到合理先进水平。较原方案节约了690万元，优化率52%，成本控制在目标成本范围内。如表12-9、表12-10所示。

最终优化成果   表 12-9

优化前			优化后			节约	
总价（元）	每延米（元/m）	支护面积（元/m²）	总价（元）	每延米（元/m）	支护面积（元/m²）	金额（元）	节约率
13,337,744	14,986	3,747	6,433,614	7,229	1,807	6,904,130	52%

优化过程   表 12-10

单位：元

优化方案后	专家论证增加	图纸会审优化	小计
6,125,494	745,398	−437,279	6,433,614

（4）经验教训总结

本项目的基坑支护工程在保证安全的前提下，结合工程场地优势，压缩设计富余量降低成本，缩短工期，优化设计结果满足项目整体利益。在该优化案例中，有以下3点成本优化预控思路：

1）寻找当地经验丰富的资源有利于获得经济性的设计方案。基坑工程的地域性强，当地经验丰富、服务配合意识好的地勘单位、设计团队、专家小组，在成本控制和安全风险控制上更有经验。地勘费用占比很小，但地勘报告对基坑围护、基础形式及地下室等与土体有关部分工程的成本起决定性作用。投入产出比高，建议给予合理的勘察费用以取得尽可能翔实的地质勘察结果。

寻找当地经验丰富的设计师，设计招标时采用带方案报价的形式招标，方便多方案比选。业内普遍认为，基坑设计的经验占70%、计算占30%。因此，在当地找一个经验丰富的设计单位和设计人员是关键。寻找经验丰富的专家小组。专家组成员是否过于保守对基坑设计方案进行评审起重要作用。

2）用新的招标方式确定支护设计单位有利于获得经济性的方案。采取方案竞标的方式进行基坑设计单位招标，投标单位先各报一个支护设计方案（带估算）和设计费，甲方组织评选出最优方案和设计单位。设计单位确定后，再继续优化、出图。

3）优化方案要趁早，在方案阶段主动参与优化，以免影响工程进度。事前需要充分调研，考察当地常用的基坑围护形式，结合项目地块的周边情况，进行多方案比选，并充分利用场地特点，制定因地制宜的基坑支护方案。并要执行专家论证，做好事前风险控制，在设计中要规避基坑支护工程风险源较多、随机、危险性较严重的风险。

【案例 18】西安项目基坑支护方案优化

基坑支护、土方、地基处理工程，属于建设工程中最早开始施工的三大项。

对于成熟的住宅项目，不少公司采用边设计边施工的方式快速推进项目，本案例项目的支护招标就属于典型的快速推进项目。在快速推进项目中，就极有可能造成设计周期被不合理压缩，从而得到一套非常保守的设计图。

（1）基本情况

1）工程概况（表 12-11）

工程概况表　　　　　　　　　　　　　　　　　　　　　　　　表 12-11

序	工程概况	内容
1	工程地点	陕西省西安市
2	工程时间	2019 年 3 月
3	物业类型	高层住宅
4	项目规模	总建筑面积 37,276；其中，地下 1 层 6589，地下 2 层 2937
5	基本参数	项目设置两层地下室，局部地下二层开挖深度 10m 开挖基坑安全等级为二级 基础平面面积 6589；支护周长约 360m，支护面积约 3000m²
6	土质特征	湿陷性黄土地基 ①层杂填土：结构松散，土质不均。 ②层黄土状土：中压缩性土，可塑状态；个别土样具湿陷性。工程性能一般。 ③层粉质黏土：中压缩性土，可塑状态；工程性能一般。 ④层细砂：中密状态。工程性能一般。 ⑤层中粗砂：中密状态。工程性能一般。 ⑥层粉质黏土：中压缩性土，可塑状态；工程性能一般。 ⑦层中砂：密实状态。工程性能良好。 ⑧层中砂：密实状态。工程性能良好。
7	工期安排	围护施工到拆除，约 4 个月

2）技术要求

根据地质勘察报告、基坑开挖图、地下室平面图、场地周边环境及场地现状将基坑支护分为 7 段：AB 段、BCD 段、DE 段、EF 段、FG 段、GH 段和 HA 段。其中，

BCD 段、GH 段已有支护桩，本次设计主要针对 AB 段、DE 段、EF 段、FG 段、HA 段和 GH 段加固。

AB 段、CD 段、DE 段为一层地下室，本次设计开挖深度按 5m 考虑，EF 段、FG 段、HA 段和 GH 段为两层地下室，本次设计开挖深度按 9m 考虑。基坑距离红线平均约 6m，南侧 BCD 和 GH 段存在原有支护桩桩径 800mm，桩长 18m。南侧 1# 楼存在已开挖基坑长宽深 89×38×9.0。

（2）优化过程

拿地测算之初，经与结构设计负责人沟通，由于场地狭小无法放坡、无地勘资料、无法进行有效测量等因素影响，并综合考虑原场地已实施部分的设计经验等，设计单位出具了第一次的基坑支护设计方案。

1）第一次提交方案

因基坑面积小、深度大，均采用排桩支护方式。

AB、DE、EF 段为一层地下室，采用悬臂桩支护，桩长 9.0m，桩径 800mm，桩间距 1600mm；

BCD 段为一层地下室，已有支护桩，桩径 800mm，桩间距 1500mm，桩长 18m；

HA 段为两层地下室，采用锚拉桩支护，桩长 15.0m，桩径 800mm，桩间距 1600mm，两排锚索；

GH 段为两层地下室，已有支护桩，桩径 800mm，桩间距 1500mm，桩长 18m，但无锚索，为防止变形过大引起基坑失稳，对其增加锚索进行加固，锚索长度等参数同 EF 段锚索参数；

场地东南侧地下室一层和二层车库错台（FG 段），为减少土方开挖和回填量，采用 1:0.3 坡比的放坡网喷支护。

经测算，方案 1 的成本约为 245 万元，超目标成本约 40 万元（目标成本为 205 万元）超 20%（表 12-12）。于是，倒逼设计部门组织方案优化，即形成了方案 2，如下：

2）第二次提交方案

因基坑面积小、深度大，主要采用土钉墙支护方式。

AB、DE、EF 段为一层地下室，采用土钉墙支护，当遇到杂填土过厚难以成孔时土钉可采用直径 48mm，壁厚 2.7mm 的钢管；

BCD 段为一层地下室，已有支护桩，桩径 800mm，桩间距 1500mm，桩长 18m；

HA 段为两层地下室，采用锚拉桩支护，桩长 15.0m，桩径 800mm，桩间距 1600mm，两排锚索；

GH 段为两层地下室，已有支护桩，桩径 800mm，桩间距 1500mm，桩长 18m，但无锚索，为防止变形过大引起基坑失稳，对其增加锚索进行加固，锚索长度等参数同 EF 段锚索参数。

场地东南侧地下室一层和二层车库错台（FG 段），为减少土方开挖和回填量，采用 1：0.3 坡比的放坡网喷支护。

方案 1 基坑支护工程的成本估算　　　　　　表 12-12

单位：元

序	项目名称	单位	工程量	综合单价	合价
1	护坡桩	m³	681	2,183	1,486,623
2	冠梁	m³	81	1,870	151,470
3	锚索（旋喷预应力锚索）	m	1,012	212	214,544
4	基坑喷锚护壁	m²	812	204	165,648
5	网喷支护	m²	1,602	175	280,350
6	钢支撑安装及拆除	t	1	5,495	5,495
7	挖排水沟土方	m³	86	36	3,096
8	排水沟	m	378	321	121,338
9	集水井	个	8	2,547	20,376
10	沉砂池	个	1	2,789	2,789
11	破除钢筋混凝土	m³	1	281	281
12	破除素混凝土	m³	1	259	259
13	破除砖砌体	m³	1	248	248
	合计	元	360	6812	2,452,517

方案 2 的成本约为 166 万元，在目标成本范围内。较方案 1 节约 80 万元（表 12-13）。方案 2 经内部讨论后，又进行了局部优化，形成了方案 3，如下：

3）第三次提交方案

因基坑面积小、深度大，主要采用土钉墙支护方式。

AB、DE、EF 段为一层地下室，采用土钉墙支护，当遇到杂填土过厚难以成孔时土钉可采用直径 48mm，壁厚 2.7mm 的钢管；

BCD 段为一层地下室，已有支护桩，桩径 800mm，桩间距 1500mm，桩长 18m；

HA 段为两层地下室，采用锚拉桩支护，桩长 13.5m，桩径 800mm，桩间距 1600mm，两排锚索；

GH 段为两层地下室，已有支护桩，桩径 800mm，桩间距 1500mm，桩长 18m，但无锚索，为防止变形过大引起基坑失稳，对其增加锚索进行加固，锚索长度等参数同 HA 段锚索参数。

场地东南侧地下室一层和二层车库错台（FG 段），为减少土方开挖和回填量，先进行支护桩施工，对一层地下室和二层地下室形成的错台采用 1∶0.3 坡比的放坡网喷支护。

方案 2 与方案 1 的成本对比表　　　　　　　　　　　　　表 12-13

单位：元

序	项目名称	单位	综合单价	方案 1		方案 2		优化金额
				量	合价	量	合价	
1	护坡桩	m³	2,183	681	1,486,623	348	759,684	726,939
2	冠梁	m³	1,870	81	151,470	34	63,580	87,890
3	锚索（旋喷预应力锚索）	m	212	1,012	214,544	1,807	383,084	-168,540
4	基坑喷锚护壁	m²	204	812	165,648	812	165,648	0
5	网喷支护	m²	175	1,602	280,350	1,265	221,375	58,975
6	钢支撑安装及拆除	t	5,495	1	5,495	3	16,485	-10,990
7	挖排水沟土方	m³	36	86	3,096	24	864	2,232
8	排水沟	m	321	378	121,338	107	34,347	86,991
9	集水井	个	2,547	8	20,376	2	5,094	15,282
10	沉砂池	个	2,789	1	2,789	2	5,578	-2,789
11	破除钢筋混凝土	m³	281	1	281	1	281	0
12	破除素混凝土	m³	259	1	259	1	259	0
13	破除砖砌体	m³	248	1	248	1	248	0
	合计	元	–	–	2,452,517	–	1,656,527	795,990

方案 3 的成本测算约为 154 万元，在目标成本范围内，较方案 1 节约 91 万元（表 12-14）。

方案 3 与方案 1 的成本分析对比表　　　　　　　　　　　表 12-14

单位：元

序	项目名称	单位	综合单价	方案 1		方案 3		优化金额
				量	合价	量	合价	
1	护坡桩	m³	2,183	681	1,486,623	348	685,462	801,161
2	冠梁	m³	1,870	81	151,470	34	63,580	87,890
3	锚索（旋喷预应力锚索）	m	212	1,012	214,544	1,807	383,084	-168,540

续表

序	项目名称	单位	综合单价	方案 1		方案 3		优化金额
				量	合价	量	合价	
4	基坑喷锚护壁	m²	204	812	165,648	812	165,648	0
5	网喷支护	m²	175	1,602	280,350	1,265	189,000	91,350
6	钢支撑安装及拆除	t	5,495	1	5,495	3	10,990	-5,495
7	挖排水沟土方	m³	36	86	3,096	24	864	2,232
8	排水沟	m	321	378	121,338	107	34,347	86,991
9	集水井	个	2,547	8	20,376	2	5,094	15,282
10	沉砂池	个	2,789	1	2,789	2	5,578	-2,789
11	破除钢筋混凝土	m³	281	1	281	1	281	0
12	破除素混凝土	m³	259	1	259	1	259	0
13	破除砖砌体	m³	248	1	248	1	248	0
	合计	元			2,452,517		1,544,435	908,082

在基坑招标谈判过程中，经咨询投标单位的专业意见，了解到还存在进一步的优化空间。随后成本部紧追设计部，要求实地踏勘现场后进行进一步深化设计。通过实地测量东侧距离 4S 店距离（约 24m）、实地检测遗留支护桩风化情况及强度，并及时组织专家进行方案可行性论证，在满足安全的前提下，形成了方案 4。

4）第四次提交方案

因基坑面积小、深度大、成本指标有限，经实地测量检验后，提出以下方案。

AB、DE、EF 段为一层地下室，采用土钉墙支护，当遇到杂填土过厚难以成孔时土钉可采用直径 48mm，壁厚 2.7mm 的钢管；

BCD 段为一层地下室，已有支护桩，桩径 800mm，桩间距 1500mm，桩长 18m；

HA 段为两层地下室，采用锚拉桩支护，桩长 13.5m，桩径 800mm，桩间距 1600mm，两排锚索；

GH 段为两层地下室，已有支护桩，桩径 800mm，桩间距 1500mm，桩长 18m。场地东南侧地下室一层和二层车库错台（FG 段），为减少土方开挖和回填量，先进行支护桩施工，对一层地下室和二层地下室形成的错台采用 1:0.3 坡比的放坡网喷支护。

方案四的成本测算约为 32 万元。较方案 1 节约 213 万元（表 12-15）。

将上述四次提交的基坑方案依次命名为方案 1、2、3、4。从设计方案和成本估算两个方面进行四个方案的对比如表 12-16 所示。

方案 4 与方案 1 的成本分析对比表　　　　　　表 12-15

单位：元

序	项目名称	单位	方案 1			方案 4			优化金额
			量	综合单价	合价	量	综合单价	合价	
1	护坡桩	m³	681	2183	1,486,623	–	–	–	1,486,623
2	冠梁	m³	81	1870	151,470	–	–	–	151,470
3	锚索（旋喷预应力锚索）	m	1012	212	214,544	–	–	–	214,544
4	基坑喷锚护壁	m²	812	204	165,648	–	–	–	165,648
5	网喷支护	m²	1602	175	280,350	1,047	172	180,084	100,266
6	钢支撑安装及拆除	t	1	5495	5,495	–	–	–	5,495
7	挖排水沟土方	m³	86	36	3,096	65	36	2,340	756
8	排水沟	m	378	321	121,338	137	321	43,977	77,361
9	集水井	个	8	2547	20,376	2	2547	5,094	15,282
10	沉砂池	个	1	2789	2,789	2	4851	9,702	−6,913
11	破除钢筋混凝土	m³	1	281	281	1	188	188	93
12	破除素混凝土	m³	1	259	259	1	170	170	89
13	破除砖砌体	m³	1	248	248	1	170	170	78
14	18mm 钢筋土钉	m	–	–	–	464	54	25,056	−25,056
15	48×3.5 花管加固	m	–	–	–	522	98	51,156	−51,156
	合计	m	360	6812	2,452,517	360	883	317,937	2,134,580

四种基坑支护施工方案对比表　　　　　　表 12-16

序	位置	方案 1	方案 2	方案 3	方案 4
1	AB	悬臂桩支护 桩长 9.0m 桩径 800mm 桩间距 1600mm	土钉墙支护 当遇到杂填土过厚难以成孔时，土钉可采用直径 48mm，壁厚 2.7mm 的钢管	土钉墙支护 当遇到杂填土过厚难以成孔时，土钉可采用直径 48mm，壁厚 2.7mm 的钢管	土钉墙支护 当遇到杂填土过厚难以成孔时，土钉可采用直径 48mm，壁厚 2.7mm 的钢管
2	BCD	已有支护桩 桩径 800mm 桩间距 1500mm 桩长 18m	已有支护桩 桩径 800mm 桩间距 1500mm 桩长 18m	已有支护桩 桩径 800mm 桩间距 1500mm 桩长 18m	已有支护桩 桩径 800mm 桩间距 1500mm 桩长 18m
3	DE	同 AB	同 AB	同 AB	同 AB
4	EF	锚拉桩支护 桩长 15.0m 桩径 800mm 桩间距 1600mm 两排锚索	锚拉桩支护 桩长 15.0m 桩径 800mm 桩间距 1600mm 两排锚索	同 AB	同 AB
5	FG	1:0.3 坡比的放坡网喷支护	1:0.3 坡比的放坡网喷支护	1:0.3 坡比的放坡网喷支护	1:0.3 坡比的放坡网喷支护

序	位置	方案 1	方案 2	方案 3	方案 4
6	GH	已有支护桩 桩径 800mm 桩间距 1500mm 桩长 18m 但无锚索，为防止变形过大引起基坑失稳，对其增加锚索进行加固，锚索长度等参数同 EF 段锚索参数	已有支护桩 桩径 800mm 桩间距 1500mm 桩长 18m 但无锚索，为防止变形过大引起基坑失稳，对其增加锚索进行加固，锚索长度等参数同 EF 段锚索参数	已有支护桩 桩径 800mm 桩间距 1500mm 桩长 18m 但无锚索，为防止变形过大引起基坑失稳，对其增加锚索进行加固，锚索长度等参数同 HA 段锚索参数	已有支护桩 桩径 800mm 桩间距 1500mm 桩长 18m
7	HA	锚拉桩支护 桩长 15.0m 桩径 800mm 桩间距 1600mm 两排锚索	锚拉桩支护 桩长 15.0m 桩径 800mm 桩间距 1600mm 两排锚索	锚拉桩支护 桩长 13.5m 桩径 800mm 桩间距 1600mm 两排锚索	锚拉桩支护 桩长 13.5m 桩径 800mm 桩间距 1600mm 两排锚索

四次基坑设计方案的对应工程量见表 12-17。

四次基坑设计方案对应的工程量　　　　　　表 12-17

序	费用项	单位	综合单价	方案 1	方案 2	方案 3	方案 4
1	护坡桩	m³	2,183	681	348	348	0
2	冠梁	m³	1,870	81	34	34	0
3	锚索（旋喷预应力锚索）	m	212	1,012	1,807	1,807	0
4	基坑喷锚护壁	m²	204	812	812	812	0
5	网喷支护	m²	175	1,602	1,265	1,265	1,047
6	钢支撑安装及拆除	t	5,495	1	3	3	0
7	挖排水沟土方	m³	36	86	24	24	65
8	排水沟	m	321	378	107	107	137
9	集水井	个	2,547	8	2	2	2
10	沉砂池	个	2,789	1	2	2	2
11	破除钢筋混凝土	m³	281	1	1	1	1
12	破除素混凝土	m³	259	1	1	1	1
13	破除砖砌体	m³	248	1	1	1	1
14	18mm 钢筋土钉	m	54	–	–	–	464
15	48×3.5 花管加固	m	98				522

通过对表 12-17 的对比分析可知：

①方案 2 与方案 1 相比，将原本的 AB 段、DEF 段的悬臂桩支护更改为土钉墙支护，对于难以成孔的地方采用钢管支护，主要节约护坡桩工程量 333m³，节约成本约 80 万元。

②方案 3 与方案 1 相比将原本的 AB 段、DEF 段的悬臂桩支护更改为土钉墙支护，对于难以成孔的地方采用钢管支护，HA 段的桩长更改为 13.5m，主要节约护坡桩工程量 367m³，节约成本约 91 万元。

③方案 4 与方案 1 相比将原本的 AB 段、DEF 段的悬臂桩支护更改为土钉墙支护，对于难以成孔的地方采用钢管支护，HA 段的桩长更改为 13.5m，取消 GH 段的增加锚索，主要节约护坡柱工程量 681m³，节约冠梁工程量 81m³，节约钢支撑工程量 1.36t，节约成本约 213 万元。

④方案对比分析（图 12-6、表 12-18）

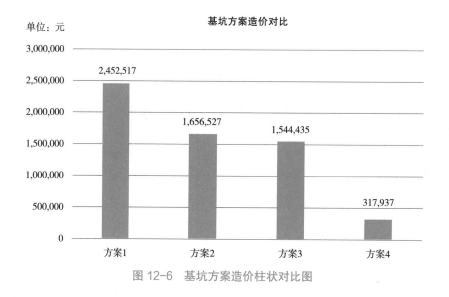

图 12-6　基坑方案造价柱状对比图

四次方案对比分析　　　　　　　　　　　　　　　　　　　　　　　　　　表 12-18

序	工程造价（元）	优化金额（万元）	优点	缺点
方案 1	2,452,517	—	安全系数高	成本高、工期长，影响土方开挖、桩基进场，穿插施工窝工较多
方案 2	1,656,527	80	安全系数较高	成本较高、工期较长，影响土方开挖、桩基进场，穿插施工窝工较多
方案 3	1,544,435	91	安全系数较高	成本较高、工期较长，影响土方开挖、桩基进场，穿插施工窝工较多
方案 4	317,937	213	安全系数适中，工程量减少较多、工期短成本节约较多	（风险未明显增加）

（3）成本优化经验总结

本案例的优化空间来源于设计人员仅以收到的书面资料进行安全验算，未有效踏勘工程现场，导致设计成果过于保守，险些造成成本浪费。

通过这次特殊的优化过程，可以总结以下几点经验教训：

1）经济性的设计是建立在熟悉工程现场、熟悉当地类似工程设计情况的前提之下。有两项工作对设计经济性至关重要，一是实地踏勘工程现场；二是收集第一手基础数据。例如在本案例中前期遗留的基坑、支护工程未进行有效安全验证，则必须需要组织专家论证或委托专业第三方现场取证，方可避免经验主义；

2）工期紧张往往是设计不经济的诱因，在高周转项目中必须有预控措施预防、发现设计不经济的问题。例如本项目在收到基坑设计方案后及时对比目标成本并及时采取纠偏措施——以超目标成本逼设计优化，那么目标成本制定的准确性就是前提；其次，还可以在前期调研了解周边项目的基坑设计情况作为参照；

3）对于专业性较强的地基处理、基坑支护等特殊工程，应充分发挥专业人士的专业价值。一方面，需要广泛听取专业意见并搜集信息，可通过招标策划，充分利用专业合作单位的技术实力，消除方案设计中的富余。同时，专业单位的优化建议也是对前期方案设计质量的再次印证，找到兼顾安全性及经济性的设计方案。在商务条款中，要用双赢思维，落地优化激励措施，使合作单位有积极配合优化的意愿及信心。另一方面，也需要特别重视基坑工程的质量、安全，切不能简单为了"优化"而失去了对专业的敬畏，需要多征求专业意见、多请教专家，包括组织专家认证会验证优化的可能性和风险。

【案例 19】孝感项目基坑支护方案优化

"他山之石，可以攻玉"，充分利用在招标阶段的竞争性环境、鼓励投标单位发挥专业经验和专家优势，借外力、取长补短，获得性价比更高的设计方案。

（1）工程概况（表 12-19）

根据本工程特点，结合本地区基坑支护经验，结合开挖深度、场地土质条件、周边环境保护要求、工期造价等经济性因素考虑，本着"安全可靠、经济合理、技术可行、方便施工"的原则，经过细致分析，采用微型钢管桩、悬臂桩、桩撑、桩锚的基坑支护方式。

工程概况表　　　　　　　　　　　表 12-19

序	工程概况	内容
1	工程地点	湖北省孝感市
2	工程时间	2017 年 11 月
3	物业类型	商业综合体
4	项目规模	总建筑面积 36 万 m²，其中：地下室约 10 万 m²
5	基本参数	地下室为 2 层， 开挖深度为 10 ～ 11.5m 开挖基坑安全等级为一级，周边环境较为复杂 支护周长约 1065m，开挖面积为 55000m²
6	土质特征	（1）素填土 （2）黏土 （3）粉质黏土 （4）粉土 （5）中细砂
7	工期安排	围护施工到拆除，约 12 个月

（2）发现问题

成本合约部根据图纸编制了工程量清单，但 3 家投标单位第一次回标的投标报价高出了目标成本 5% ～ 15%。如表 12-20 所示。

基坑支护工程报价汇总表（第一轮）　　　　　　表 12-20

单位：元

报价单位	金额	报价－目标成本	超出比例
目标成本	16,000,000	—	—
投标单位 A	18,375,064	2,375,064	15%
投标单位 B	17,407,342	1,407,342	9%
投标单位 C	16,858,228	858,228	5%

以最低标单位的报价为例，见表 12-21。

基坑支护工程报价明细表（投标单位 C）　　　　表 12-21

单位：元

序	清单项目	单位	工程量	单价	合价	项目特征
1	钻孔灌注桩	m³	6279	1394	8,752,508	有效桩长 13 ～ 18m，桩总数 737 根，桩径 800/1000mm，800mm 为主；桩间距为 1200/1300mm，桩间净距为 400mm；含钢量为 85.5kg/m³
2	凿桩头	m³	370	200	74,054	凿除桩头 600 ～ 800mm 高

序	清单项目	单位	工程量	单价	合价	项目特征
3	高压旋喷桩	m	10505	187	1,964,435	有效桩长 5～13m，总桩数 1250 根，桩径 700，用于灌注桩处的间为 1200，用于钢管桩处的间距为 400；采用 P.O42.5 水泥浆，水泥用量不小于 207kg/m
4	微型钢管桩	t	116	8698	1,008,339	桩长 6～9m，钢管型号：159×12，成孔直径为 250mm，孔内灌注 C20 水泥浆，水泥为 P.O42.5
5	土钉护坡	m²	4454	112	500,315	混凝土强度等级为 C20，厚度为 80，钢筋含量为 3.58kg/m²
6	护坡压顶	m²	2088	122	254,542	混凝土强度等级为 C20，厚度为 100，钢筋含量为 3.92kg/m²
7	桩间防护	m²	6500	130	845,001	混凝土强度等级为 C20，厚度为 80，钢筋含量为 8.11kg/m²
8	土钉墙边坡	m²	3300	117	385,475	混凝土强度等级为 C20，厚度为 80，钢筋含量为 4.48kg/m²
9	锚索	m	4710	116	546,360	钻孔深度：设计长度 14～20m，钻孔直径：DN150，杆体材料品种、规格、数量：215.2，钢绞线强度为 1860MPa；灌浆材料水泥浆 M20，P.O42.5 级水泥；锚索间距为 1.2m
10	锚杆	m	729	112	81,284	钻孔深度为 9m，钻孔直径为 DN100，杆体为 125；灌浆材料水泥浆，M20，P.O42.5 级水泥；锚杆间距为 2m
11	土钉 BC/CD 段	m	6066	112	676,359	钻孔深度为 9m，钻孔直径为 DN100，杆体为 125；灌浆材料水泥浆，M20，P.O42.5 级水泥；锚杆间距为 2m
12	钢构件	t	21	8345	174,099	格构柱及槽钢围檩
13	冠梁	m³	612	1307	799,995	截面：1000×600，1200×800，1000×800，C35 混凝土
14	双排桩处梁板	m³	60	2207	131,496	C35 混凝土，连接双排桩
15	内支撑	m³	116	1285	148,916	截面：600×600，800×800，C35 混凝土
16	内支撑拆除	m³	116	419	48,517	拆除内支撑
17	排水沟	m	2200	153	336,534	净空 300×300，钢筋混凝土水沟，厚 120，总长 2200m
18	工程检测费	元	1	130000	130,000	钻孔灌注桩小应变，高压旋喷桩取芯，锚杆、锚索、土钉抗拔
	合计	元			16,858,228	

（3）原因分析

项目位于市区中心，基坑深度较深，周边临近城市主干道及民用建筑，设计出于安全考虑偏于保守，而公司内部技术力量有限，类似项目经验不足，自身进行优化设计的底气不足。

（4）解决方案

通过公司内部讨论，决定借助外部力量（投标单位）的专业能力和经验。于是，在第一次约谈投标单位时，工程部与成本部要求投标单位根据自身的技术能力与经验，在保证质量与安全的前提下，对招标图纸进行设计优化，把成本控制在合理的范围内，并作为能否中标的考核标准。

三家投标单位中有一家投标单位认为：此项目的基坑设计方案在不同部位考虑了不同支护方式，总体上较为经济，但经过其公司内部技术人员的讨论，并咨询了行业内权威专家，认为仍有两处可优化：

1）灌注桩之间已有止水桩（两根悬臂灌注桩间采用 DN700 高压旋喷桩止水），且土质较好，根据其自身的类似工程施工经验（此投标单位施工经验非常丰富，当地较大的基坑支护工程，大多数为此单位承建），可取消桩间支护喷锚（图 12-7 ～图 12-9）。

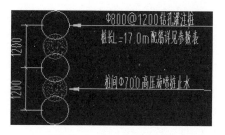

图 12-7 止水桩布置图

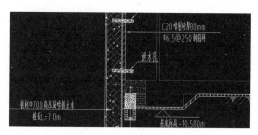

图 12-8 桩间支护喷锚剖面图

图 12-9 取消桩间支护喷锚后的现场实际做法图

此项工程量为 6500m²，桩间支护喷锚综合单价为 130 元 /m²，若取消则可降低成本约 85 万元。

2）原设计排水沟的标准过高（采用钢筋混凝土排水沟），考虑到满足基本的使用功能即可，投标单位建议优化，按简易明沟施工（图 12-10）。

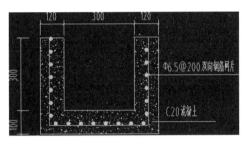

图 12-10　排水沟原设计大样图

排水沟设计长度约 2200m，做法优化后，成本降低约 30 万元（表 12-22）。

排水沟方案成本对比表　　　　　　　　　　　　　　　表 12-22

序	方案	单位	数量	单价	合价
方案 1	C20 混凝土排水沟	元 /m	2,200	153	336,534
方案 2	简易排水沟	元 /m	2,200	16	34,100
降低成本		元 /m	2,200	137	302,434

（5）实施结果

两项优化，共降低成本 115 万元。

1）灌注桩间已有止水桩，且土质较好，根据施工经验，可取消桩间支护喷锚，降低成本约 85 万元。在施工过程中，第三方机构对基坑进行了监测，监测结果表明，各项指标均符合规范要求。

2）排水沟为临时排水，根据施工经验，可把原设计钢筋混凝土沟，改为上部利用边坡成沟，下部直接开挖土沟即可。简化后，降低成本约 30 万元。见表 12-23。

基坑优化前后指标对比表　　　　　　　　　　　　　　表 12-23

对比项	单位	目标成本	优化前最低报价	优化后报价
总价	万元	1600	1689	1574
地上建筑面积单方指标	元 /m²	62	65	61
基坑延长米指标	元 /m	15023	15859	14780

（6）总结

对于基坑工程这类技术性强的复杂工程，成本管理必须要重视事前管理和专家力量，本项目的教训有两点：

1）对设计经济性没有进行事前管理和事后验证，导致投标单位的报价高出目标成本了才启动成本纠偏。对优化后的设计方案是否经济、可行，还存在疑问，只是限于工期紧张而在目标成本范围内定标。

2）对基坑这样专业技术强的复杂工程没有制定成本控制措施。在自身团队没有类似经验的情况下也没有采取其他措施，例如开展周边项目的基坑设计调研，增加对设计单位的管理投入，外聘基坑专家，对施工标段采取"设计优化＋施工"的承包模式进行招标等。

第13章

桩基工程的成本优化

桩基工程与基坑工程的相同之处在于都在地下，都与地质情况息息相关，加之各地均对桩基础的设计和选型有地方性的规程或标准，使得桩基工程的地域性更强。因而，因地制宜是桩基设计和优化的大原则，地质情况的好坏，或者更准确地说是地质勘察报告中反映的地质情况好坏直接影响桩基设计结果的经济性。

在桩基础设计中，关键工作是选择桩型和工艺、确定形状、截面尺寸、桩长，这也正是桩基优化设计的几个重点对象。但影响这些设计内容的关键因素是地质勘察报告，而地质勘察报告问题的关键是勘察单位的专业经验和成本意识。

在桩基的成本优化中，还必须同时考虑不同桩型和工艺对工程进度的影响，对质量、安全、环保的影响，这几个方面往往会成为第一优先考虑的因素。

案例20：因地质勘察报告的保守而导致桩基设计不经济，究其管理原因是对地质勘察单位、试桩检测的招标中对该两类单位的成本影响力重视度不够，标前考察不够而选择了在当地并无经验的勘察单位。

案例21：因湖北地标的特殊规定导致产生了与一般经验相反的成本对比结果，这一案例给予我们的启发是地下工程的地域性更强，需要实事求是地进行一事一议而不能依惯例而决策。同时，系统性地进行大成本的对比才能得到最优解。

【案例20】地质勘察与桩基方案优化

（1）基本情况

1）工程概况（表13-1）

工程概况 表 13-1

序	分项	工程概况
1	工程地点	浙江省台州市
2	工程时间	2018 年 3 月
3	物业类型	中低端小高层
4	项目规模	总建筑面积 14.4 万 m^2，其中：地下室 3.06 万 m^2
5	地块特征	15 幢小高层，地下室为 1 层
6	土质特征	软土地基，淤泥层厚达 10m 左右

2）原设计桩基础方案

工程所在城市濒临东海，属于冲积 – 海积型平原，岩性包括淤泥质亚黏土、亚砂土及粉细砂、砂砾石等，其厚度分布不均，因地质较差。曾出现采用预制桩基础的住宅发生倾斜现象，当地主管部门规定住宅项目不允许使用预制桩作为桩基础，设计院按当地常用泥浆护壁钻孔灌注桩设计。

设计单位提供的初稿方案估算金额为 3898 万元，总桩长 97,970m，平均桩长约 60m，建面单方指标 271 元 /m^2。估算明细如表 13-2 所示。

优化前桩基造价分析表 表 13-2

名称	单位	工程量	综合单价	合价（元）	备注
总方量	m^3	28,502	1,143	32,569,727	综合单价含泥浆外运
钢筋笼	t	1282.6	5000	6,413,047	钢筋含量 45kg/m^3
合计	根	1,891	20614	38,982,774	总桩长 97970m

原目标成本 2592 万元按预制桩编制，建面单方指标 180 元 /m^2，设计院初稿方案超目标成本 1306 万元（表 13-3）。

桩基设计与目标成本对比表 表 13-3

单位：元

名称	桩型	总价	单价指标	备注
目标成本	预制桩	25,920,000	180	
优化前	钻孔灌注桩	38,982,774	271	
偏差	当地不允许用预制桩	13,062,774	91	超出 50%

（2）经济性判断

一般判断桩基设计经济合理的方法是复核桩基承载力利用率，如果桩基承载力利用率 ≥ 85%，则较合理，否则属于设计富余太多。

桩基承载力利用率 = 建筑物总荷载 / 桩基础的总承载力

根据设计院提供的资料，本项目的桩基承载力利用率为 71.9% < 85%，指标显示桩基设计承载力偏低，不合理。详见表 13-4。

桩基承载力利用率计算表　　　　　　　　　　　　　　表 13-4

序	楼栋号	结构设计总荷载 （kN）	桩基总承载力 （kN）	桩基承载力 利用率	桩基总承载力利用率大 于 85% 算合理
1	地下室	717913	1069800	67.11%	不合理
2	1# 楼	118196	168400	70.19%	不合理
3	2# 楼	115826	168800	68.62%	不合理
4	3# 楼	134299	187300	71.70%	不合理
5	4# 楼	177222	210100	84.35%	合理
6	5# 楼	183519	257900	71.16%	不合理
7	6# 楼	127706	153600	83.14%	合理
8	7# 楼	142458	172800	82.44%	合理
9	8# 楼	184513	238200	77.46%	不合理
10	9# 楼	126000	182600	69.00%	不合理
11	10# 楼	126000	182600	69.00%	不合理
12	11# 楼	165259	228600	72.29%	不合理
13	12# 楼	165259	230700	71.63%	不合理
14	13# 楼	170522	240600	70.87%	不合理
15	14# 楼	163211	228200	71.52%	不合理
16	15# 楼	222105	308700	71.95%	不合理
	合计	3040008	4228900	71.89%	不合理

经过分析，出现这种情况的原因设计院按地质勘察中间报告取值设计，而根据以往经验地勘中间报告提供的技术参数较保守。

这一情况从周边地块的勘察报告对标中得到印证。项目部收集到周边两个项目（安置小区、青少年中心）的地勘报告，并进行对标，发现本项目地勘中间报告取值较低。如图 13-1、图 13-2、表 13-5、表 13-6 所示。

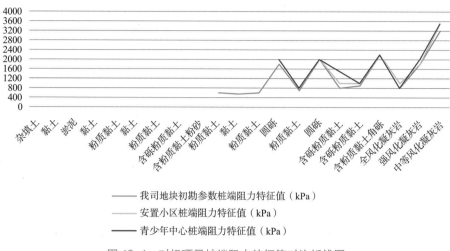

图 13-1　对标项目桩端阻力特征值对比折线图

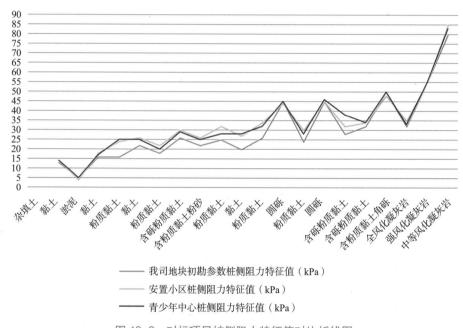

图 13-2　对标项目桩侧阻力特征值对比折线图

钻孔灌注桩地勘参数对标

表 13-5

| 地层序号 | 岩土名称 | 我司地块初勘参数 | | 安置小区 | | 青少年中心 | |
		桩侧阻力特征值（kPa）	桩端阻力特征值（kPa）	桩侧阻力特征值（kPa）	桩端阻力特征值（kPa）	桩侧阻力特征值（kPa）	桩端阻力特征值（kPa）
① 0	杂填土	—	—	—	—	—	—
① 1	黏土	13	—	14	—	14	—

续表

地层序号	岩土名称	我司地块初勘参数		安置小区		青少年中心	
		桩侧阻力特征值（kPa）	桩端阻力特征值（kPa）	桩侧阻力特征值（kPa）	桩端阻力特征值（kPa）	桩侧阻力特征值（kPa）	桩端阻力特征值（kPa）
②1	淤泥	5	—	4	—	5	—
②2	黏土	16	—	18	—	17	—
③2	粉质黏土	16	—	24	—	25	—
④1	黏土	22	—	26	—	25	—
④2	粉质黏土	18	—	22	—	20	—
④3	含砾粉质黏土	26	—	30	—	29	—
④31	含粉质黏土粉砂	22	—	26	—	25	—
⑤1	粉质黏土	25	600	32	—	28	—
⑤2	黏土	20	550	27	—	28	—
⑤3	粉质黏土	26	600	34	—	32	—
⑥3	圆砾	45	1800	44	2000	45	2000
⑦1	粉质黏土	24	700	30	800	28	800
⑦2	圆砾	45	2000	45	2000	46	2000
⑧1	含砾粉质黏土	28	800	32	1000	38	1500
⑨1	含砾粉质黏土	32	900	34	1000	34	1000
⑨2	含粉质黏土角砾	50	2200	48	2200	50	2200
⑩1	全风化凝灰岩	32	800	35	1000	33	800
⑩2	强风化凝灰岩	55	1800	55	1800	55	2000
⑩3	中等风化凝灰岩	80	3200	85	3500	83	3500

（3）优化前准备工作

1）公司内部协调

①内部沟通一致，获得区域和项目两重支持

项目合约部在完成上述分析后，同项目工程部、设计部、设计院进行初步沟通：在保证安全的前提下合理压缩设计余量降低成本、压缩工期符合公司利益。遂向区域合约管理部进行汇报，确定需要进行设计优化。

②项目公司召开设计讨论会，确定优化目标、降本思路、优化方案

项目公司召集区域设计管理部、合约管理部、项目工程部讨论，会上详细分析设计所依据的规范与调研当地项目工程桩指标，设定了优化目标并同时向集团汇报目标成本超支情况，集团要求先进行优化，待优化完成后根据优化方案结合合同定标价格

编制详细说明，再上报集团申请目标成本调整。

目标设定：控制在当地平均水平。根据调研情况，当地工程桩的单方成本平均在 240 ~ 250 元 $/m^2$。

降本思路：

a. 从地质勘察报告的优化入手。通过与周边地块地勘取值对标验证我司项目地勘报告取值合理性，根据设计试桩破坏性试验检测报告极限荷载值进行优化；

b. 对于同一栋楼设计桩型时运用价值工程进行取舍：

（a）精细化设计会增加桩的规格，减少工程量的同时增加桩基检测量、费用、工期；

（b）桩长平均值按保守最长的桩长取值，桩型少，检测数量少缩短检测工期；

c. 查看钢筋笼主筋规格与数量是否合理，常规规格为 C14，甚至能优化到 C12；

d. 检查钢筋笼长度是否合理：

（a）抗压桩钢筋笼长度为桩长 2/3；

（b）抗拔桩 L1 段钢筋笼长度为桩长 2/3，L2 段钢筋笼长度为桩长 1/3，抗拔桩 L2 段主筋数量常规为 L1 段 50%。

关于优化实施方案，会议讨论后分为三个阶段：

a. 招标先行。在桩基础招标清单编制中，为保证桩基础招标的及时性和清单工程桩数量的准确性，模拟清单编制时结合周边安置小区地块的施工蓝图工程桩桩长取值进行计算（安置小区施工图已根据该地块的试桩检测报告进行优化，荷载值更接近实际值）。

（事后证明按此原则优化设计与按设计试桩破坏性试验检测结果优化接近，减少模拟清单工程量的偏差风险。）

b. 初次优化：协调地勘单位查验地勘参数取值是否合理？协调设计院根据调整后地勘参数调整桩基础设计方案；

c. 设计试桩破坏性试验检测报告出来后，根据检测报告实际荷载值进行二次优化。

注：在方案阶段提前参与多方案比选，阻力小，效果好；如形成施工图准备施工或正在施工阶段，为了不影响施工进度，本时期进行优化工程部及项目总迫于运营节点压力，优化阻力大，效果差；处于施工阶段，也可提出边施工边优化，但相对太困难。

2）地勘单位、设计单位协同

①协同设计部约谈设计院：优化设计后可以减少桩基工程量 20% 左右，涉及降低成本近 1000 万元。而且，优化后还可以加快进度，得到了设计院的理解和支持，愿意等地勘参数调整完成后进行详细设计；

②协同设计部约谈地勘单位，地勘单位以地勘中间报告均按现场实际勘察数据为由拒绝调整参数，通过把收集到的周边两个项目（安置小区、青少年中心）地勘报告给地勘单位进行对标，地勘单位仍拒绝调整参数，理由如下：

a. 青少年中心房屋高度与住宅不一致，钻探深度不一致，无参考作用；

b. 安置小区地勘报告地基土力学参数过高，根据以往经验判断怀疑其地勘报告数据不真实。

3）纠偏

①协同地勘单位一起拜访周边地块收集住宅项目地勘报告，经对标三个项目，地基土力学参数均与安置小区类似。约谈地勘单位领导，以对标项目参数为依据我司要求地勘单位复核勘察试验数据，减少富余量，调整参数；

②地勘单位调整后，地基土的力学参数在中间报告基础上提高约 5% 依然偏于保守，且不愿意再进行调整；

③因地勘参数调整范围不大，设计院不愿意做详细方案，经协调设计院答应等设计试桩破坏性试验检测报告出来后再详细排施工图；

④协同工程部一起催检测中心尽快完成检测出具设计试桩破坏性试验检测报告。

4）调整地勘参数

①根据静载荷试验结果，要求地勘单位对地基土力学参数进行调整，调整后单桩竖向承载力在中间报告基础上提高 7% ~ 40% 不等。调整前后的地基土力学参数变化详见图 13-3、图 13-4、表 13-6。

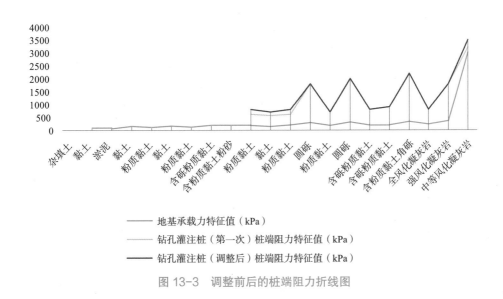

图 13-3　调整前后的桩端阻力折线图

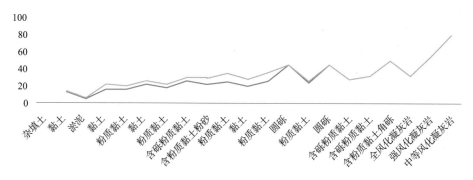

—— 钻孔灌注桩（第一次）桩侧阻力特征值（kPa）

—— 钻孔灌注桩（调整后）桩侧阻力特征值（kPa）

图 13-4　调整前后桩侧阻力特征值对比拆线图

调整前后的地基土力学参数表　　　　　　　　　　　　表 13-6

地层序号	岩土名称	地基承载力特征值（kPa）	钻孔灌注桩（第一次）		钻孔灌注桩（调整后）		备注
			桩侧阻力特征值（kPa）	桩端阻力特征值（kPa）	桩侧阻力特征值（kPa）	桩端阻力特征值（kPa）	
①0	杂填土	—	—	—	—	—	
①1	黏土	80	13	—	14	—	侧阻提高7.7%
②1	淤泥	50	5	—	6	—	侧阻提高20%
②2	黏土	140	16	—	22	—	侧阻提高37.5%
③2	粉质黏土	100	16	—	20	—	侧阻提高25%
④1	黏土	150	22	—	26	—	侧阻提高18.2%
④2	粉质黏土	110	18	—	22	—	侧阻提高22.2%
④3	含砾粉质黏土	180	26	—	30	—	侧阻提高15.4%
④31	含粉质黏土粉砂	180	22	—	29	—	侧阻提高31.8%
⑤1	粉质黏土	170	25	600	35	800	侧阻提高40%，端阻提高33.3%
⑤2	黏土	130	20	550	28	700	侧阻提高40%，端阻提高27.3%
⑤3	粉质黏土	190	26	600	36	800	侧阻提高38.5%，端阻提高33.3%
⑥3	圆砾	280	45	1800	45	1800	
⑦1	粉质黏土	170	24	700	26	700	侧阻提高8.3%
⑦2	圆砾	300	45	2000	45	2000	
⑧1	含砾粉质黏土	180	28	800	28	800	
⑨1	含砾粉质黏土	190	32	900	32	900	
⑨2	含粉质黏土角砾	320	50	2200	50	2200	

续表

地层序号	岩土名称	地基承载力特征值（kPa）	钻孔灌注桩（第一次）		钻孔灌注桩（调整后）		备注
			桩侧阻力特征值（kPa）	桩端阻力特征值（kPa）	桩侧阻力特征值（kPa）	桩端阻力特征值（kPa）	
⑩1	全风化凝灰岩	220	32	800	32	800	
⑩2	强风化凝灰岩	350	55	1800	55	1800	
⑩3	中等风化凝灰岩	3000	80	3200	80	3500	端阻提高9.4%

②设计院根据调整后地勘报告进行调整，为缩短设计时间减轻后续运营节点压力，协同设计部去设计院约谈设计院院长，强调优化工作时效性和重要性，并与设计院交底优化思路后要求设计院结构负责人负责完成桩基础优化工作。

③公司内部经项目总协调，区域公司结构设计出差驻点在设计院全程跟踪优化工作，确保时效性和优化质量。

（4）实施优化

1）设计院初稿某栋楼桩基础方案（图13-5）

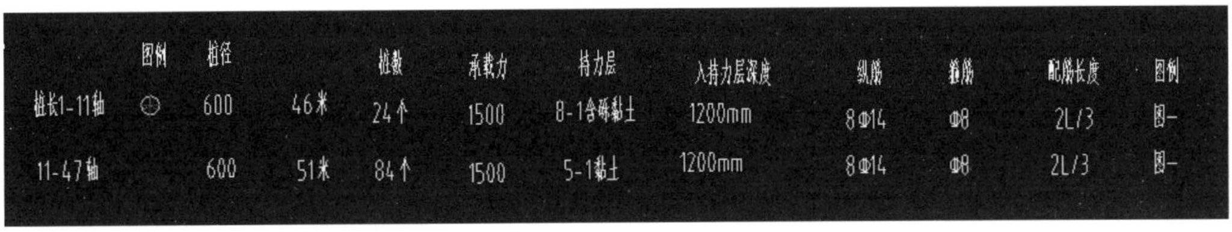

图13-5　某栋楼桩基础方案（初稿）

2）根据设计试桩破坏性试验检测报告优化后某栋楼桩基础图纸（图13-6）

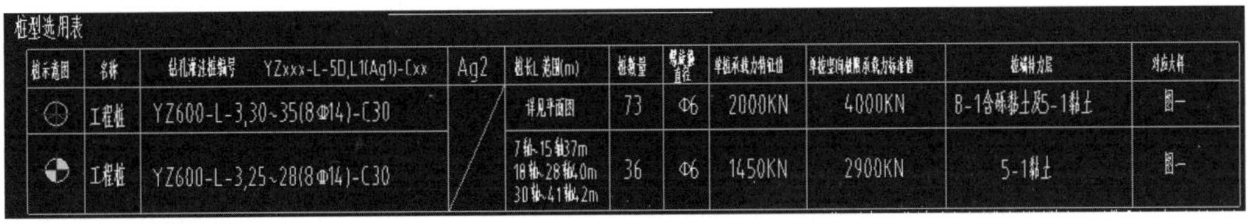

图13-6　某栋楼桩基础图纸（优化后）

优化后，桩基础承载力利用率为84%～93%，平均值为88.68%＞85%，较合理（表13-7）。

优化后桩基承载力利用率   表 13-7

序	楼栋号	结构设计总荷载（kN）	桩基础总承载力（kN）	桩基础承载力利用率	复核结果
1	地下室	717,913	825,600	86.96%	合理
2	1# 楼	118,196	132,380	89.29%	合理
3	2# 楼	115,826	133,200	86.96%	合理
4	3# 楼	134,299	143,700	93.46%	合理
5	4# 楼	177,222	191,400	92.59%	合理
6	5# 楼	183,519	198,200	92.59%	合理
7	6# 楼	127,706	139,200	91.74%	合理
8	7# 楼	142,458	168,100	84.75%	合理
9	8# 楼	184,513	208,500	88.50%	合理
10	9# 楼	126,000	138,600	90.91%	合理
11	10# 楼	126,000	138,600	90.91%	合理
12	11# 楼	165,259	191,700	86.21%	合理
13	12# 楼	165,259	191,700	86.21%	合理
14	13# 楼	170,522	196,100	86.96%	合理
15	14# 楼	163,211	177,900	91.74%	合理
16	15# 楼	222,105	253,200	87.72%	合理
	合计	3,040,008	3,428,080	88.68%	合理

（5）优化结果

在区域和设计院的支持下：优化达到预期效果合计降低 850 万元，优化率 22%，优化后桩基础成本 3048 万元，建面单方 212 元 /m² 低于当地市场平均建面单方 240 ~ 250 元 /m²，达到合理先进水平。见表 13-8、表 13-9。

优化后桩基础成本 3048 万元，原目标成本 2592 万元，仍超目标成本 456 万元。

鉴于当地桩基类型变化以及优化后的技术标合理，集团同意调整相应的目标成本，调整后的目标成本在可控范围内（表 13-10）。

优化后造价分析表   表 13-8

项目	单位	数量	综合单价	合价（元）	备注
总方量	m³	22,533	1,143	25,748,288	单价含泥浆外运
钢筋笼	t	946.4	5000	4,731,899	含钢量 42kg/m³
合计	根	1,711	17,814	30,480,186	总桩长 76588m

优化前后方案对比表　　　　　　　　　　　　　　　表 13-9

对比项			原设计方案	优化后方案	优化效果	优化率
数量	根数	根	1,891	1,711	减少 180 根	10%
	总桩长	m	97,970	76,588	减少 21382m	22%
	总方量	m³	28,502	22,533	减少 5969m³	21%
	含钢量	kg/m³	45	42	减少 3kg/m³	7%
工期		天	工期 63d 按 30 台桩机计算	工期 57d 按 30 台桩机计算	减少 6d	10%
总成本		万元	3,898	3,048	减少 850 万元	22%
成本指标		元 /m²	271	212	减少 59 元 /m²	22%
桩基承载力利用率		—	72%	89%	提高 17%	24%
效能指标		元 /t	12.8	10.0	减少 2.8 元 /t	22%

桩基优化前后指标对比表　　　　　　　　　　　　　表 13-10

对比项	单位	目标成本	原设计方案	优化后方案
总价	万元	2,592	3,898	3,048
单方指标	元 /m²	180	271	212
差异	—	100%	150%	118%

（6）经验教训

在本案例中得到的最大教训是对合作单位的选择不够重视，导致专业度和配合度较差。

1）地质勘察单位：未重视地勘入围单位优质资源选择，以最低价中标选择的单位在工程当地的勘测经验较少，服务配合度差，导致勘察报告取值保守，优化工作推进困难；

2）试桩检测单位：可自行招标（桩基础检测当地单位垄断），但是根据工程部建议出于交好当地垄断单位的意图委托当地垄断单位进行设计试桩检测。而该垄断单位的配合度较差，拘泥于内部规定——最大试桩荷载只肯施加到业主提供的单桩设计估算极限值，不愿加载到极限或破坏从而给业主提供单桩实测极限值。

今后，在类似单位的选择上应特点注意以下两点：

1）不建议以低价中标作为此类单位的选择标准。地质勘察单位、试桩检测单位，均是非常小的合同金额，但对地下工程的成本影响非常之大。在这两类单位上的投入可以获得四两拨千斤的效果。

2）在招标过程中，需要注意事前调研、考察，判断投标单位在当地的工程经验及保守程度；判断投标单位的合作意愿是否强烈，单位领导是否重视；判断投标单位的大小与项目是否匹配，是否容易沟通，是否能管得住。

【案例 21】桩型优化中的系统思维

住宅建筑结构桩基础设计中，管桩应用普遍，最突出的特点是成本低，工期短。但本案例通过系统性的成本对比，发现在湖北省地标的规则之下管桩不一定会比灌注桩经济，地域性差异比较大。

（1）工程概况

对比模型采用某项目常规 34 层、100m 剪力墙住宅，地下 1 层，常规连廊户型，方案对比过程中，参考前期工程经验。

本项目位于湖北省某市，6 度，第一组，三类场地，地质情况如表 13-11、图 13-7 所示。

表 13-11

土层分布表

土层层号	土层类别	f_{ak} (f_a) kPa	E_s (E_o) mPa	钻孔灌注桩参数	
				桩侧阻力特征值 q_{sia}（kPa）	桩端阻力特征值 q_{pa}（kPa）
⓪-1	素填土				
⓪-2	杂填土				
①	粉质黏土	85	5.0	18	
②	淤泥质粉质黏土	55	2.5	9	
③-1	粉质黏土	120	6.5	24	
③-2	粉质黏土	75	3.0	16	
④	黏土	220	10.5	36	
⑤	粉质黏土夹粉砂	115	7.0	24	
⑥	粉砂夹粉土	145	14.0	21	
⑦	粉细砂	215	19.5	23	450
⑦a	粉砂夹粉质黏土	155	14.0	20	
⑦b	粉质黏土夹粉砂	110	5.5	24	
⑧	细砂	290	29.0	32	500
⑧a	粉质黏土	195	11.0	37	

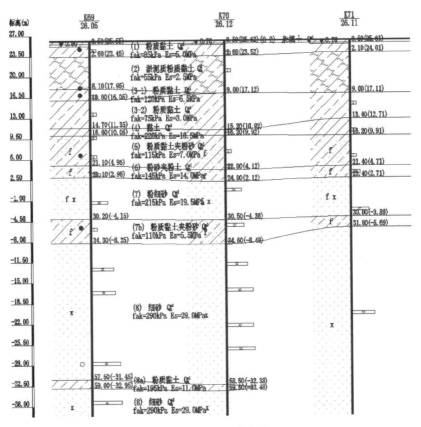

图 13-7　土层分布图

由土层分布表可知：

本项目淤泥质粉质黏土层顶埋深约 3.7 ~ 4.1m，层厚 7.3 ~ 8.1m，初步设计时按照高层埋深控制承台底标高后，承台底部淤泥厚度 5.3 ~ 6.5m。根据湖北地方标准《建筑地基基础技术规范》（DB42/242-2014，以下简称"湖北地标"）的要求，对比如表 13-12、表 13-13 所示。

管桩与灌注桩规范要求对比　　　　　　　　　　　　　　　　表 13-12

序	规范要求	灌注桩	管桩
1	基础形式	桩承台	桩筏基础
2	加固要求	搅拌桩格构式	搅拌桩满堂咬合
3	加固范围	承台下 2m，承台周边外 1m	

管桩与灌注桩特点对比表 表 13-13

序	桩基	优点	缺点
1	钻孔灌注桩	地层适用性强，施工经验成熟，采用后压浆施工工艺可提高原承载力，有一定的水平承载力。成孔时，施工噪声较小	必须采用泥浆循环钻进，需设置泥浆池、沉碴池、循环沟，对工程场地环境污染严重，尚需安排车辆外运废弃泥浆
2	PHC 管桩	因其桩身耐打，穿透力较大，地层适应性较强，施工简单，技术难度相对低，工期短，工程能连续施工	挤土效应，易导致桩体上浮，降低承载力，增大沉降，同时管桩（未填芯）不适用于抵抗水平荷载

规范具体内容如下：

灌注桩：按照地标 10.1.5 条 12 款，"采用灌注桩的高度超过 50m 的高层建筑，当承台下存在厚度大于 2m 的淤泥（淤泥质土）或 f_{ak} < 60kPa 饱和软土时，应对承台下和承台间软土进行加固或换填处理。承台间和承台下可采用搅拌桩格构式加固，承台下处理深度不应小于 2m，加固范围为承台周边外不少于 1m。"该条条文说明解释"目的是为了提高软土场地高层建筑桩基的整体性和抗震性能"。

管桩：按照地标 10.1.6 条 2 款，"高度 100m 及以上的高层建筑物不应采用预应力管桩或者空心方桩；高度小于 100m 当层数为 30 层及以上的高层建筑物，在采用桩筏基础等措施的条件下方可采用预应力管桩或者空心方桩；高度超过 75m 的高层建筑采用管桩或空心方桩基础时应通过专项论证。"

按照地标 10.1.6 条 3 款，"承台下存在厚度 2m 以上软土（淤泥、淤泥质土或 f_{ak} < 70kPa 饱和黏性土）的高层建筑不宜选用管桩、空心方桩基础，如必须采用时，应对高度超过 50m 的建筑物的承台底软土进行搅拌桩满堂咬合加固或换填处理，承台下处理深度不应小于 2m，加固范围为承台周边外不少于 1m。"

（2）技术参数对比

根据地标要求对软土加固，因换填会增加开挖深度，造成土方、基坑支护费用大幅增加，参考当地工程经验，选用粉喷桩对承台底软土进行加固（表 13-14，图 13-8 ~图 13-10）。

管桩与灌注桩技术参数对比表 表 13-14

序	技术参数	单位	灌注桩	管桩
1	直径	mm	700	PHC-AB500-125
2	有效桩长	m	59	45
3	单桩承载力	kN	3600	2000
4	桩数	根	92	182

序	技术参数	单位	灌注桩	管桩
5	筏板	m	1.7m 承台 +0.3m 底板	1.6m 筏板
6	粉喷桩数	根	528	4690

说明:

1. 灌注桩长较长,原因土层较深处存在软弱层;

2. 灌注桩承载力低于经验值,原因在于湖北地标 10.3.9 条,工作条件系数取值较低,并要求基本组合的单桩竖向力设计值小于桩身强度;

3. 管桩的长径比较大,与图审沟通,摩擦型长径比建议宜≤ 80,不超过 100。

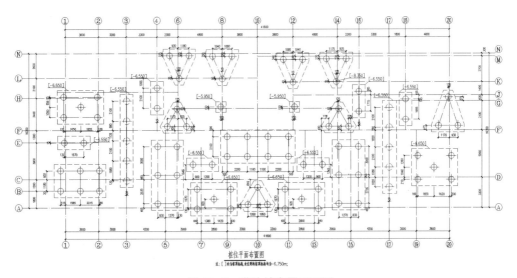

图 13-8　灌注桩布置平面图

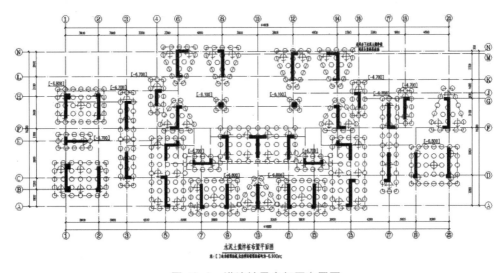

图 13-9　灌注桩承台加固布置图

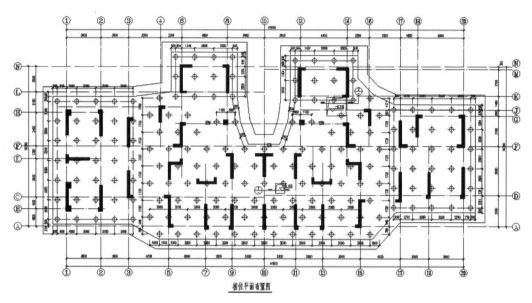

图 13-10 管桩布置图

管桩软土加固无图，因满堂咬合加固，图纸附说明，如图 13-11 所示。

根据地勘报告显示，本工程管桩桩顶处于淤泥层，基坑开挖至设计标高后，采用粉喷桩法对主楼承台进行加固土层处理，方案如下：

1）加固范围：主楼最外围承台边以外 1m 范围内，满堂加固粉喷桩直径 500mm，加固体之间相互咬合不小于 100mm。

2）粉喷桩有效桩长 2m，桩顶标高同管桩桩顶标高，停灰面为桩顶标高以上 500mm 处，粉喷桩顶至现场开挖基坑底标高之间范围用素土封实。

3）粉喷桩施工应按施工流程进行，在喷桩过程中凡因电压过低或遇有故障而停止喷粉时，均应将搅拌机下沉 0.5m 再连续制桩。

4）桩身选用 32.5MPa 矿渣硅酸盐水泥，水泥掺入量为每米 55kg。

5）在粉喷桩施工过程中要有专人负责制桩、记录，对每根工程桩的水泥用量，成桩过程（下沉喷浆提升复搅等时间）桩的编号等进行详细记录。

6）成桩 7 天后，采用浅部开挖桩头（深度宜超过停浆面下 0.5m），目测检查搅拌的均匀性，测量成桩直径，抽检频率为 5%。

7）粉喷桩验收严格按国家验收规范执行。

图 13-11 图纸说明

按照常规合约界面划分，桩基工程仅包含桩基施工（桩基单位施工至桩顶标高），承台及底板属于土建总包合同，基础工程的人为割裂造成基础工程经济指标测算时出现偏差。故本次经济性对比范围为底板标高以下所有费用，包括桩、筏板（承台+底板）及地基加固费用，这样能更真实地反映基础工程造价，也会有意想不到的结果。

（3）经济性对比

从成本角度分析，可得出如下结论：

1）如果单从桩基的单项成本比较，管桩方案比灌注桩方案省 25%；若加上基础钢筋混凝土成本，则从基础成本的层次分析，管桩方案比灌注桩方案省 11%；

2）如果从系统角度，全面考虑与基础工程相关的地基处理费用（基础费用＋地基处理费用），则管桩比灌注桩贵 13%。注意：这是湖北省地标特殊的原因造成（在上海、广东均无类似规定）采用管桩需要额外增加较多的地基处理及筏板的成本。

分析过程如下：

管桩与灌注桩成本对比表　　　　　表 13-15

单位：元

序	费用	单位	灌注桩	管桩	差额（管－灌）	差额百分比
1	桩	m	2,606,620	1,965,600	-641,020	-25%
2	底板混凝土	m³	318,196	538,650	220,454	69%
3	底板钢筋	kg	173,662	254,103	80,441	46%
4	粉喷桩地基加固	根	95,040	844,200	749,160	788%
	基础费用合计		3,098,478	2,758,352	-340,126	-11%
	基础费用＋地基加固合计		3,193,518	3,602,552	409,034	13%

注：基础费用 =1+2+3；基础费用＋地基加固 =1+2+3+4。

基础费用计算说明：

①混凝土等级取 C40；

②底板混凝土中，桩＋承台均按照 1.7m 考虑；

③钢筋按 Φ25 考虑，单价中均未考虑钢筋锚固、措施筋及损耗等；

④粉喷桩含实桩 2m 和虚桩 5.3m，折算单根粉喷桩价格约为 180 元 / 根；

⑤管桩测算未考虑管桩专家论证费用；

⑥未考虑承台模板费用。

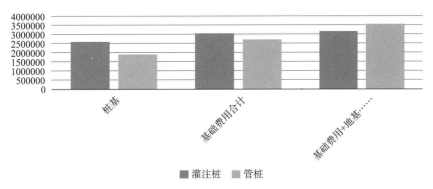

图 13-12　管桩与灌注桩费用对比柱状图

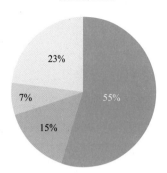

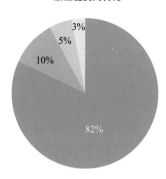

图 13-13　管桩、灌注桩费用占比

管桩基础费用组成明细见表 13-16。

管桩基础费用组成　　　　　　　　　　　　　　　　表 13-16

单位：元

序	费用	单位	工程量	单价	合价	占比
1	管桩	m	8,190	240	1,965,600	55%
2	底板混凝土	m³	1,016	530	538,650	15%
3	底板钢筋	kg	48,866	5	254,103	7%
4	粉喷桩地基加固	根	4,690	180	844,200	23%
	基础费用合计		1+2+3		2,758,352	77%
	基础费用＋地基加固合计		1+2+3+4		3,602,552	100%

灌注桩基础费用组成明细见表 13-17。

灌注桩基础费用组成　　　　　　　　　　　　　　　表 13-17

单位：元

序	费用	单位	工程量	单价	合价	占比
1	灌注桩	m	5,546	470	2,606,620	82%
2	底板混凝土	m³	600	530	318,196	10%
3	底板钢筋	kg	33,397	5	173,662	5%
4	粉喷桩地基加固	根	528	180	95,040	3%
	基础费用合计		1+2+3		3,098,478	97%
	基础费用＋地基加固合计		1+2+3+4		3,193,518	100%

所以，在进行桩基方案比选的时候，需要注意两点：

①桩基设计规范因地制宜。成本对比时，通过固化可固定因素条件，突出差异性因素条件，得到的结论可能不同。如本项目的桩净尺、底板混凝土、底板钢筋等为可固化因素，因项目处于湖北，地标规范要求加固导致管桩方案反而较灌注桩方案成本高。但如果地质条件变化、依据的规范没有地基加固要求等情况下，对比结果可能会不同。

②不能仅比较桩基的单项成本，而要从系统角度，全面考虑与基础工程相关的费用，如地基处理费用，不能就桩基谈桩基，而是放到更大一级的系统中去考虑；也不能就成本谈成本，必须同时考虑工程进度、质量、安全、环保等因素的影响。在工程成本上，本案例中灌注桩略低，但是因其工期较长会产生额外的财务成本，所以需要以大成本视角进行综合测算、对比。

（4）风险对比

接下来，从进度、质量、安全三个维度进行风险分析。

1）灌注桩工期较长，施工环境污染会产生不可预见费用。

灌注桩的施工工序多且复杂，施工效率低，工期较长，可能产生较高的财务成本。就整个项目而言，灌注桩施工对于项目整体施工组织设计要求较高，施工现场环境污染较严重，涉及城市管理的泥浆运输及扬尘治理，均会产生部分不可预见费用，如泥浆运输道路污染罚款，扬尘治理停工费用。

2）管桩有挤土效应，单侧土体卸载后水平侧向力易出现质量问题。

管桩挤土效应明显，引起土体位移，大面积施工时可能出现浮桩，对工期影响较大。主楼基坑开挖时，管桩因单侧土体卸载后产生的水平侧向力，易导致桩偏位、倾斜及断桩等质量问题。需要关注的是，各土方单位多为较强势单位或垄断单位，开挖分层高差控制、机械等难以达到相关要求，常出现工程质量事故，增加工期。

3）管桩在地下室施工阶段的安全风险较大。

管桩的水平承载力较弱、安全风险较大。主楼带地下室的常规施工过程：主楼施工至预售楼层后，再进行周边地下室施工（还可降低总包进度款支付压力）。此时，主体结构的基础埋置深度仅为筏板（承台）厚度，难以满足《高层建筑混凝土结构技术规程》12.1.8 条 1/18 房屋高度的构造要求，而实际基坑回填时楼层施工已更高。若主楼位于地下室边界还可能会出现一侧地下室施工一侧已回填的危险情况，对于主楼的整体稳定及抗倾覆较为不利。

第14章
住宅剪力墙结构的成本优化

在房地产开发项目中，高层住宅所占比重最大，而我国现阶段的高层住宅一般是剪力墙结构。剪力墙结构因其不露梁、不露柱而受到住户喜欢，但也存在住宅的室内承重结构过多而使得空间分隔受限、空间的灵活性相对低、承重墙有较多的机电预留和预埋等问题。

在国家大力推进装配式建筑发展的这个时期，因剪力墙结构的特点所出现的一系列问题也制约着装配式建筑在住宅领域的发展。首先是国外的装配式建筑很少用剪力墙结构，高层剪力墙结构几乎没有做过装配式，我国现阶段可以借鉴的技术和经验少；由于国内科研与经验的不足，现阶段的技术标准比较审慎，设计规定要现浇的部位比较多；而剪力墙结构的用量大，钢筋又细又多，水平和竖向的连接点或面比较多、大，给预制构件的制作、现场的安装和现浇施工造成麻烦，工期长、成本高。（引用自《装配式结构建筑的设计、制作与施工》郭学明）

因此，本章关于剪力墙结构的介绍和分析，不仅有助于我们控制剪力墙结构住宅的结构成本，也有助于装配式建筑在应用于住宅领域时进行结构体系的再次优化。

14.1 为什么要重点控制剪力墙

在剪力墙结构体系中，剪力墙是主要的竖向构件，剪力墙的材料用量是整个结构材料用量的主要部分，用材最多、自重最大、且离散性大，因而剪力墙是住宅结构成本控制的重中之重。

同时，经济性的剪力墙设计，可兼收在工程进度、销售、财务上的多利，而无一弊。

具体说来，剪力墙构件主要有以下四个特点而成为剪力墙结构住宅的控制重点。

1. 用材最多

剪力墙结构体系中，剪力墙的钢筋、混凝土用量都占到地上结构工程的 46% 左右、甚至以上。在剪力墙结构的高层住宅中，各类构件的材料用量分布见图 14-1。

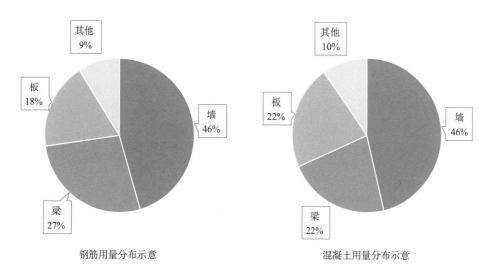

图 14-1　钢筋与混凝土用量分布示意图

武汉某 99m 高层住宅项目的结构材料用量见表 14-1。

武汉某 99m 高层住宅项目的结构材料用量表 表 14-1

序	构件	钢筋含量（kg/m²）		混凝土含量（m³/m²）	
1	墙（含各种柱）	25	46%	0.19	46%
2	梁（含各种梁）	15	27%	0.09	22%
3	板	10	18%	0.09	22%
4	其他	5	9%	0.04	10%
	合计	55	100%	0.41	100%

注：1. 各种柱指剪力墙的边缘构件，构造边缘构件有 GAZ（构造边缘暗柱）、GDZ（构造边缘端柱）、GYZ（构造边缘翼缘柱）、GJZ（构造边缘转角柱）；约束边缘构件有 YAZ（约束边缘暗柱）、YDZ（约束边缘端柱）、YYZ（约束边缘翼缘柱）、YJZ（约束边缘转角柱）等。

2. 各种梁指与剪力墙布置有关的梁，如 LL、AL。

3. 其他构件指楼梯、阳台、飘窗、后浇带、二次构件等。

2. 自重最大

剪力墙结构的上部荷载一般按 1.3 ~ 1.6t/m² 进行荷载估算，而剪力墙的自重约 0.5t/m²，占地上结构自重的 46%，占地上全部荷载的 31% ~ 38%（约 1/3），对地上荷载的取值影响最大，直接影响结构设计的经济性（表 14-2）。

如果剪力墙少布置 10%，则地上荷载可降低 3.3%。

武汉某 99m 高层住宅主要构件的自重　　　　　　　　　表 14-2

序	构件	钢筋含量（kg/m²）	混凝土含量（m³/m²）	折算重量（kg/m²）	占比
1	墙（含各种柱）	25	0.19	500	46%
2	梁（含各种梁）	15	0.09	240	22%
3	板	10	0.09	235	22%
4	其他	5	0.04	100	10%
	合计	50	0.41	1075	100%

3. 销售影响大

剪力墙结构的优势在于室内无梁无柱，同时也有一个弱点就是钢筋混凝土墙比较长、也不能砸，建筑空间的分隔基本限定、平面调整余地小，如果剪力墙布得多、长、厚，更会让优势瞬间变劣势，会反过来影响销售，特别是在我国经济发展后老百姓开始追求百变空间、百年住宅的趋势之下对销售的影响更大。

例如下面的这个案例：（详见案例 1）

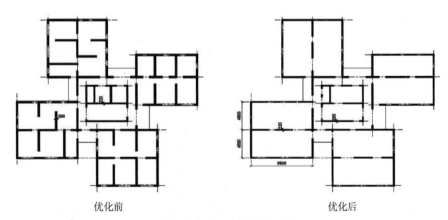

优化前　　　　　　　　　　　　　　优化后

图 14-2　优化前后对比图

因而，在符合规范的前提下，剪力墙的布置越合理、越少、越短、越薄，特别是室内空间的剪力墙的数量越少越好，这样客户改造、装修、使用就会越方便，销售自然多卖点、少短板。

上海仙霞型高层住宅剪力墙优化情况表

表 14-3

优化措施	优化工作量	使用功能优化效果
减少剪力墙长度	减少 28%	百变空间 空间更开阔
减少剪力墙厚度	1 ~ 6 层 300 改 220 7 ~ 15 层 240 改 220 16 ~ 28 层 200 改 220 内筒 220 改 200	净面积变大 室内空间变大 施工更方便、更快

4. 进度影响大

如果在结构平面上剪力墙布置太多，如布墙率从 0.55 增加至 0.60（布墙率的概念详见 14.5 节），意味着剪力墙的水平投影面积增加 9%，剪力墙的钢筋、模板、混凝土量增加 9%，那么相应的各个工序的施工时间有可能也会增加 9% 甚至更多。

因而，剪力墙优化、减少后，一个结构层上的钢筋、模板、混凝土的施工量均相应减少，可加快施工进度，更容易实现结构施工每天一道工序，确保 3 天一层或 4 天一层的结构进度。这一点在装配式建筑中的效果更加显著。

14.2　提高剪力墙性价比的四大布置原则

结构设计经济，就是结构设计做到材尽其力，建筑结构的构件能对结构安全出力，出最大的力。因而，要想得到经济的设计，就必须关注结构构件的有效性，效率低的构件占用材料用量，增加结构自重，不仅不出力，反而会成为累赘。

在设计条件一定的情况下，如何合理而有效地布置剪力墙就是一门学问，犹如大帅点将、摆兵布阵，有重点、普通之分，必须要厚此薄彼，而不能一视同仁。结合规范要求，经济的剪力墙设计，一般都有"四个不同"。

1. 水平位置，内外不同

内部和外部的受力有区别，剪力墙在外圈对结构刚度更有效。就提高结构刚度而言，剪力墙布置在周边比布置在中间的作用更大，如果要量化，作用可提升 25% 左右，可以大大提高剪力墙对于结构刚度的贡献度。从这一点讲，现在很多企业推行的全剪力墙外墙是对结构安全、结构经济性是正向作用。

剪力墙的布置原则之一："强周边、弱中部"。

2. 竖向位置，上下不同

剪力墙在下部和上部受力有别，越是下部、轴压力越大，因而在剪力墙结构的底部加强区以上各层墙厚与混凝土强度等级应竖向收级，一般是下厚上薄、下高上低。一个厚度到顶、一个强度等级到顶的设计一般是粗放式的不经济的设计。

但是，如果是装配式建筑，则竖向收级不宜分得过细，否则会导致过多的非标构件、模具的共模率过低，反而增加成本。不宜分得过细不代表可以一个截面尺寸、一个配筋，而是可以在材料用量与共模率之间进行平衡，例如可以通过钢筋与混凝土材料等级、结构受力设计的调整而实现共模率的提高。

剪力墙的布置原则之二："下厚上薄、逐步递减"（表 14-4）。

不同高度部位的剪力墙厚度（mm）   表 14-4

设防烈度	7 度		8 度	
场地类别	I ~ II	III ~ IV	I ~ II	III ~ IV
10 层左右	160	160 ~ 180	160 ~ 180	160 ~ 200
15 层左右	160 ~ 200	200 ~ 300	200 ~ 300	250 ~ 350
20 层左右	200 ~ 300	250 ~ 350	250 ~ 350	300 ~ 400
30 层左右	250 ~ 350	300 ~ 400	300 ~ 400	350 ~ 450
40 层左右	300 ~ 400	350 ~ 450	350 ~ 450	400 ~ 500

注：本表摘自《建筑结构设计优化及实例》P310。

3. 截面尺寸，长厚不同

影响剪力墙材料用量的几何因素有截面长度、厚度两个尺寸，长度对刚度更有效。

在剪力墙的设计中，结构刚度与长度的三次方成正比，与厚度的一次方成正比。因而增加墙的长度、比增加墙厚度对提高结构刚度更有效。而且，在总的剪力墙长度不变的情况下，提高单个剪力墙长度，将两个短墙合并成一个长墙，有利于减少边缘柱数量，是减少钢筋用量的有效措施，当然室内空间的灵活性可能受影响。

剪力墙的布置原则之三："多长墙、少短墙"。

4. 几何形状，分合不同

合比分好。组合、成片可以形成合力，产生 1+1 > 2 的效应。剪力墙相连布置比分散布置的刚度大、延性也好。理论上截面面积从小到大依次是：一字型、L 型、T 型，但是一字型墙的稳定性、抗震性均弱于 L 型、T 型。形状越复杂、暗柱越多，越耗材料（图 14-3）。

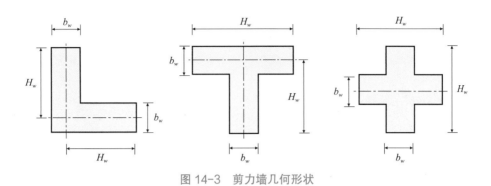

图 14-3　剪力墙几何形状

剪力墙的布置原则之四："多 L、T、十字形、少复杂形状"。

14.3　剪力墙设计的两大指标的经济性解读

就剪力墙的设计来讲，规范性的指标主要是轴压比、位移角，在结构设计完成后通过比对这两项的实际数值与规范值的差异，可以判断剪力墙的设计是否经济。当然，这两项指标的复核是属于"事后检验"。

14.3.1　轴压比

借鉴《建筑结构》杂志——百米高层住宅剪力墙结构设计中若干问题的分析（作者章丛俊、黄柏）中给我们的思路：借轴压比的公式，反推出"布墙率"的理论计算公式，从而再逐一进行影响因素的分析。这里也引申出第 14.5 节即将讲到的"如何控制布墙率"这个问题。

下图是布墙率计算公式的推演：

$$轴压比 = \frac{轴压力设计值\ N}{f_c \times 墙肢的全截面面积\ A_c} = \frac{层数 \times 单层面积\ A \times 荷重 \times 1.2}{f_c \times A_c}$$

$$布墙率 = \frac{A_c}{A} = \frac{地上层数 \times 地上荷重估算值 \times 荷载系数\ 1.2}{f_c \times 轴压比}$$

说明：1. 地上荷重估算值，详见下表 14-6；

2. f_c 即混凝土的轴心坑压强度设计值，详见表 14-7；

3. 轴压比，详见表 14-8。

【案例 22】轴压比与布墙率

高层住宅 34 层，总高 96m，单层面积 400m²，剪力墙结构，三级抗震，地上荷重估算值按 1.5t/m²，混凝土强度等级 C40。

本工程的理论计算布墙率最小值为：

$$布墙率 \geqslant \frac{34 \times 15kN/m^2 \times 1.2}{19.1 \times 1000kN/m^2 \times 0.6} = 5.3\%$$

而该案例的限额指标、实际指标、理论计算最小值之间的关系见表 14-5。

限额指标、实际指标与理论计算的关系　　　　　　　　　　　　　　表 14-5

限额指标	6.5%
实际指标	6.0%
理论计算	5.3%

在上述的计算中，需要用到表 14-6 ~ 表 14-8。

常用结构的地上建筑荷重估算值　　　　　　　　　　　　　　表 14-6

序号	结构类型或部位	建筑自重（t/m²）	序号	结构类型或部位	建筑自重（t/m²）
1	钢结构	0.6 ~ 0.8	5	剪力墙	1.3 ~ 1.6
2	砖混结构	0.9 ~ 1.2	6	框架核芯筒	1.3 ~ 1.5
3	框架结构	1.1 ~ 1.4	7	地下室每层（不含覆土）	2.0
4	框剪结构	1.2 ~ 1.5			

注：1. 参考李国胜 2004 年《多高层钢筋结构设计中疑难问题的处理及算例》P11。

　　2. 表中数据是根据实际工程的统计结果，不是规范值，可作为估算地基基础、结构构件截面、结构底部总剪力的参考依据。

　　3. 当建筑物高度较高（大于 20 层）可取上限，较低时可取下限。

混凝土轴心抗压强度设计值（N/mm²）　　　　　　　　　　　　　　表 14-7

强度	混凝土强度等级													
	C15	C20	C25	C30	C35	C40	C45	C50	C55	C60	C65	C70	C75	C80
f_c	7.2	9.6	11.9	14.3	16.7	19.1	21.1	23.1	25.3	27.5	29.7	31.8	33.8	35.9

注：摘自《混凝土结构设计规范》（GB 50010-2010）P20。

轴压比：限制墙的轴压比主要是为了保证竖向构件塑性变形能力和保证结构的抗倒塌能力。

轴压比反应的是一个抗力对压力的富余情况，限制轴压比的作用实际是给予设计足够的富余比例，按规范的轴压比，抗力的富余比例最小值见表 14-8。

<table>
<tr><td align="center" colspan="4">轴压比</td><td align="right">表 14-8</td></tr>
<tr><th>抗震等级</th><th>一级（9 度）</th><th>一级（6、7、8 度）</th><th colspan="2">二、三级</th></tr>
<tr><td>轴压比限值</td><td>0.4</td><td>0.5</td><td colspan="2">0.6</td></tr>
<tr><td>抗力的富余比例</td><td>150%</td><td>100%</td><td colspan="2">67%</td></tr>
</table>

注：摘自《高层建筑结构技术规程》（JGJ 3-2010）P86。

从以上"布墙率"理论计算公式，我们可以得出以下推论：

1. 地上荷重越小、布墙率越低，剪力墙就越少

减少地上荷载，可以降低成本，这是一条真理。表 14-6 常用结构的地上建筑荷重估算值是供方案估算或复核验算用的，实际工作中是按规范标准、按设计做法进行取值。

2. 混凝土强度等级越高，布墙率越低，剪力墙就越少

提高混凝土的强度等级，可有效降低布墙率，C45 之前每提高一个等级，布墙率理论上可平均减小 18%，而在 C45 以后，提高混凝土等级对降低布墙率的贡献越来越低，都在 10% 以下，平均只有 8%。见表 14-9。

<table>
<tr><td align="center" colspan="13">轴心抗压强度设计值对布墙比的影响分析</td><td align="right">表 14-9</td></tr>
<tr><th>等级</th><th>C15</th><th>C20</th><th>C25</th><th>C30</th><th>C35</th><th>C40</th><th>C45</th><th>C50</th><th>C55</th><th>C60</th><th>C65</th><th>C70</th></tr>
<tr><td>f_c</td><td>7.2</td><td>9.6</td><td>11.9</td><td>14.3</td><td>16.7</td><td>19.1</td><td>21.1</td><td>23.1</td><td>25.3</td><td>27.5</td><td>29.7</td><td>31.8</td></tr>
<tr><td>$1/f_c$</td><td>0.14</td><td>0.10</td><td>0.08</td><td>0.07</td><td>0.06</td><td>0.05</td><td>0.05</td><td>0.04</td><td>0.04</td><td>0.04</td><td>0.03</td><td>0.03</td></tr>
<tr><td>相差</td><td>–</td><td>−25%</td><td>−19%</td><td>−17%</td><td>−14%</td><td>−13%</td><td>−9%</td><td>−9%</td><td>−9%</td><td>−8%</td><td>−7%</td><td>−7%</td></tr>
</table>

备注：布墙率与 f_c 成反比，混凝土的强度等级越高、$1/f_c$ 越小、布墙率越低。

3. 轴压比取值越大，布墙率越低，剪力墙越少

表 14-8 中轴压比是一个上限值，实际测算时可根据工程具体情况进行往下选择较合适的轴压比进行控制。

中海公司 2012 年规定：构件截面的选择应在满足建筑要求的前提下，尽量做到经济、合理，墙柱轴压比不宜低于规范限值的 90%。（即：最多允许再放宽 10%。）

14.3.2 位移角

在规范中，影响剪力墙设计的主要指标，一个是轴压比，另一个就是位移角。两者的区别如下：

位移角：反应结构的刚柔程度（允许变形的大小）；

轴压比：反应竖向构件的结构延性（承载力富余率）。

1. 什么是"位移角"

位移角就是水平位移与相应高度的关系。简单来说，建筑物在风力、地震作用等水平力的作用下，都会相应有"晃动"（即水平位移），同一地点，高度越高、位移越大。

计算公式：

$$位移角 = \frac{层间位移最大值 \triangle u_1}{层高 H_1}$$

2. 控制位移角有什么作用

在《高层建筑混凝土结构技术规程》3.7.1 条中是这样讲的：在正常使用条件下，高层结构应具有足够的刚度，避免产生过大的位移而影响结构的承载力、稳定性和使用要求。简单来说，位移过大、使用者会不舒服、如果太大甚至会出现建筑被破坏。

3. 位移角的控制目标是什么

使层间位移尽量接近规范控制值，保证结构刚度适中，避免过刚或过柔。规范控制值详见图 14-4。

> **3.7.3** 按弹性方法计算的风荷载或多遇地震标准值作用下的楼层层间最大水平位移与层高之比 $\Delta u/h$ 宜符合下列规定：
>
> **1** 高度不大于 150m 的高层建筑，其楼层层间最大位移与层高之比 $\Delta u/h$ 不宜大于表 3.7.3 的限值。
>
> 表 3.7.3 楼层层间最大位移与层高之比的限值
>
> | 结构体系 | $\Delta u/h$ 限值 |
> | --- | --- |
> | 框架 | 1/550 |
> | 框架-剪力墙、框架-核心筒、板柱-剪力墙 | 1/800 |
> | 筒中筒、剪力墙 | 1/1000 |
> | 除框架结构外的转换层 | 1/1000 |

图 14-4 规范控制值

例如：某个纯剪力墙结构高层住宅，按以上规范层间位移比为 1/1000，如果结构计算的结果是 1/1800，说明实际位移太小、结构刚度太大、剪力墙布得过多，应适当减少剪力墙。

中海公司要求结构刚度需适中，避免过刚或过柔，对于普通高层剪力墙结构，层间位移角宜控制在 1/1000 ~ 1/1200 以内，地方有专门规定者除外，如广东按 1/800 设计。

金地公司要求剪力墙结构水平位移限值一般取 1/1000，但是当其中的有害位移小于层间位移值的 50% 时，层间位移角限值可取 1/800。如梅陇镇二期 33 层塔楼，经计算侧向位移限值取 1/800，剪力墙的墙肢长度及数量可相应减少，可节约剪力墙造价约 5%。

14.4 住宅剪力墙结构的限额设计指标解析

结构是一个整体，结构优化的关键点还是在方案设计阶段。但是，方案阶段往往是另一家设计单位，而且实际情况是在方案阶段，结构设计师往往没有话语权或没有机会参与，这也是结构设计专业领域中的一个不正常现象。

在剪力墙结构的住宅建筑中，钢筋含量、混凝土含量是经济性指标控制的重点，结构设计优化的主要任务是：混凝土含量优化、钢筋含量优化。混凝土含量优化主要是将扩初设计乃至方案设计阶段作为重中之重，并重点控制结构布置时的布墙率、施工图精细化设计时注意梁截面和板厚的选择。而含钢量优化则主要按受力情况划分三大类构件（抗水平力构件、抗竖向力构件、其他构造构件），并着重于施工图阶段的精细化设计。

14.4.1 混凝土含量

钢筋混凝土结构中混凝土含量直接影响到钢筋含量，并且混凝土用量是钢筋用量的前提。于是，在结构成本控制及优化过程中，混凝土含量就显得尤其重要。

【案例 23】混凝土含量优化思路

湖北某 6 度区 99.7m 常规剪力墙住宅结构，混凝土限额含量为 $0.35m^3/m^2$。这个数据何解？也就是说，单层结构墙、梁板、二次结构折算相当于 350mm 厚混凝土板。

本项目混凝土用量的实际计算结果为：

①其他构件（构造柱、线条等）　　$0.02m^3/m^2$，折算为 20mm 厚板。

②竖向墙柱　　　　　　　　　　　$0.139 m^3/m^2$，折算为 139mm 厚板。

③水平梁板　　　　　　　　　　　$0.162 m^3/m^2$，折算为 162mm 厚板。

其中：梁 0.060

板（含楼梯） 0.102

分析：该建筑的主体结构混凝土实际含量为 $0.321m^3/m^2$，低于限额指标约 8.3%。

剪力墙结构仅从构件含量指标上看，各种构件含量有明确的对应的经济折算板厚。只要建筑设计没有特别之处，一般情况下都在这个范围内。常规经验是误差控制在上述厚度 5% 为较合理。

（1）竖向墙柱与水平梁板之间的关系主要取决于结构方案，一般而言，方案合理的情况下两者会同时下降，没有特别明确的关系。

（2）水平构件的梁与板的关系则是基本呈反比，但总量居于一定范围。板薄了，承载力降低，相应板跨度减小，板的数量增加，梁的数量就相应增加；板厚了，相应板的承载力增加，梁就少了。一强一弱，相辅相成。

结构设计工作一般按方案设计、扩初设计、施工图设计依次进行。在设计工期不断被压缩的时候，扩初设计图经常跟着施工图一起完成或者省略。结构方案及墙体布置确定后，混凝土含量基本确定。

往往是当甲方核算混凝土含量偏高时候，设计图已经生米煮成熟饭了。这个时候甲方说含量高了退回重新设计或优化，设计单位也只能是能推则推或勉强为之。对甲方而言，扩初阶段的混凝土含量是整个结构成本控制及设计优化的重中之重，然而这个阶段因为时间过得太快而且容易忽视或忽略，常常因现场图纸催得太急而被甲方及设计单位一带而过。具体控制建议：

（1）"一控"混凝土的总量

设计单位难以控制混凝土含量的主要原因就是混凝土含量值迟于施工图而带来结构布置修改上的痛苦，设计概算基本无用。

那么怎么预防这种问题呢？——重新建立计算模型，将恒载及活载取值为 0，仅计算竖向荷载，然后读取总信息中总质量 M。

混凝土含量：$C_{con}=M \cdot g / \gamma \cdot S$

g 为重力加速度，S 为总建筑面积，γ 为混凝土密度

在扩初阶段，需要将该值严格控制在合理范围。

（2）"二控"竖向构件

在混凝土总量控制在合理范围的前提下，墙与梁板的混凝土含量分配就是结构优

化的过程。这里有个参数叫做布墙率，经验值是 5% ~ 6%。

假设混凝土等级按 C45，含墙率 $A_c/S = 33 \times 15 \times 0.001/(0.6 \times 21.1) = 3.9\%$，如果混凝土等级按 C40 计，则含墙率 $A_c/S = 4.3\%$，这个是竖向荷载极限值的含墙率。考虑风和地震放大 20% ~ 30%，就接近了经验值了。关于布墙率的内容在 14.5 节有详细介绍。

将结构布置的布墙率控制在经验值范围内，剩下的梁板按部就班地布置，这种情况下限额指标一般可控。此时，布墙率乘以层高就可以得到墙的混凝土含量。

（3）"三控"水平构件

梁板的混凝土含量一般是略大于墙的，或相当。所以，控制梁板的混凝土含量也是有价值回报的。个人认为，梁板的混凝土含量控制属于施工图精细化设计的范畴，例如梁截面尺寸和板厚的选择，按计算和概念确定。

小结：混凝土的含量优化控制可以从设计管理中控制，从设计过程中优化。甲方设计管理者应将扩初设计阶段的混凝土含量，作为整个结构成本控制及优化的重中之重。在高周转的情况下也必须抓住扩初设计的审查关，否则一旦进入事后优化设计将身处被动局面。

14.4.2　钢筋含量

【案例 24】钢筋含量优化思路

湖北某 6 度区 99.7m 常规住宅剪力墙结构，含钢量限额为 40kg/m^2。通过成本测算，实际含钢量数据低于限额指标约 9.7%（表 14-10）。

湖北某项目构件含钢量汇总表　　　　　　　　表 14-10

序	构件	含钢量（kg/m²）
1	墙柱	13.81
2	梁	12.01
3	板及楼梯	7.62
4	二次结构及空调板其他	4.39
	合计	37.83

分析：这是比较笼统的成本数据，例如边缘构件含量不明确，梁的数据包含连梁等，对于具体的结构优化控制指导意义不是很明确。

1. 抗水平力构件

这里的抗水平力构件指剪力墙、柱、连梁，是简单地将结构构件分类。因为这类构件对于结构刚度影响起决定性作用。同时，在扩初设计时，也主要是对此类构件进行调整来满足规范。

若按照实际受力情况，结构构件受力情况包含各类工况，这样划分对于结构设计人员优化操作更具有量化概念。

根据受力情况划分的构件含钢量汇总表　　　　　　　　　　表 14-11

序	构件	含钢量（kg/m²）	占比
1	柱	0.66	4.3%
2	墙	4.02	26.2%
3	连梁	1.56	10.1%
4	边缘构件	9.13	59.4%
	合计	15.37	100%

抗水平力构件的用钢量占总体钢筋含量41%。

通过表 14-11 可得出，边缘构件的含钢量占抗水平力构件的59.4%，占主体钢筋量的25.3%。边缘构件是施工图精细化设计的要害之处。结论就是，墙体含钢量的优化主要是边缘构件优化。边缘构件优化的控制点就是边缘构件的长度，长度小了，面积和配筋自然会降下来。而边缘构件的长度又把墙长、墙体布置、混凝土含量连在一起。

连梁钢筋量占比约 10%，相对不多，经手的几个项目中有一半注意不到这个细节，分层区间较大造成浪费。见图 14-5。

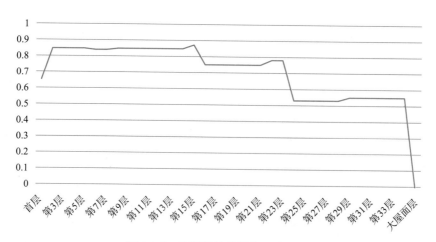

图 14-5　连梁钢筋重量分层差异图

含钢量的突变在 15% ~ 30%，突变较为厉害。

2. 抗竖向力构件

抗竖向力构件指梁（不含连梁）、板及楼梯，其中抗竖向力构件含钢量见表 14-12。

抗竖向力构件含钢量　　　　　　　　　　　　　　　　　　　　表 14-12

序	构件	含钢量（kg/m²）	占比
1	梁（不含连梁）	10.45	57.8%
2	板	6.96	38.5%
3	楼梯	0.66	3.7%
	合计	18.07	100%

占总体钢筋含量 48%。

框架梁有与连梁相同的性质，此处含量较大，梁编号较多，细节略显烦琐，优化需核对配筋数据并按楼层进行分区。

而板及楼梯基本是成熟的设计了，常规配筋即可。

3. 其他构件

这里的其他构件指砌体墙加筋、构造柱、过梁、圈梁、空调板、反坎、线条等。其他构件含钢量见表 14-13。

其他构件含钢量　　　　　　　　　　　　　　　　　　　　　　表 14-13

序	构件	含钢量（kg/m²）
1	砌体墙加筋	1.03
2	构造柱	0.68
3	二次结构及空调板等	2.68
	合计	4.39

这部分多为构造部分，对房屋正常使用的作用较大，比如墙面裂缝，涉及后期业主投诉及维修，不建议抓得太紧，这里的费用属于花小钱办大事。优化的主要部位为附加结构线条等。

小结：含钢量的控制主要着重于施工图的精细化设计，以上是以现有成本数据反推设计过程中需控制的关键点。

14.5　住宅剪力墙结构优化的管理性指标：布墙率

从一份某房地产企业的住宅项目结构限额指标中可以发现有一处与众不同，就是多出一个指标："布墙率"，这在其他房地产企业的限额指标中所没有的。

这份资料中认为，只要控制了"布墙率"，无论如何会减少主材用量、降低成本。据该企业的统计数据分析，凡是单方建安成本偏高的高层住宅项目都有一个共同特点，那就是"布墙率"严重偏离正常值。

进一步学习发现"布墙率"是一个成本人员看得懂、算得出的剪力墙结构经济指标，可以在方案设计阶段初步判断剪力墙的布置是否经济，关键是核算时间短，可以帮助我们在限额设计指标复核过程中快速反应，不至于花费太多时间。

14.5.1　布墙率是什么

简单来说，"布墙率"就是在剪力墙结构的平面布置图上，剪力墙所占水平投影面积的比例，不是一个设计规范值，可以视为一个结构优化的管理性指标。布墙率，是一个在方案阶段就可以间接衡量、直接量化的剪力墙布置得多或少的指标。笔者认为它是一个被设计师、造价师都可以理解、并且容易计算、可以快速计算的指标。

可以这样说，作为一个成本人，你理解了"布墙率"，你就建立了一个与结构设计师对话的桥梁。

用公式表示即：

$$布墙率 = \frac{标准层剪力墙的水平投影面积}{本标准层的结构面积}$$

在运用这份资料的数据时需要注意，中海对结构面积有特别的定义。

关于布墙率的推导过程详见 14.3.1。

14.5.2　布墙率的经验指标是多少

下面这份资料中是按城市进行划分，然后对各项参数、指标等一一列明。表 14-14 是这份限额指标的数据整理。

某地产公司住宅项目结构限额指标之"布墙率" 表 14-14

类别		6 度区		7 度区 A		7 度区 B		8 度区	
住宅高度	$H < 60m$	4.5	100%	5.0	100%	5.5	100%	6.0	100%
	$60m \leqslant H < 80m$	5.0	111%	6.0	120%	6.5	118%	7.0	117%
	$80m \leqslant H < 100m$	5.5	122%	6.5	130%	7.0	127%	7.5	125%
典型城市		所有，如杭州、武汉、青岛等		除 B 外，如深圳、广州、南京		成都、上海、珠海、天津、厦门		所有，如北京、昆明、西安	

注：表中数据的前提条件：高宽比 ≤ 7、体型系数在严寒和寒冷、夏热冬冷、夏热冬暖地区分别 ≤ 0.28、0.38、0.40。

　　需要说明的是，该资料中对结构材料用量的计算规则有特殊之处，包含了构造柱、过梁等二次构件的用量，引用时请参考原文件。

14.5.3　如何判断剪力墙是否布置过多

　　在《建筑结构设计优化及实例》这本著作中，作者为我们介绍了指标数据对比法。通过对设计指标数据与经验数据的比较，在一定程度上，可以直观判断设计是否有浪费，从而有针对性地进行优化。

　　剪力墙布置经济性的直观判断的指标有两个，一个是"布墙率"，一个是布置间距。对成本人员讲，在方案设计阶段就可以初步判断的指标是"布墙率"，直观、容易计算、可近似推算含量指标。

　　计算"布墙率"的方法比较多，也比较方便。直接用 CAD 算图中剪力墙的面积，再除以本层结构面积。如果手上没有电脑，也没有装 CAD，就直接用计算器或者用尺量进行简易计算。

第15章
超高层商业项目的结构优化

【案例25】沈阳超高层商业项目结构优化

（1）工程概况

沈阳某超高层商业项目，2016年12月完成优化设计。

本项目需要进行超限审查的是20#楼，结构高度约为154m。地上部分包括商业中心、办公、酒店及避难层，地上总建筑面积为75,732m²，其中：商业8,528m²，办公及酒店67,204m²。商业部分面积小于17,000m²，抗震分类为丙类。地下为2层地下室，主要使用功能为设备用房及车库。

（2）优化过程

本次优化依次按4个阶段展开：方案设计阶段、结构模型计算阶段、扩初设计阶段、施工图设计阶段。

1）方案设计阶段

在方案阶段，过程优化可以通过多方案经济性分析择优选取既满足建筑功能需求又经济的方案。而如果是结果优化，那时方案已定，可优化调整的内容较少、可能性较低，如表15-1所示。

优化介入时，本项目已通过超限审查并已出完整版结构施工图，因此无法按照表15-1所列进行多方案经济性分析选择最优方案。

结构方案经济性分析适用情况对比　　　　　　　　表 15-1

序	类别	过程优化	结果优化
1	基础方案（桩基 VS 筏基）	√	×
2	地下室顶板方案（十字梁、井字梁……）	√	×
3	地下室楼盖方案（十字梁、无梁楼盖……）	√	×
4	塔楼结构体系（型钢混凝土 VS 钢管混凝土……）	√	×
5	……	√	×

注: 表中"√"表示适用,"×"表示不适用。

2）结构模型计算阶段（图 15-1）

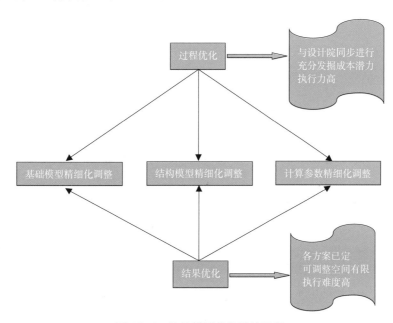

图 15-1　结构模型优化设计流程

①基础模型优化意见

基础平面图见图 15-2。

a. 建议塔楼核心筒范围内基础筏板厚度由 3500mm 改为 3100mm; 核心筒范围以外筏板厚度由 2700mm 改为 2500mm;

b. 建议板单元内弯矩统计依据按平均值;

c. 考虑到应力集中, 部分板单元计算结果异常偏大, 可调整网格尺寸（如取 2m）进行综合判断, 避免由于应力集中而造成的配筋不合理;

落实情况: 最终仅核心筒范围内筏板厚度由 3500mm 优化为 3200mm。

成本分析: 结果优化金额 18.53 万元。节省混凝土 207.6m³, 节省钢筋 16.3t。

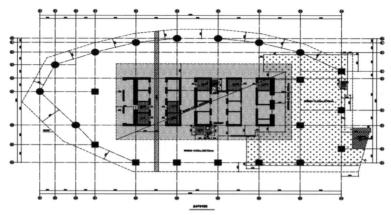

基础面积2077m²，其中，核心筒面积：793m²；核心筒外面积：1284m²

图 15-2　某栋办公楼基础平面图

结果优化的成本节省金额较过程优化减少 58%（表 15-2）。

表 15-2

优化结果情况对比表

单位：元

序	优化项目	单位	单价	过程优化		结果优化		过程－结果
				优化量	合价	优化量	合价	
1	混凝土	m³	500	573.6	286,800	237.6	118,800	59%
2	钢筋	t	5,000	45.1	225,500	18.84	94,200	58%
	合计	元			512,300		213,000	58%

②塔楼结构模型优化意见

a. 建议电梯口剪力墙取消，改为混凝土梁；并调整部分楼层墙厚。

具体修改建议如图 15-3 所示。

b. 调整前后经济指标对比（表 15-3）

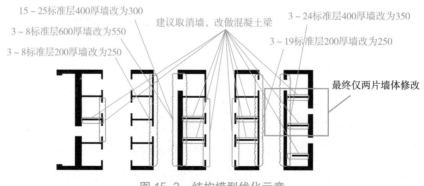

图 15-3　结构模型优化示意

结构经济性指标对比　　　　　　　　　　　表 15-3

类别	混凝土 （m³/m²）	梁 （kg/m²）	板 （kg/m²）	柱 （kg/m²）	剪力墙 （kg/m²）	钢筋合计 （kg/m²）	型钢 （t）
①	0.36	21.14	3.86	12.44	13.98	51.42	823
②	0.37	21.13	3.86	11.81	16.91	53.71	925

注：①表示假定全部优化意见被采纳；

②表示最终仅部分模型优化意见被采纳。

落实情况：最终仅 2 片墙体修改，优化量小。

3）扩初设计阶段

本阶段主要对方案阶段设计成果进行深化以及进行超限审查，如图 15-4、图 15-5 所示。

本项目针对原超限审查专家组意见进行了复核及建议，并协助甲方进行了超限复审：

①调整抗震性能目标：底部加强部位的核心筒主要墙体、框架柱的受剪按中震弹性复核，偏压、偏拉承载力按中震不屈服复核；其他部位墙体及框架柱的承载力按中震不屈服复核；大震满足受剪截面控制条件；

②中震、大震按规范反应谱参数采用，特征周期按插值确定。

本项目由于结果优化介入时间特殊，项目所在地更为特别（沈阳地区十一月开始施工工地停工直至次年三月），因而没有对工期造成不良影响，同时超限复审顺利通过。

图 15-4　初步设计阶段优化设计流程对比

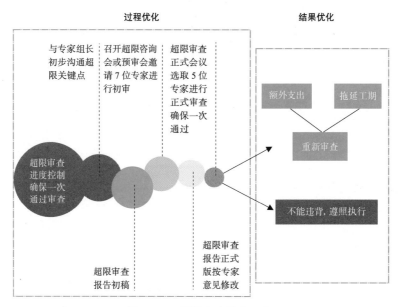

图 15-5　超限审查流程示意

4）施工图设计阶段（图 15-6）

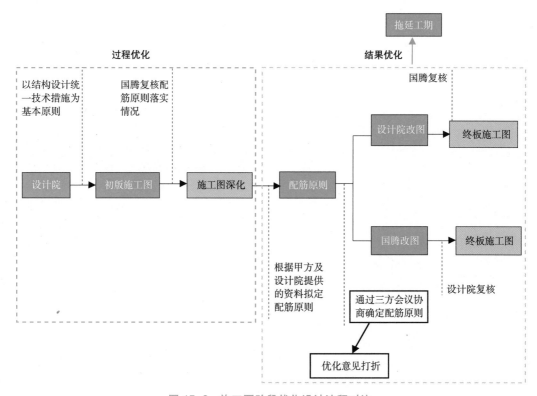

图 15-6　施工图阶段优化设计流程对比

①墙身配筋优化（图 15-7）

建议底部加强区小偏拉墙肢墙身水平、竖向分布筋配筋率按特一级抗震要求取为 0.4%。底部加强区其他墙肢墙身水平、竖向分布筋配筋率按 0.3%。底部加强区以上墙身水平、竖向分布筋配筋率按一级抗震要求取为 0.25%。地下二层墙身水平、竖向分布筋配筋率按二级抗震要求取为 0.25%。同时底部加强区墙身水平分布筋还应满足中震弹性计算要求，底部加强区以上墙身水平分布筋满足中震不屈服计算要求。拉筋采用隔二拉一形式布置。

优化前

剪力墙身配筋表

优化前	墙号	剪力墙厚度(mm)	标高范围(m)	剪力墙配筋			备注
				竖向筋	水平筋	拉筋	
0.444%		800	−0.690~4.170m	(Φ16+Φ14)@200(4排)	(Φ16+Φ14)@200(4排)	Φ8@400	2Φ16(外排)+2Φ14(内排)
0.463%	Q1	600	−0.690~4.170m	(Φ16+Φ14)@200(3排)	(Φ16+Φ14)@200(3排)	Φ8@400	2Φ16(外排)+1Φ14(内排)
0.463%/0.636%	Q2	600	−0.690~4.170m	(Φ16+Φ14)@200(3排)	Φ18@200(3排)	Φ8@400	2Φ16(外排)+1Φ14(内排)
0.421%/0.942%		500	−0.690~4.170m	(Φ14+Φ12)@200(3排)	Φ20@200(3排)	Φ8@400	2Φ14(外排)+1Φ12(内排)
0.444%		400	−0.690~4.170m	Φ16/14@200(2排)	Φ16/14@200(2排)	Φ6@400	Φ16,Φ14同隔布置
0.565%		200	−0.690~4.170m	Φ12@200(2排)	Φ12@200(2排)	Φ6@400	
0.377%		300	−0.690~4.170m	Φ12@200(2排)	Φ12@200(2排)	Φ6@400	

优化后

剪力墙身配筋表

优化后	墙号	剪力墙厚度(mm)	标高范围(m)	剪力墙配筋			备注
				竖向筋	水平筋	拉筋	
0.314%		800	−0.690~4.170m	Φ12@180(4排)	(Φ16+Φ14)@200(4排)	Φ6@540/600	2Φ16(外排)+2Φ14(内排)
0.314%/0.314%	Q1	600	−0.690~4.170m	Φ12@180(3排)	Φ12@180(3排)	Φ6@540	2Φ16(外排)+1Φ14(内排)
0.405%/0.636%	Q2	600	−0.690~4.170m	Φ14@190(3排)	Φ18@200(3排)	Φ6@570/570	2Φ16(外排)+1Φ14(内排)
0.421%/0.71%		500	−0.690~4.170m	(Φ14+Φ12)@200(3排)	(Φ18+Φ16)@200(3排)	Φ6@600	2Φ14(外排)+1Φ12(内排)
0.314%/0.314%		400	−0.690~4.170m	Φ12@180(2排)	Φ12@180(2排)	Φ6@600/540	Φ16,Φ14同隔布置
0.334%		200	−0.690~4.170m	Φ8@150(2排)	Φ12@200(2排)	Φ6@450/600	
0.262%		300	−0.690~4.170m	Φ10@170(2排)	Φ10@170(2排)	Φ6@510	

图 15-7　墙身配筋优化示例

落实情况：仅拉筋未落实，其他全部落实。

成本分析：此项合计节省钢筋 75.73t，节省结构成本 75.32 × 5000=37.87 万元。

②边缘构件配筋优化

a. 底部加强区约束边缘构件纵筋和箍筋：小偏拉墙肢按特一级抗震要求，纵筋配筋率按 1.4%，箍筋配箍特征值取为 0.24；大偏拉墙肢及其他墙肢按一级抗震要求，纵筋配筋率按 1.2%，箍筋配箍特征值取为 0.2；同时满足中震计算要求（纵筋按中震不屈服，箍筋按中震弹性）；经复核，部分暗柱配筋偏大，建议减小；如图 15-8 所示。

优化前

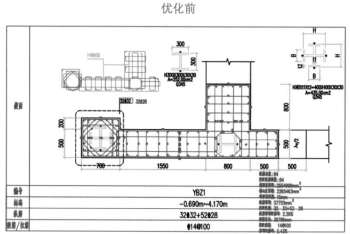

优化后

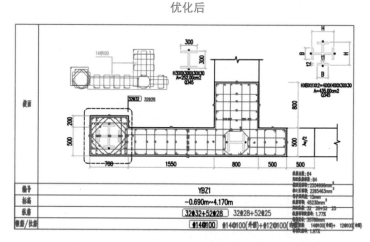

图 15-8 底部加强区约束边缘构件配筋优化示例

b.底部加强区以上暗柱纵筋和箍筋：按一级抗震要求，其中约束边缘构件纵筋按 1.2%，构造边缘构件纵筋按 0.9%；并满足中震不屈服计算要求[2]；经复核，部分暗柱配筋偏大，建议减小；如图 15-9 所示。

落实情况：全部落实。

成本分析：此项合计节省钢筋 227.2t，即节省结构成本 227.2×5000=113.6 万元。

③柱配筋优化

部分型钢混凝土柱箍筋配筋偏大，建议减小；如图 15-10 所示。

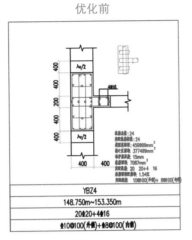

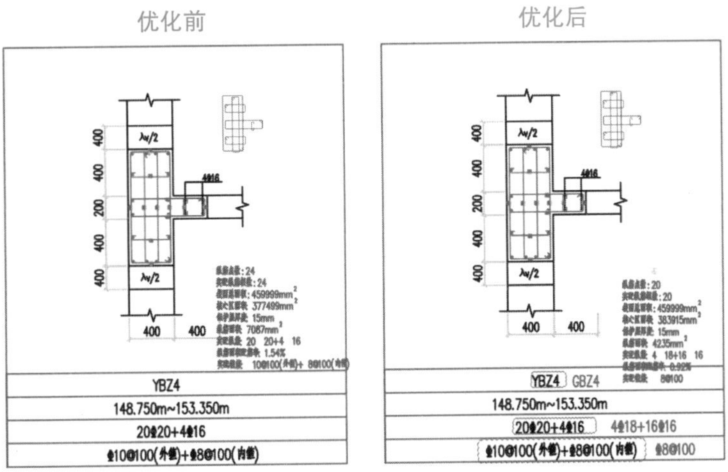

图 15-9　非底部加强区边缘构件配筋优化示例

柱表

柱 号	类型号	标　高(m)	b×h (圆柱直径)	b1	b2	h1	h2	全部纵筋	角筋	b边一侧 中部筋	h边一侧 中部筋	箍筋或拉筋	u	t	Ha	Ba
XGKZ-1	2	26.950~62.050m	1500					28Φ25				Φ16@100	28	28	1000	250
XGKZ-2	1	26.950~62.050m	1300x1300	650	650	650	650	28Φ25	4Φ25	6Φ25	6Φ25	Φ14@100 Φ12@100 30	30	900	250

图 15-10　框架柱配筋优化示例

落实情况：全部落实。

成本分析：此项合计节省钢筋 7.57t，即节省结构成本 7.57×5000=3.79 万元。

④梁配筋优化

a. 建议梁纵筋可采用两种不同级别的钢筋搭配使用以接近计算配筋值；

b. 经复核，大部分梁纵筋配筋偏大，建议减小，以地下二层为例见图 15-11。

c. 部分次梁纵筋、箍筋配筋偏大，建议减小。

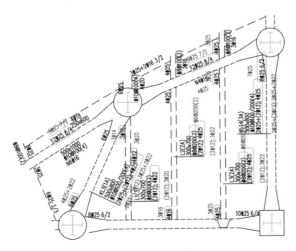

图 15-11　梁配筋优化示例

落实情况：基本落实。

成本分析：此项合计节省钢筋 166.61t，即节省结构成本 166.61×5000=83.31 万元。

d. 部分连梁纵筋及腰筋配筋偏大，建议减小，如图 15-12 所示。

优化前

剪力墙梁表										
编号	所在楼层号	墙顶相对标高高差(未注明的均为0)	梁截面 bxh	上部纵筋	下部纵筋	侧面纵筋	箍筋	交叉暗撑	型钢构件编号	备注
LL1	2		800X2600	12Φ25 9/3	12Φ25 3/9	24Φ20	Φ12@100(4)	JC1		
LL2	2		200X2600	4Φ22 2/2	4Φ22 2/2	24Φ12	Φ10@100(2)			
LL3	2		600X2580	11Φ25 9/2	11Φ25 2/9	24Φ16	Φ10@100(4)	JC2		
LL4	2		200X2580	4Φ22 2/2	4Φ22 2/2	24Φ12	Φ10@100(2)			
LL5	2		200X2600	4Φ22 2/2	4Φ22 2/2	24Φ12	Φ10@100(2)			
LL6	2		400X2580	8Φ25 5/3	8Φ25 3/5	24Φ14	Φ10@100(4)	JC2		
LL7	2		600X2600	10Φ25 7/3	10Φ25 3/7	24Φ16	Φ10@100(4)	JC3		
LL8	2		500X700	4Φ25	4Φ25	同框架梁腰筋水平分布筋	Φ10@100(4)			
LL9	2		500X2360	8Φ25 6/2	8Φ25 2/6	同框架梁腰筋水平分布筋	Φ10@100(4)			
LL10	2		200X2600	4Φ22 2/2	4Φ22 2/2	24Φ12	Φ10@100(2)			

优化后

剪力墙梁表										
编号	所在楼层号	墙顶相对标高高差(未注明的均为0)	梁截面 bxh	上部纵筋	下部纵筋	侧面纵筋	箍筋	交叉暗撑	型钢构件编号	备注
LL1	2		800X2600	12Φ25 9/3	12Φ25 3/9	24Φ20	Φ12@100(4)	JC1		
LL2	2		200X2600	4Φ22 2/2	4Φ22 2/2	24Φ10	Φ10@100(2)			
LL3	2		600X2580	9Φ25/2Φ22	2Φ22/9Φ25	24Φ16	Φ10@100(4)	JC2		
LL4	2		200X2580	4Φ22 2/2	4Φ22 2/2	24Φ10	Φ10@100(2)			
LL5	2		200X2600	4Φ22 2/2	4Φ22 2/2	24Φ10	Φ10@100(2)			
LL6	2		400X2580	6Φ25	6Φ25	24Φ14	Φ10@100(4)	JC2		
LL7	2		600X2600	9Φ25 7/2	9Φ25 7/2	24Φ16	Φ10@100(4)	JC3		
LL8	2		500X700	2Φ25+2Φ22	2Φ25+2Φ22	同框架梁腰筋水平分布筋	Φ10@100(4)			
LL9	2		500X2360	8Φ25 6/2	8Φ25 2/6	同框架梁腰筋水平分布筋	Φ10@100(4)			
LL10	2		200X2600	4Φ22 2/2	4Φ22 2/2	24Φ10	Φ10@100(2)			

图 15-12 连梁配筋优化示例

落实情况：全部落实。

成本分析：此项合计节省钢筋 37.87t，即节省结构成本 37.87×5000=18.93 万元。

⑤板配筋优化

a. 建议低区、高区及酒店部分，核心筒外楼板厚度由 110mm 减小至 100mm；

b. 建议商业部分，核心筒外楼板厚度由 120mm 减小至 110mm；

c. 低区、高区及酒店部分：建议未注明核心筒外板（X 向）底筋"8@170"改为"8@200"，个别地方不足处单独配筋；

d. 建议地下二层底部钢筋双向"8@150"改为"8@170"；取消"未注明板分布筋 8@250"。

落实情况：未落实。

⑥核心筒型钢优化

a. 墙体拉力值取中震不屈服计算结果；计算拉应力及型钢面积时混凝土材料强度取标准值，钢筋、型钢材料强度取屈服强度；不考虑作用分项系数、材料分项系数和抗震承载力调整系数，构件的承载力计算时材料强度采用标准值，不考虑地震组合内力调整系数；

b. 计算及验算所需型钢面积时，考虑墙体拉力全部由型钢承担；

c. 建议型钢面积如表 15-4、图 15-13 所示：（以首层墙体为例）

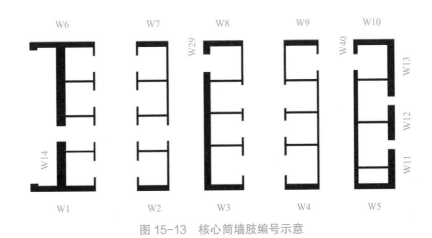

图 15-13　核心筒墙肢编号示意

以墙肢 W1 为例，尺寸 A=500mm×4980mm（计算模型尺寸）

（a）墙体拉应力 $\sigma = DD + 0.5LL - E_{x(y)}$ =（37687-22492）×1000/（500×4980）

$$= 6.10\text{MPa} > f_{tk} = 2.85\text{MPa}，故需配置型钢$$

（b）按内力计算墙肢所需型钢面积如下：

全部拉应力均由型钢承担，则型钢面积为 =（37687-22492）/ 345 =44043mm^2

（c）平均名义拉应力验算：（按弹性模量换算考虑型钢的作用）

$$= 5.64\text{MPa} < 2f_{tk} = 5.7\text{MPa}$$

满足要求。

落实情况：全部落实。

成本分析：此项合计节省型钢 149t，即节省结构成本 149×10,000=149 万元。

⑦柱内型钢优化

经计算 14 ~ 15 层柱可以不配置型钢，建议取消 14 ~ 15 层柱中型钢；

墙体型钢验算表

表15-4

墙号	b	h	N (D+0.5L)	N (E)	N	f_{tk}	F_{yk} (型钢)	E_c	E_y	拉应力	2.5% A	型钢面积	名义应力	$2f_{tk}$	验算结果	实配型钢面积	名义应力	再次验算
	mm	mm	N	N	N	N/mm²	N/mm²	N/mm²	N/mm²	N/mm²	mm²	mm²	N/mm²	N/mm²		mm²	N/mm²	
W1	500	4980	22492000	37687000	15195000	2.85	345	35500	200000	6.10	62250	44043	5.64	5.7	满足			
W2	500	2380	11587000	16540000	4953000	2.85	345	35500	200000	4.16	29750	14357	3.94	5.7	满足			
W3	500	3350	15261000	22838000	7577000	2.85	345	35500	200000	4.52	41875	21962	4.26	5.7	满足			
W4	500	2850	12841000	18328000	5487000	2.85	345	35500	200000	3.85	35625	15904	3.66	5.7	满足			
W5	500	3250	13542000	22474000	8932000	2.85	345	35500	200000	5.50	40625	25890	5.12	5.7	满足			
W6	500	4980	21554000	37119000	15565000	2.85	345	35500	200000	6.25	62250	45116	5.77	5.7	不满足	53000	5.69	满足
W7	500	2380	11277000	16386000	5109000	2.85	345	35500	200000	4.29	29750	14809	4.06	5.7	满足			
W8	500	3350	14911000	22602000	7691000	2.85	345	35500	200000	4.59	41875	22293	4.32	5.7	满足			
W9	500	2850	12745000	18317000	5572000	2.85	345	35500	200000	3.91	35625	16151	3.72	5.7	满足			
W10	500	3250	13714000	23145000	9431000	2.85	345	35500	200000	5.80	40625	27336	5.38	5.7	满足			
W11	600	3050	15051000	26480000	11429000	2.85	345	35500	200000	6.25	45750	33128	5.76	5.7	不满足	40000	5.67	满足
W12	600	2900	14970000	20529000	5559000	2.85	345	35500	200000	3.19	43500	16113	3.06	5.7	满足			
W13	600	4450	21631000	34694000	13063000	2.85	345	35500	200000	4.89	66750	37864	4.59	5.7	满足			
W40	400	980	3287000	4576000	1289000	2.85	345	35500	200000	3.29	9800	3736	3.15	5.7	满足			

落实情况：全部落实。

成本分析：此项合计节省型钢 82t，即节省结构成本 82×10,000=82 万元。

施工图设计阶段优化钢筋汇总见表 15-5。

施工图设计阶段优化钢筋汇总表　　　　　　　　　　　　　　　　表 15-5

序	优化项目	优化量（t）		单价（元/t）	合价（元）
1	墙身配筋优化	75.32			
2	边缘构件配筋优化	227.2			
3	柱配筋优化	7.57	515	5,000	2,574,900
4	梁配筋优化	204.48			
5	板配筋优化	0			
6	核心筒型钢优化	149	231	10,000	2,310,000
7	柱内型钢优化	82			
合计		746		6548	4,884,900

（3）优化成果

本项目优化介入方式为结果优化，主要优化工作从基础、塔楼结构计算模型、超限审查报告、结构施工图配筋、墙体型钢配置等方面提出优化意见，并通过与专家组、设计院等有关方进行沟通，确保所提优化意见得以落实。

经过测算，本项目通过结果优化节省结构成本约 507 万元，折合地上建筑面积单方造价 67 元 /m²。详见以图 15-14、表 15-6。

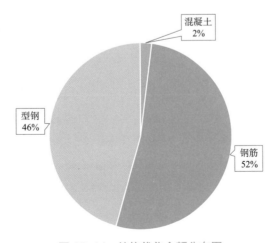

图 15-14　结构优化金额分布图

优化成果汇总表

表 15-6

序	类别	单位	优化量	综合单价	节省成本（元）
1	混凝土	m³	207.6	500	103,800
2	钢筋	t	531.28	5000	2,656,400
3	型钢	t	231	10000	2,310,000
	合计	m²	75,732	67	5,070,200

第16章
装配式楼梯的设计优化案例

成本问题，是装配式建筑推进中遇到的主要问题之一，大部分房地产开发项目（特别是在房价不高的城市）因装配式建筑的增量成本占比较大而受到较大影响。

但产生增量成本的原因是多方面的，在赵树屹先生主编的《装配式混凝土建筑——政府、甲方、监理管理200问》中这样分析道，有结构体系适不适应装配式建筑的问题；也有装配式技术不成熟，规范设计比较保守和审慎，连接比较复杂的问题；还有我国原来的建筑标准比较低，国家想借装配式建筑来升级和提高建筑标准这种"搭车"的因素。

如何降低装配式建筑的增量成本？这是整个行业的课题，事关装配式建筑的发展，事关我国建筑业的转型升级。本章以预制楼梯为例分析装配式建筑中设计优化思路和技术经济效果。从装配式建筑推行的难易程度来看，楼梯是预制水平构件中技术体系最成熟、制作施工最简单、应用最广泛、标准化程度最高的装配部件，是住宅装配式项目中最容易实现的预制构件。

而在传统现浇结构中，板式楼梯（图16-1）是运用最广泛的楼梯形式，具有受力简单、施工方便的优点。而在装配式混凝土建筑结构中，板式楼梯的自重大、钢筋混凝土用量大的缺点突显。推广预制楼梯，首先面对的一个问题就是——如何降低预制楼梯的自重？

通过创新设计方案，我们发现带肋预制楼梯较常用的板式楼梯可以降低自重30%左右，自重轻、吊装方便、安全，施工风险低，而且带肋预制楼梯可节省成本20%左右，折合地上建筑面积节省约24元/m²（预制率30%以内的项目可降低增量成本约8%）。

图 16-1　预制楼梯

16.1　预制楼梯优化的重要性

装配式建筑包括四大系统：结构、设备与管线、外围护、内装，在结构系统中包括梁、板、柱、墙、楼梯、阳台、飘窗等构件。而预制楼梯是全国各地装配式住宅的起点，原因包括：

（1）从装配式建筑推行的难易程度来看，楼梯是预制水平构件中应用最为成熟、标准化程度最高的部品。

1）设计体系简单、成熟。预制楼梯采用一端铰接、一端滑动的设计理论，理论体系简单、成熟，易于推广。

2）易标准化设计、可批量生产。建筑层高一定时，预制楼梯的规格尺寸一致，便于批量生产，成本较低。

3）现浇楼梯劣势明显，预制楼梯正好弥补。如现浇楼梯模板搭建复杂、施工速度慢、混凝土浇筑后不能立即使用、施工误差是楼地面装修质量的一个障碍、施工成本本身就相对高等劣势，而楼梯的预制正好可以弥补现浇方式的不足。

（2）从装配式建筑的发展状况来看，推广成熟可靠的水平预制构件是二三四线城市落实装配式建筑较为稳妥的解决方案（水平构件包括楼梯、楼板、阳台板、空调板、女儿墙板等）。原因有以下 3 点：

1）增量成本低。预制水平构件的成本增量可以控制在 100 元 /m² 以内，开发商接受的程度较高，利于大面积的推广；

2）连接简单、部品成熟。水平构件的连接简单，部品成熟可靠，可复制性、可推广性高；

3）施工相对简单。预制水平构件的设计、施工、制作较为简单，便于产业化不成熟地区的人、材、机的利用。

综合装配式建筑的推行难易度、发展状况来看，预制楼梯是装配式住宅预制构件推广中最容易实现的构件，是装配式住宅的起点。

而推广预制楼梯，首先面对的一个问题就是——如何降低预制楼梯的自重（尤其是预制剪刀楼梯的自重）使其能达到普通塔吊的吊重要求。（说明：山东省主要推行预制楼梯、叠合板，因而预制楼梯的单跑重量是选择塔吊的关键因素。）

图 16-2　板式与带肋楼梯

应用中发现：18 跑的预制剪刀楼梯，自重 > 5t，普通塔吊的使用效率大打折扣（起重臂长、速度大幅降低）、且不安全。当然，降低楼梯构件重量的方法不止一种，还有添加减重块的方案可以达到相同目标。

基于此，市面上研发了带肋预制楼梯（为了和梁板式预制楼梯区分，以下简称"带肋楼梯"）。经有限元分析，其受力与梁板式预制楼梯相同，受力更合理——带肋预制楼梯肋梁宽度 130 ~ 150mm，梯梁高度 150 ~ 400mm，板厚 60 ~ 80mm（楼板厚度需满足建筑耐火极限要求）。

计算分析结果，带肋预制楼梯的自重比板式楼梯可降低 30% 左右。下面，从技术性能、经济效果两个方面阐述。

16.2 带肋楼梯的技术性能

通过实际案例的设计和分析，发现带肋预制楼梯较预制板式楼梯，自重降低 30% 左右，自重轻、吊装方便、安全，施工风险低。见表 16-1。

板式与带肋预制楼梯的材料用量对比 表 16-1

序	项目名称		混凝土用量（m³）	钢筋重量（kg）	总重（t）
1	预制楼梯 9 步	板式	0.78	80	2.03
		带肋	0.53	56	1.38
		差异	−32%	−30%	−32%
2	预制楼梯 18 步	板式	1.99	213	5.18
		带肋	1.40	149	3.64
		差异	−30%	−30%	−30%

板式预制楼梯、带肋预制楼梯的设计图纸参考见图 16-3、图 16-4。

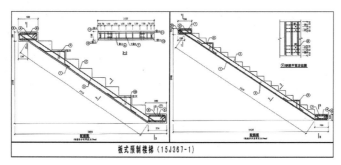

图 16-3　板式预制楼梯

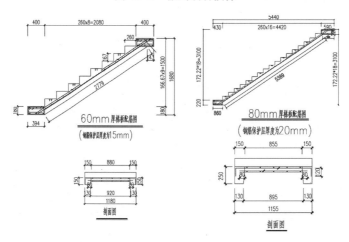

图 16-4　带肋预制楼梯

16.3　带肋预制楼梯的经济效果

结合上述案例的技术分析结果：带肋预制楼梯较预制板式楼梯，混凝土含量、钢筋含量降低 30% 左右，因而经济效果明显。带肋楼梯较板式的成本节省 20% 左右，折合地上面积节省约 24 元 /m²。

下面从构件费用、塔吊费用两个方面来分析带肋楼梯在经济上的优势。

16.3.1　构件费用

带肋楼梯较板式节省约 20%，折合地上面积节省约 13 元 /m²。

带肋预制楼梯自重、钢筋含量、混凝土含量降低 30%，考虑带肋预制楼梯在模具加工、振捣脱模比板式楼梯施工难度略大，按 10% 考虑，综合这两方面可估算，带肋预制楼梯成本可节省 20% 左右。

如果以克三关（公众号）发布的上海预制楼梯的中标价 3415 元 /m³（2018 年 5 月份）测算，带肋楼梯较板式楼梯的成本节省约 683 元 /m³，每平方米节省约 13 元 /m²（楼梯混凝土含量按地上建筑面积 0.02m³/m² 测算）。

16.3.2　塔吊费用

带肋楼梯较板式节省约 21%，折合地上面积节省约 11 元 /m²。

目前大部分地区的预制构件价格在 2400 ~ 3600 元 /m³。根据现有项目的统计数据，当预制率为 40% 以内时，预制构件的安装费用（包含垂直吊装费、安装费、器具摊销费）约 400 ~ 800 元 /m³。

在塔吊力臂不变的情况下，尽量降低关键的预制构件的重量，可直接降低塔吊配置规格和成本。

【案例 26】预制楼梯的设计方案优化

以某集团在建项目 2# 楼为例（地上 25 层，地下 3 层，建筑面积 8400m²），采用剪刀梯（18 步预制带肋楼梯），预制楼梯基本信息配置见表 16-2。

两种预制楼梯的基本参数　　　　　　　　表 16-2

序	项目 / 楼号	预制楼梯类型	楼梯重量（t）	层高（m）
1	III/1#	单跑 / 板式（18 步）	5.2	3.2
2	IV/2#	单跑 / 带肋式（18 步）	3.8	3.2

按以往工程吊装经验，本项目若采用板式预制楼梯，其梯重达5.2t，普通情况下的塔吊配置基本无法满足吊装要求，需采用型号更大的塔吊。集团充分吸取过往工程经验，创新应用了带肋预制楼梯代替板式，将梯重由5.2t减少为3.8t（降低27%），对应塔吊由QTZ125型号降为QTZ80型号。

塔吊布置位置参见图16-5。

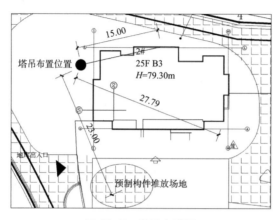

图 16-5 塔吊布置图

塔吊中心与预制楼梯安装位置中心距离为15m，塔吊距楼角最远点28m，与预制楼梯堆放区的中心距离为23m，即预制楼梯的最大吊装距离为23m；本项目预制楼梯重量为3.8t，根据QTZ80塔吊的性能曲线（图16-6），QTZ80塔吊在23m的最大额定起重量为3.95t，满足本项目的吊装要求。

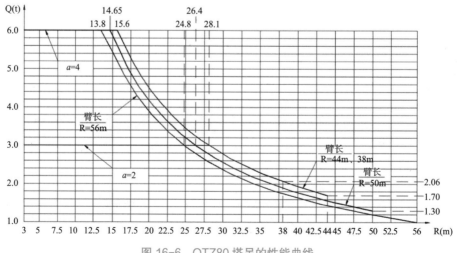

图 16-6 QTZ80 塔吊的性能曲线

如果本项目依然采用板式预制楼梯（重量为 5.2t），在相同的吊装环境下，根据塔吊性能曲线，最低采用 QTZ125 型号塔吊，才能够满足现场施工需求。

分析两种楼梯方案对应的塔吊配置、费用，得出：预制楼梯塔吊费用较板式节省 21%，折合地上面积节省 11 元 /m²。详见表 16-3。

板式与带肋预制楼梯的塔吊费用对比表　　　　　　　　表 16-3

| 类型 | 梯重（t） | 塔吊型号 | 塔吊费用 | | | 工期（月） | 合价（元） |
			进出场费（元 / 次）	司机工资（元 / 月）	基本月租（元 / 月）		
板式楼梯	5.2	QTZ125	30,000	7000	24,000	13	433,000
带肋楼梯	3.8	QTZ80	18,000	7000	18,000	13	343,000
带肋预制楼梯费用节省							90,000
费用节省占比							21%
每平米节省							11

注：1. 施工工期按 13 个月计；

2. 地上建筑面积 8400m²；

3. 上述费用节省尚未考虑构件运输等其他费用的节省。

第5篇

机电设计的成本优化

设计合理了，省钱是自然而然地。

——江欢成

机电系统工程，是建设工程的重要组成部分，被视为建筑的供血系统。

随着社会的快速发展、大气环境污染加剧，使得建筑使用方对建筑室内环境的品质与建设方对建造成本控制之间的矛盾越演越激烈。绿色机电优化正是在此背景下诞生的，绿色机电优化不仅关注室内健康环境品质，而且关注投资状况与运行成本统一考虑的全寿命周期的经济性。

机电系统工程一般包括通风与空调、消防、给水排水、电气、智能化、电梯等专业工程。机电系统工程的特点之一是技术更新快，机电成本在成本管理的分类中一般被列为功能性成本。

本篇介绍建设工程在机电安装专业领域的成本优化管理与案例，本篇共1章，介绍通风与空调系统工程的成本优化。

第17章，共两个案例。

案例27 以北京某写字楼项目空调系统为例，介绍了空调工程在建造成本范畴内的设计优化，包括末端风机盘管系统从选型、布置等方面。

案例28 以深圳某项目空调系统为例，介绍了空调工程在从全寿命周期成的角度进行设计优化的内容，以点带面介绍绿色机电的成本优化。绿色机电优化，是技术的先进性、能效适配以及环境品质与成本综合考虑的成本策划。

第 17 章
空调系统的成本优化

【案例 27 】北京某写字楼项目空调系统优化

一般情况下，空调系统的优化方向有：

①针对地区气候特点合理确定空调负荷；

②空调是项目的能源消耗大户，如何确保节约能源（是否采用能源管理系统等），确保综合成本最低；

③合理选用设备型号、风管布局，提高层高，尽量减少风管垂直交叉，影响层高；

④空调方案必选（包含设备占用建筑面积的经济效益分析）；

⑤空调系统中设备、阀门、管材占据较大比重，合理选用设备、材料品牌是成本控制的重要点（如动态平衡阀等），同时管网设计合理；

⑥末端交楼标准的确定（特别是大型商业，在采用传统水冷系统的情况下，一般安装至空调机房的风柜，在精装修时安装公共部位的空调，对于出租的店铺或销售的店铺内，尽量安装冷源节点）。

结合工程案例，对空调的冷热源、末端进行设计方案对比分析，根据成本限额和类似项目对标，对末端的风机盘管系统从选型、布置等方面进行了优化，降低了空调系统的综合单价，从量和价两个方面控制成本，达到降本增效的目的。

（1）空调系统概况

1）工程概况（表 17-1、图 17-1）

项目位于北京市，2018 年项目。周边多为已经启动的金融商务类项目。主要由写字楼和底商组成。

工程概况表　　　　　　　　　　　　　　　　表 17-1

序	科目	内容
1	城市	北京
2	时间	2018 年
3	用地面积	38,100m²
4	建筑面积	112,571m²，其中： 地上 76,200m²（办公 65,407，商业 10,718，地上人防出口 75） 地下 36,371m²（商业 15,344，车库 21,027）
5	建筑高度	60m
6	建筑层数	12 层
7	物业形态	办公楼

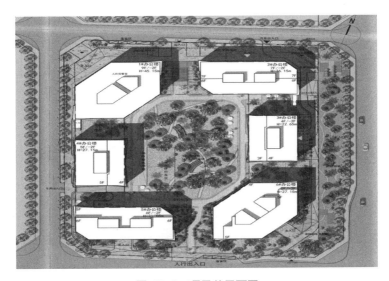

图 17-1　项目总平面图

2）空调系统简介

①空调冷热负荷（表 17-2）

空调冷热负荷表　　　　　　　　　　　　　　　表 17-2

业态名称	建筑面积（m²）	冷指标（W/m²）	冷负荷（kW）	热指标（W/m²）	热负荷（kW）
1# 办公	23,032	86	1,976	74	1,707
1# 商业	3,145	111	348	95	298
2# 办公	12,978	84	1,085	72	937
2# 商业	3,097	108	334	92	286
3# 办公	5,317	86	456	74	394

续表

业态名称	建筑面积（m²）	冷指标（W/m²）	冷负荷（kW）	热指标（W/m²）	热负荷（kW）
3# 商业	2,131	108	230	92	197
4# 办公	6,956	85	589	73	509
4# 商业	2,134	109	233	94	200
5# 办公	11,242	84	940	72	812
5# 商业	3,164	109	343	93	294
6# 办公	11,372	85	963	73	832
6# 商业	3,002	109	327	93	280
汇总	87,570	89	7,824	77	6,746

②空调系统方案

a.冷热源方案（表 17-3）

常见的冷热源方案 表 17-3

序	冷热源	方案
1	常见冷源	（1）电制冷冷水机组 （2）空气源热泵 （3）地源热泵（受地质条件及场地限制，本项目不适用）
2	常见热源	（1）市政热力（本项目无市政热力） （2）自建锅炉 （3）空气源热泵 （4）地源热泵（受地质条件及场地限制，本项目不适用）

本案例中共有 3 个方案供选择（表 17-4）：

方案 1：水冷冷水机组 + 燃气锅炉；

方案 2：VRV 多联机；

方案 3：风冷热泵。

方案情况对比表 表 17-4

序	方案对比	方案 1 水冷冷水机组 + 燃气锅炉	方案 2 VRV 多联机系统	方案 3 风冷热泵
1	冷却塔的水耗	开式系统存在滋生细菌"军团病"等现象，对环保不利，存在漂水现象，造成水耗	不存在冷却水的消耗	不存在冷却水的消耗。整个空调水系统也采用闭式结构
2	施工方面	系统复杂，机房附属设备多，需安装锅炉设备	系统简单，施工方便	系统简单，施工方便

续表

序	方案对比	方案 1 水冷冷水机组 + 燃气锅炉	方案 2 VRV 多联机系统	方案 3 风冷热泵
3	机房面积	需制冷机房及锅炉房	无需专用机房，室外机放在屋面或室外	无需专用机房，主机及附属设备放于屋顶
4	冷热源占地	需设冷冻站和锅炉房，冷却塔要占屋顶面积	占用屋顶面积	占用屋顶面积

考虑到 VRV 冬季制热效果不好，风冷热泵系统的运行能耗偏大，本工程选择了方案 1 水冷冷水机组 + 燃气锅炉，夏季提供 7/12 度的冷水，冬季提供 60/50 的热水（图17-2、图 17-3）。

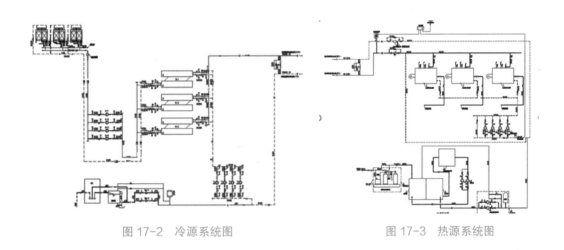

图 17-2　冷源系统图　　　　　　　　　图 17-3　热源系统图

b. 末端方案空调形式（表 17-5、表 17-6）

末端方案空调形式　　　　　　　　　　　　　　　　表 17-5

序	部位	空调通风方式
1	办公区	风机盘管 + 新风
2	商业	风机盘管 + 新风，预留 VRV 安装条件
3	大堂	全空气系统（满铺地暖，大堂入口加贯流风幕）
4	走廊	新风
5	消防控制室	分体空调
6	数据机房（预留）	预留 24h 机房冷却水条件

末端形式的比较   表 17-6

序	内容	FCU 风盘 + 新风系统	VAV 变风量全空气系统	VRV（或 VRF）变制冷剂流量系统 + 新风换气机
1	各项初始投资	末端设备 + 管道：230 元 /m² 主机设备 + 机房：120 元 /m²	末端设备 + 管道：350 元 /m² 主机设备 + 机房：180 元 /m² 空调自控：170 元 /m²	VRV 室内外机：350 ~ 500 元 /m² 新风换气机：100 ~ 150 元 /m²（日立 ~ 大金）
2	总的初始投资	350 元 /m²	700 元 /m²	450 ~ 650 元 /m²（日立 ~ 大金）
3	运行能耗	有制冷需求时，需开启冷机和冷却塔，理论能耗较高，但相对 VRV 能耗较低	空调变风量运行，理论上运行能耗最低，前提是系统调试到位	有制冷需求时，需开启主机运行，理论能耗较高
4	调试	水系统的调试，调试较为简单	系统调试复杂，涉及整体的压力分布与群控调试，调试技术要求较高，成功率不高	由专业厂家完成，调试较为简单
5	控制	可实现分户独立控制	控制由自控完成，难以做到分户独立控制	可实现分户独立控制
6	管理	制冷机房、锅炉房需要专人日常维护	制冷机房、锅炉房需要专人日常维护	无需专人维护
7	维护	一般由物业完成后期维护	由物业统一管理，一般由厂家完成后期维护	由专业厂家完成

（2）优化方案对比

1）风盘布置优化

风盘的布置要考虑气流组织，需经过计算确定。一般 15 ~ 30m² 设置一台，小于 15m² 的房间也需要设置。

一台风盘一般带一个送风口和回风口，送回风口距离：

①超过 7m，小于 10m 时，可一台风盘设置两个送风口；

②超过 10m，宜设置两排及以上。

送回风口在一个平面时，距离不能太近。

本项目的房间进深较大，达到了 12.5m，原设计在房间外区及内区均设置了风盘。但是空调负荷预留过大，风盘密度较高，超出了同等档次办公配置标准。根据成本限额 140 元 /m² 建筑面积的要求，减小了空调负荷，同时根据柱网的布置和气流组织重新布置风盘，对风盘布置进行优化，详见图 17-4。

经过优化，3 号楼风盘数量由 280 台减少至 204 台，减少 27%。

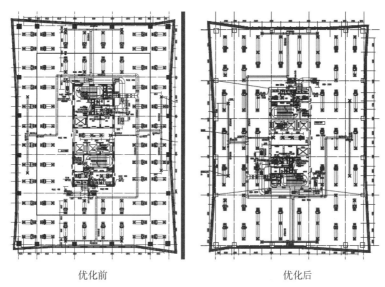

优化前　　　　　　　　　　　　　　优化后

图 17-4　3 号楼风盘布置图

2）风盘形式优化（表 17-7）

风盘 3 种形式对比表　　　　　　　　　　　　　　表 17-7

种类	风盘形式	优点	缺点
第一种 形式			
	带送回风口	配置完善，如不装饰可以直接使用，上送上回，气流组织均匀	造价高，如装修需对风口和风管位置调整，造成无效成本
第二种 形式			
	只带送风口	配置较完善，如不装饰可以直接使用，上送上回，气流组织较均匀	成本较高，如装修需对风口和风管位置调整，造成无效成本

续表

种类	风盘形式	优点	缺点
第三种形式	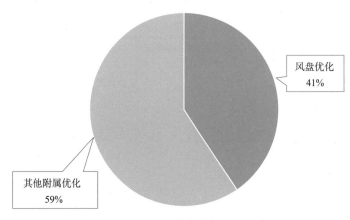		
	带回风箱	配置简单，成本低，侧送下回，气流均匀，偏于后期装修改造	如后期吊顶装修，需要安装风口和风管

本项目办公楼为出售型产品，为了节省投出资，方便业主后期装修改造，由第一种方式改为第三种形式，节省了送回风口、风管、阀门、支架等附件。

（3）成本分析（图 17-5、表 17-8）

通过对风盘及附属内容进行优化，共节省了 722 万元。

风盘优化
41%

其他附属优化
59%

图 17-5　优化分析图

优化金额汇总表　　　　　　　　　　　　　　　　　　　　　　　　表 17-8

序	优化项	优化金额（元）	单方指标（元/m²）
1	风盘优化	2,929,910	33.46
2	其他附属内容优化	4,291,737	49.00
	合计	7,221,647	82.46

1）风盘优化

上述是以 3 号楼为例，对空调系统进行了优化，同时对其综合单价进行了调整。其他 1/2/4/5/6 号楼与此类似。其成本优化对比详见表 17-9、表 17-10，由表可知，6 栋楼共节省 1007 台风盘，共计节省费用约 293 万元，优化率达 53%。

风盘优化前后成本汇总表　　　　　　　　　　　　　　　　表 17-9

优化前		优化后		优化节省		
数量（台）	合价（元）	数量（台）	合价（元）	数量（台）	合价（元）	优化率
3,061	5,480,835	2,054	2,550,925	1,007	2,929,910	53%

风盘优化前后成本对比分析明细表　　　　　　　　　　　　表 17-10

楼号	风盘型号	优化前			优化后		
		数量	综合单价	合价（元）	数量	综合单价	合价（元）
1#	FP-02	30	1,545	46,353	30	1,116	33,479
	FP-05	501	1,795	899,350	402	1,242	499,272
	FP-06	290	1,864	540,580	150	1,269	190,346
	FP-08	12	1,976	23,714	0	0	0
2#	FP-02	16	1,545	24,722	16	1,116	17,856
	FP-04	268	1,692	453,365	16	1,197	19,152
	FP-05	278	1,795	499,041	254	1,242	315,460
	FP-06	31	1,864	57,786	111	1,269	140,856
	FP-08	14	1,976	27,666	0	0	0
3#	FP-02	13	1,545	20,086	15	1,116	16,740
	FP-05	152	1,795	272,857	139	1,242	172,634
	FP-06	109	1,864	203,184	50	1,269	63,449
	FP-08	6	1,976	11,857	0	0	0
4#	FP-02	16	1,545	24,722	22	1,116	24,551
	FP-05	200	1,795	359,022	182	1,242	226,039
	FP-06	126	1,864	234,873	52	1,269	65,986
	FP-08	6	1,976	11,857	0	0	0
5#	FP-02	0		0	11	1,116	12,276
	FP-04	232	1,692	392,465	12	1,197	14,364
	FP-05	263	1,795	472,114	194	1,242	240,942
	FP-06	29	1,864	54,058	79	1,269	100,249
	FP-08	8	1,976	15,809	0	0	0

续表

楼号	风盘型号	优化前			优化后		
		数量	综合单价	合价（元）	数量	综合单价	合价（元）
6#	FP-02	20	1,545	30,902	13	1,116	14,508
	FP-05	278	1,795	499,041	205	1,242	254,604
	FP-06	149	1,864	277,746	101	1,269	128,166
	FP-08	14	1,976	27,666	0	0	0
合计		3,061	1,790	5,480,835	2,054	1241	2,550,925

2）其他附件成本优化

风盘采用第三种带回风箱的形式，省去了风管、风口、附属的水管道和阀门、支吊架、水管道保温。同时节省电气专业的配管费用。共计节省约429万元。详见表17-11、图17-6。

其他附属内容优化前后成本对比表 表 17-11

序	项目内容	单位	优化前	优化后	优化节省	权重
1	回风口	元	528,414	354,578	173,836	4%
2	散流器	元	221,218	148,442	72,776	2%
3	保温	元	906,991	608,612	298,380	7%
4	风盘处风管	元	1,444,214	969,100	475,114	11%
5	空调水管线	元	2,876,804	2,301,443	575,361	13%
6	空调水阀门	元	1,993,912	1,595,129	398,782	9%
7	空调水支架	元	1,070,341	856,273	214,068	5%
8	空调水绝热	元	867,102	693,681	173,420	4%
9	相关电气配管	元	—	—	1,910,000	45%
合计			9,908,995	7,527,258	4,291,737	100%

通过以上分析可知，由于风盘布置不合理，导致了风盘数量较多；同时采用的综合单价较高，最终导致了空调系统成本过高。在后续的工作中需注意以下四点：

①设计管理中需要加强成本意识，在满足使用功能的前提下要做到成本最优。

②在设计中需要考虑项目定位，如果为销售类业态，尽量降低成本。

③在风盘设计布置时既要考虑负荷，又要考虑空间布置。

④在机电工程招标过程中，需控制投标单位的综合单价。

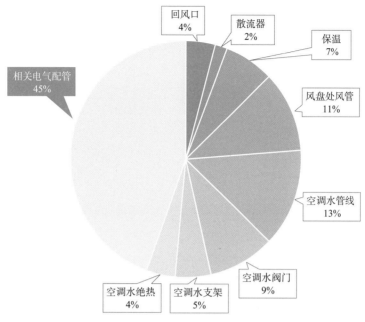

图 17-6　优化节省金额分布图

【案例 28】深圳某项目全过程绿色机电优化

作为传统房地产企业的产品设计往往受到工期、成本、经验、效仿等观念的影响，较少考虑到产品的功能属性与其成本、效益的合理搭配。

其次，目前房地产企业咨询顾问单位、设计单位、施工单位、运营单位等普遍是碎片化的管理模式，各自为战，没有形成一个整体，各自完成各自的工作和节点，造成投入大量的资金后，项目的实际运营与原有的方案、设计理念偏差较大，使物业管理和运营很难取得预期效果，经济损失严重。

绿色机电优化，是技术的先进性、能效适配以及环境品质与成本综合考虑的成本策划。

绿色机电优化的重要意义主要体现在三个方面：

①综合经验与实际数据协助甲方在多种机电方案中选择合适的机电方案；

②在房地产项目建设与运营过程中，面对传统的咨询、设计、施工、运营各自为战的现象，应用先进的绿色技术将设计、施工、运营统筹起来。

③绿色机电优化主要防止跟风而造成盲目定方案、技术乱堆砌、效益不明显以及项目品质不上档次。

（1）项目简介（表17-12）

下面仅以暖通空调系统优化为例进行介绍。

工程概况表　　　　　　　　　　　　　　　　　　表 17-12

序	分项	工程概况
1	项目城市	深圳市宝安区
2	项目时间	2014 年
3	用地面积	59,975m²
4	建筑面积	除小学用地外共计 64 万 m²，其中本案例办公楼 68,891m²
5	建筑高度	180m
6	建筑层数	40 层
7	物业形态	办公
8	地下室	三层车库及设备用房总面积约 12 万 m²，其中地下三层、四层设置战时人防防护所。其中，本案例办公楼地下面积 7,200m²

（2）优化过程

本次开展的绿色机电优化共分为三部分：

1）第一部分为方案阶段的优化，即在方案阶段根据项目的建筑类型、功能布局、气象参数、能源状况、拿地条件、房价或租金等参数，通过能耗模拟分析软件、造价分析软件等对不同的空调系统、供配电系统、给排水系统、生活热水、可再生能源系统进行比较，得出较优方案。

2）第二部分为初步设计阶段优化，即在初步设计阶段根据项目设计变更情况，校核与完善方案。主要是机电设备系统的容量配置、节能技术选用合理性、室内环境品质等进行校核与评估。

3）第三部分为施工图设计阶段优化，即在施工图设计阶段根据项目的实际情况进行图纸审查与优化。包括但不仅限于成本优化、节能优化、BIM 技术管线优化等。

1）方案阶段优化

①根据深圳地区气象参数与能源价格情况，建立模型，结合投资与运行费用，应用全寿命周期经济最优为原则，对 VAV 系统（原设计）、风机盘管 + 新风、温湿度独立空调系统、及 CAV 系统进行比较分析。分析比较如下：

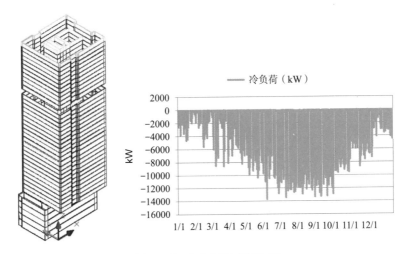

图 17-7　全年逐时空调负荷

方案对比表 　　　　　　　　　　　　　　　　　　　　　　　　　　　表 17-13

序	对比项	单位	方案 1	方案 2	方案 3		方案 4
			VAV 系统	风机盘管 + 新风	温湿度独立控制系统		CAV 系统
					普通冷机	高温冷机	
1	空调面积	m²	68,891	68,891	68,891	68,891	68,891
2	新风量	m³/h	51,000	51,000	51,000	51,000	51,000
3	总投资	万元	4,491	2,442	2,445	2,795	4,307
4	单位面积能耗	kWh/m²	144	100	91	88	183
5	单方投资	元 /m²	652	354	355	406	625

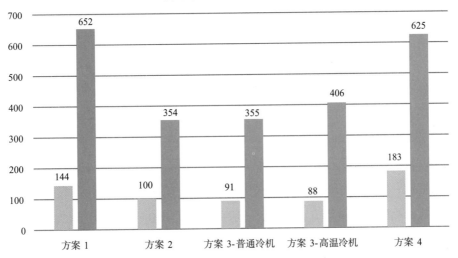

图 17-8　方案单位投资与单位面积能耗对比图

四个方案情况对比表　　　　　　　　　　　　　　　　表 17-14

系统名称		单位	方案 1	方案 2	方案 3		方案 4
			VAV 系统	风机盘管 + 新风	温湿度独立控制系统		CAV 系统
					普通冷机	高温冷机	
空调面积		m²	68,891	68,891	68,891	68,891	68,891
新风量		m³/h	51,000	51,000	51,000	51,000	51,000
风机风压		Pa	500	500	500	500	500
新风机效率		–	80	80	80	80	80
主机额定 COP		–	5.5	6	5.5	7.5	5.5
冷水温度		℃	7/12	43,658	7/12	18/21	7/12
主机能耗	显热部分	MWh	3,249	3,249	2,195	615	3,249
	新风 + 除湿 [冷冻除湿]				1,055	1,055	
冷却塔能耗		MWh	743	743	743	520	743
盘管能耗		MWh	0	1,114	1,114	1,114	0
冷冻水循环泵		MWh	1,392	1,392	1,392	1,392	1,392
冷却水循环泵		MWh	1,040	1,485	1,485	1,040	1,485
风机能耗		MWh	3,528	1,300	1,300	1,300	5,756
总能耗		MWh	9,952	6,883	6,283	6,035	12,625
总投资		万元	4,491	2,442	2,445	2,795	4,307
单位面积能耗		kWh/m²	144	100	91	88	183

通过分析表明，在深圳地区经济性较优的方案有方案 2 和方案 3，鉴于目前方案 3 温湿度独立空调系统中的溶液调湿机组性能上还存在一定的问题，故最终采取方案 2：风机盘管 + 新风系统。

关于 VAV 系统、风机盘管 + 新风、温湿度独立空调三种系统比较情况如下：

a. VAV 系统

原理：变风量系统（VAV 系统）20 世纪 60 年代诞生在美国，根据室内负荷变化或室内要求参数的变化，保持恒定送风温度，自动调节空调系统送风量，从而使室内参数达到要求的全空气空调系统。

主要设备构成：由室内 VAVbox+ 空调机组 + 风管 + 冷水机组组成。

价格造成：系统由空调机组 + 冷水机组 + 室内末端 BOX+ 风管组成。空调系统会与机组性能、品牌、容量等方面有关，一般单方造价 600 ~ 800 元 /m²。

b. 风机盘管 + 新风系统

原理：风机盘管加新风系统分为两部分：风机盘管系统和新风系统，风机盘管是末端设备，新风系统负担新风负荷以满足室内空气质量，是水系统空调中一种重要形式。

主要设备构成：由室内盘管＋冷水机组＋风管＋新风机组组成。

价格造成：系统由新风机组＋冷水机组＋室内末端＋风管组成。空调系统会与机组性能、品牌、容量等方面有关，一般单方造价 300 ～ 450 元 /m²。

c. 温湿度独立空调系统（图 17-9）

温湿度独立控制空调系统原理采用温度和湿度两套独立的空调系统，分别控制、调节室内的温度与湿度，全面调节室内热湿环境，从而也避免了常规空调系统中温湿度联合处理所带来的能量损失和不舒适感。

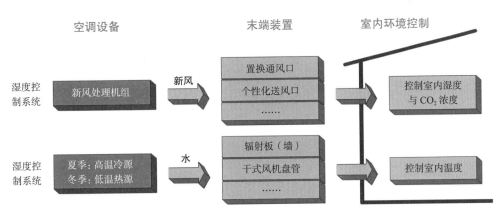

图 17-9　温湿度独立空调系统

主要设备构成：用于去除新风负荷及室内湿负荷的新风处理机组与用于除去室内显热负荷的高温冷水机组组成。新风处理机组可以采用溶液除湿、用双温冷冻除湿、转轮除湿等新风机组，高温冷水机组可以采用离心机、螺杆机或自然水体。

价格造成：系统由新风调湿机组＋高温冷水机组＋室内末端＋风管组成。室内末端可以是毛细管网也可以是风机盘管等。如果是毛细管网，空调系统单方造价 700 ～ 1,000 元 /m²。如果是干式盘管机组，空调系统单方造价 380 ～ 450 元 /m²。

②定好系统后，对制冷机房的设备配置进行优化，使各运行状态最优。分析如下：

由于建筑围护结构对机电设备系统的配置有一定的影响，为此绿色机电讲究对围护结构系统的综合优化。本项目主要对建筑幕墙系统的热工性能进行了优化，优化分析如下：

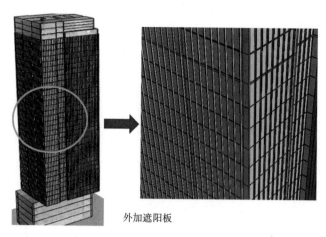

外加遮阳板

图 17-10　建筑幕墙

幕墙玻璃方案比选　　　　　　　　　　表 17-15

序	系统名称	单位	单银玻璃方案	双银玻璃方案
1	空调面积	m²	68,891	68,891
2	新风量	m³/h	51,000	51,000
3	风机风压	Pa	500	500
4	新风机效率	—	80%	80%
5	建筑年耗冷量	kWh	15,885,180	15,292,982
6	主机额定 COP	—	5.5	5.5
7	冷水温度	℃	7/12	7/12
8	电费	元 /kWh	1	1
9	玻璃面积	m²	31,000	31,000
10	玻璃造价	元 /m²	190	210
11	玻璃造价	万元	589	651
12	运行费用	万元	7.89	7.59

综合上述分析结果表明：选择单银玻璃方案（在不考虑传热系数的差异情况下）。

从全寿命周期角度来考虑，除了比较初始投资，还应考虑耗能成本。方案设计阶段优化结果如表 17-16 所示。

2）初步设计阶段优化

初步设计阶段的机电优化主要以审图为主，对各设备容量、组合搭配、管网大小等进行优化。具体主要分析结果如下：

①对各制冷机房进行了详细的校核与验证，大部分设计较为合理，但也发现了一些设备配置较大，将会造成"大马拉小车"后果。各制冷机房的审核结果如表 17-17 所示。

方案设计阶段优化金额汇总表　　　　　　　　　　表 17-16

序	项目名称	原方案	现方案	工程量 （m²）	单方节约 （元/m²）	优化金额 （元）
1	空调系统初投资	VAV	风机盘管+新风	68,891	297	20,490,000
2	空调系统耗能成本	VAV	风机盘管+新风	68,891	339	23,338,289
3	幕墙玻璃	双银	单银	31,000	20	620,000
	合计			68,891	645	44,448,289

注：1. 两方案单方造价为 650-353=297 元/m²；

　　2. 两方案节能量为 144.45-99.91= 44.54kWh，电费按 1 元/kWh 考虑。设备寿命为 15 年计算，则现值 $P=A\cdot$（P/A，10%，15）=2333.83 万元，折合单方造价节约 339 元/m²。

　　3. 上述测算暂不考虑维修成本。

办公楼制冷机房设备校验结果　　　　　　　　　　表 17-17

序	项目名称	单位	现有设计值	理论值	是否合理
1	负荷校核	W/m²	174	120～200	合理，建议提供负荷计算书
2	高温冷水机组	RT	2×850=1700	1982.83	选型偏小
3	冷冻循环泵	m³/h	550	565	合理
4	冷却循环泵	m³/h	200	197.63	合理
5	风冷热泵热水泵	m³/h	300	272.4	合理
6	膨胀水箱	m³	1100×1100×1100	1100×1100×1100	合理
7	膨胀水箱管道	mm	DN80	DN50	选型偏大

　　②采用能耗评估软件，对冰蓄冷系统的装机容量与蓄冰槽进行优化分析，避免了在冰蓄冷系统设计中的技术风险。

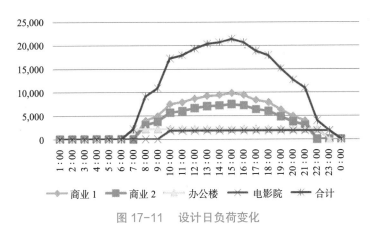

图 17-11　设计日负荷变化

冰蓄冷制机房设备校验结果　　　　　　　　　　　　　　表 17-18

序	项目名称	现有设计值	理论值	是否合理
1	总负荷	22440kW	7515+1810+9905+2185=21415kW	合理
2	冷水机组	1500+3600=5100RT	6088.99×0.8=4871.19RT	较合理，但冰蓄冷消峰低于20%，仅16.2%
3	设计日累积负荷	82940RTH	68608RTH	偏差：21%
4	蓄冰装置容量	19500	20059	偏差：2.86%
5	板式换热器容量	2000kW	17165kW	考虑系数为：1.165
6	换热器传热系数		142.7[W/(m²·K)]	选型时，应考虑系数1.1～1.2
7	乙二醇循环泵	1400	1357	合理，宜选双吸离心泵
8	500RT 机组循环泵	340	326	合理
9	1000RT 机组循环泵	660	665	较合理
10	板换循环泵	1900	1892	合理
11	500RT 机组冷却泵	400	385	合理
12	1000RT 机组冷却泵	780	786	较合理
13	板换冷却泵	1500	1414	合理
14	乙二醇储液箱	5m³	11～22m³	偏小
15	循环水膨胀水箱	1400×1400×1200	1400×1400×1200	合理
16	冷却塔	4950	3780	选型偏大，建议复核

本项目在初步设计阶段优化结果如表 17-19 所示，优化金额约 88 万元。

初步设计阶段优化金额汇总表　　　　　　　　　　　　表 17-19

序	项目名称	原方案	现方案	工程量（m）	单价（元/m）	优化金额（元）
1	新风机冷冻水管道	四管制	二管制	25,000	30	750,000
2	膨胀水箱管道	DN80	DN50	650	5	3,250
3	新风管道	1250×630	1200×500	6,500	10	65,000
4	新风管道	1600×1000	1600×800	3,800	10	38,000
5	新风管道	1250×800	1200×800	3,980	5	19,900
	合计			39,930	22	876,150

3）施工图设计阶段优化

施工图设计阶段主要对施工图各设计参数进行复核及应用 BIM 技术进行管线综合。内容包含了：机电设备系统的功能性审查、材料规格审查、环境影响、成本投资等角度。列举以下 3 个典型问题：

①卫生间未设排气扇，容易导致卫生间排气困难或者土建图纸不预留导致后期安装困难。在审图时，特别提醒设计单位在设计中应注意卫生间设排气系统。

②设计过程中存在一些需要安装分体空调，但并没有预留相关孔洞及室外机机位的状况。例如本项目 6# 专用高压室等房间采用空调进行冷却的设备房间，应考虑室外机机位。

③施工图设计中存在一些材料规格型号不妥，浪费投资情况比较严重。具体体现如下：

膨胀水箱配管偏大，设计图纸中膨胀水箱型号采用 1100×1100×1100。通过分析，膨胀水箱的容积选择较为合理，但配管全部采用 DN80，存在选型偏大问题（图 17-12）。

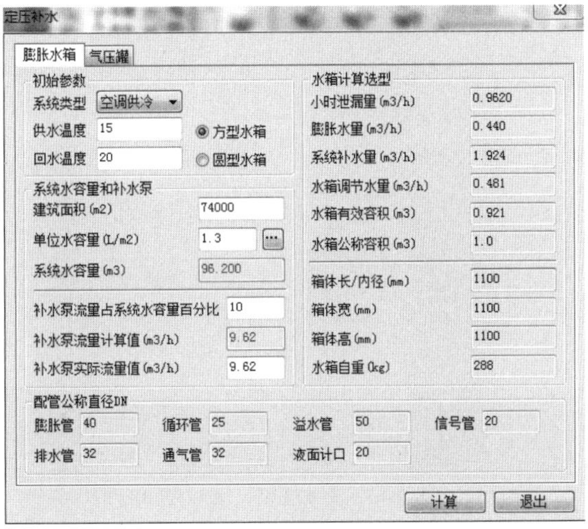

图 17-12　膨胀水箱参数选择

新风机组采用双重除湿，即先采用 15/20℃ 的高温水进行预除湿，然后利用 6/11℃ 低温水进行深层次的除湿。通过优化取消采用高温冷水对新风机进行预除湿，可以省去 2781kW 的高温冷水配置，仅需要配置 5936kW，成本可以减少 280 ~ 360 万元。

本项目在施工图阶段优化结果如表 17-20 所示，优化金额约 315 万元。

施工图阶段优化金额汇总表

表 17-20
单位：元

序	项目名称	原方案	现方案	单位	工程量	单价	优化金额
1	BIM 管线综合		碰撞检测	元 / 个	3,252	100	325,200
2			地下车库净高提升点数		2,385	提高 150mm	
3					2,587	提高 100mm	
4			安装不规范点		678		
5	排烟风机	离心风机	轴流风机	元 /w	2,568	150	385,200
6	井道优化			元 / 个	78	25,000	1,950,000

续表

序	项目名称	原方案	现方案	单位	工程量	单价	优化金额
7	新风高中效过滤器			元/m	60	500	30,000
8	风机盘管数量			元/m²	210	800	168,000
9	地下室排烟风机规格	33980m³/h	32000 m³/h	元/个	138	2,000	276,000
10	制冷机房排风风机规格	9340m³/h	7560 m³/h	元/台	2	1,500	3,000
11	蓄冷槽机房排风风机规格	37000m³/h	16000m³/h	元/台	1	3,000	3,000
12	冷凝水排水立管	镀锌钢管	PVC	元/台	560	25	14,000
	合计						3,154,400

4）优化结果

绿色机电优化将就全过程优化，与基于施工图的设计优化不同，不仅仅关注投资成本，还关注节能效果、建筑品质。通过优化，并与设计单位沟通一致，优化金额约 4,848 万元（表 17-21）。

优化金额汇总表

表 17-21

序	设计阶段		优化金额（元）	占比
1	方案设计阶段	运营成本	23,338,289	48.1%
		建造成本	21,110,000	43.5%
2	初步设计阶段精细化		876,150	1.8%
3	施工图设计阶段精细化		3,154,400	6.5%
	合计		48,478,839	100%

进行绿色机电成本优化后的节省金额分布如图 17-13。

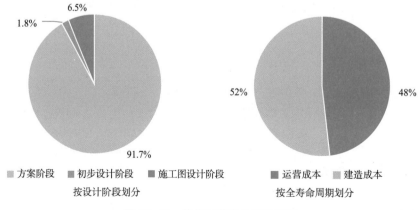

图 17-13　优化后节省金额分布图

施工阶段的成本优化

优化中要有创新，创新必须可行。

——江欢成

施工阶段的成本优化，被视为施工承包企业在中标后最重要的利润增长点。

施工优化的主要价值点在于通过施工管理方案的优选，可以降低土方、模板、脚手架、支撑等非实体性工程成本，或者通过工艺改进而缩短建设工期而获得财务收益。施工优化中最大的措施是建造方式的改变，例如从传统现浇方式到装配式建造，能直接缓解人工成本和环保成本的问题。

本篇共 1 章。

第 18 章介绍土方工程的成本优化。以武汉某工程为例，通过优化施工组织方案来达到工程场内的土方平衡，以减少额外的成本支出。

第 18 章
土方工程的成本优化

土方工程因施工的复杂性（外运、内转、买土回填）以及不确定性（地质条件、天气及政府管制）等因素对成本管控造成了一定的困扰，所以在项目前期做好土方平衡策划有利于项目成本的管控工作，同时可以规避施工单位在土方施工过程中索赔等增加项目成本的风险。

土方平衡就是通过"土方平衡图"计算出场内高处需要挖出的土方量和低处需要填进的土方量，从而得出计划外运和回填的土方量。在计划基础开挖施工时，尽量减少外运和外购土方量的工作，不仅关系土方费用，而且对现场平面布置有很大的影响。

【案例 29】施工过程中的土方平衡

（1）基本情况

1）工程概况

某项目位于武汉周边经济技术开发区，开发用地面积及建筑面积详见表 18-1。

武汉某项目用地面积和建筑面积详情表 表 18-1

业态类型	商业	居住	地下室	合计
用地面积	20,344	56,846	—	77,190m²
建筑面积	68,569	211,369	63,809	279,938

注：居住地块的地下室面积为 52,200m²，商业地块的地下室面积为 11,609m²。

2）工程背景

①现场情况：本项目土方、基坑支护均由总包单位负责施工。合同计价模式为综合单价包干，土方弃置费等由施工单位自行考虑。因项目分期开发，初步测算开挖土方量远大于回填方量，具备挖方填方平衡及就近分配的策划条件。

②开发节奏：项目初步确定分四期开发：一、二、三期为住宅，四期为商业。

③土方价格：目前周边项目的土方含税单价分别为：土石方开挖及外运 30.32 元 /m³，场内土方回填 21 元 /m³，外购土回填 29.7 元 /m³。

④周边环境：在项目周边有集团多宗地块，且有两个项目与本案项目开发节奏相近，并为同一家总包单位施工。具备一定的土方取土或作为土方消纳场地的条件。

⑤土质分析：根据地勘报告（详见表 18-2），第①层素填土主要由黏性土组成，局部混有建筑垃圾，土质不均，结构松散，工程性能差，为新近填筑。地块分布约有 13 万 m³。第⑤层强风化泥质粉砂岩，该层强度较高，压缩性低，但该层厚度差异较大，空间展布较不均匀，不能作为高层拟建建筑物桩基础持力层。综上情况，其他层土质可适用于回填土，约 73 万 m³。现场土方足以满足场内回填需要。

工程地质分层表　　　　　　　　　　　　表 18-2

序	层名	顶板埋深（m）	厚度（m）	空间分布	岩性特征	工程性质
①	素填土 Q^{ml}	0.0 ~ 0.0	0.3 ~ 9.1	场区均有分布	杂色，松散，成分主要为黏性土及耕土组成，局部底部夹有淤泥质土	均匀性差，密实度不均匀，工程性质差
②	粉质黏土 Q_4^{al+pl}	0.4 ~ 9.1	0.3 ~ 5.0	场区局部分布	黄褐色，可塑，含少量 Fe、Mn 氧化物、结核及少量高岭土	中等压缩性，强度一般
③a	粉质黏土 Q_3^{al+pl}	1.4 ~ 4.1	0.9 ~ 3.2		黄褐，红褐，可硬，含大量铁锰质氧化物，为透镜体状分布	中等压缩性，强度一般
③	粉质黏土 Q_3^{al+pl}	0.0 ~ 11.0	1.0 ~ 14.0	场区均有分布	褐黄色、黄褐色，硬塑，湿，含 Fe、Mn 氧化物、结核及少量高岭土	中等偏低压缩性，高强度，工程性质好
④a	粉质黏土 Q^{el}	6.9 ~ 7.7	2.3 ~ 2.3	局部分布于 204,202 号孔	褐灰色，灰白，红褐，可硬，含大量铁锰质氧化物及部分为砂土状。为透镜体状分布	中等压缩性，强度一般
④	粉质黏土 Q^{el}	3.3 ~ 14.5	0.5 ~ 11.0	场区均有分布	褐灰色，灰白，红褐，硬塑，含大量铁锰质氧化物及部分为砂土状	中等压缩性，强度低
⑤	强风化泥质粉砂岩 K-E	6.0 ~ 18.1	0.6 ~ 3.8	场区均有分布	灰白、褐红色，褐红色，粉粒结构。裂隙很发育，岩芯极破碎，以块状为主，局部岩夹土状，岩块质软，手可捏碎	承载力较高低压缩性

序	层名	顶板埋深（m）	厚度（m）	空间分布	岩性特征	工程性质
⑥	中风化泥质粉砂岩 K-E	7.6～19.5	4.1～17.7	场区均有分布	褐红色、灰黄色，粉粒结构，砂质胶结，层状构造，裂隙较发育，裂隙充填黑色、褐色铁锰氧化物薄膜，取芯率一般60%～90%，为极软岩，岩体较完整，基本质量等级为V级	高承载力，可视为不可压缩

（2）优化思路

在项目分期开发过程中，通过合理地组织土方工程施工，将后期开挖的土方作为场内土，代替外购土回填至前期需回填区域，既减少土方开挖的外运费用，也减少外购土回填费用，以此实现成本优化。待四期商业地块开工时，因现场已无场内土回填，需要重新考虑土方来源。

1）土方开挖及回填量测算（策划前）

①开挖量测算：

项目地块采用"放坡＋垂直支护"的开挖方式，总开挖面积 67,644m²，按照三方签字的方格网计算，大开挖总方量为 469,692m³。

②回填量测算：

基坑回填采用素土回填，顶板采用 1.2m 种植土覆土，地下室外墙回填工程量为20,363m³，地下室顶板回填工程量 66,524m³。总回填方量为 86,887m³（表 18-3）。

原方案土方成本汇总表　　　　　表 18-3

序	项目名称	工程量（m³）	单价（元/m³）	合价（元）
1	土方开挖及外运	469,692	30.32	14,239,193
2	土方回填（外购土）	86,887	29.70	2,580,531
	合计	—	—	16,819,724

2）土方平衡策划方案

共 3 种方案，如下分析：

①方案 1

考虑居住用地场内土方综合调配，约 7 万 m³ 土堆放至场内，余土全部外运，节省造价约 60 万元（表 18-4）。

方案1土方成本分析表　　　　　表 18-4

序	项目名称	工程量（m³）	单价（元/m³）	合价（元）	备注
1	土方开挖及外运	401,018	30.32	12,157,272	
2	土方内转	68,674	15.00	1,030,110	
3	场内土回填	68,674	21.00	1,442,086	
4	外购土回填	18,213	29.70	540,913	
土方成本合计（元）				15,170,381	原方案土方成本
优化节省金额（元）				1,649,343	16,819,724 元

说明：三期及四期开发时，场内无空余场地堆放土方，且本项目无内转土单价（开挖外运价格已综合考虑），实际创效无法达到最优，故不推荐此方案。

②方案 2

合理利用项目分期开发节奏，将二、三、四期开挖土方，直接作为场内土回填至一、二期基坑周边和地下室顶板以及三期基坑周边。余土全部外运，三期地下室顶板、四期所有回填土方采用外购土回填。具体测算如表 18-5 所示，节省造价约174 万元。

方案 2 土方成本分析表　　　　　表 18-5

项目分期	项目名称	工程量（m³）	单价（元/m³）	合价（元）	备注	施工时间
分期一	土方开挖及外运	61,517	30.32	1,864,945		2018 年 11 月
	基础周边土方回填（场内土）	4,976	21.00	104,483	从二期取土	2019 年 6 月
	地库顶板土方回填（场内土）	15,399	21.00	323,366	从三期取土	2020 年 1 月
分期二	土方开挖及外运	124,549	30.32	3,775,817		2019 年 5 月
	基础周边土方回填（场内土）	2,348	21.00	49,304	从三期取土	2020 年 1 月
	地库顶板土方回填（场内土）	18,197	21.00	382,118	从四期取土	2020 年 8 月
分期三	土方开挖及外运	122,061	30.32	3,700,391		2020 年 1 月
	基础周边土方回填（场内土）	3,799	21.00	79,779	从四期取土	2020 年 8 月
	地库顶板土方回填（外购土）	23,955	29.70	711,468		2021 年 4 月
分期四（商业）	土方开挖及外运	116,847	30.32	3,542,343		2020 年 8 月
	基础周边土方回填（外购土）	9,241	29.70	274,443		
	地库顶板土方回填（外购土）	8,972	29.70	266,470		
土方成本合计（元）				15,074,928	原方案土方成本	
优化节省金额（元）				1,744,796	16,819,724 元	

说明：需要适当调整开发计划，并与总包协商规范土方施工，严格控制后期开挖土方运输路径。此为目前最具可行性方案，拟推荐实施。

③方案3

在方案二基础上，三、四期回填土方采用场内土回填价格进行回填。土方来源考虑两处：

a.周边地块项目外运土（集团公司A项目、集团公司B项目）。

b.前期土方开挖时，要求总包运至距离项目最近的弃土场（即集团公司其他未开发地块，运距约2km），后期回填从此处取土。

比方案二节省造价约211万元（表18-6）。

方案3土方成本分析表 表18-6

序	项目名称	工程量（m³）	单价（元/m³）	合价（元）	备注
1	土方开挖及外运小计	424,973	30.32	12,883,496	
2	场内取土回填	44,719	21.00	939,052	
3	周边地块取土回填（场内取土价格）	42,168	21.00	885,479	周边地块取土回填单价按内转土单价执行难度大
土方成本合计（元）				14,708,027	原方案土方成本16,819,724
优化节省金额（元）				2,111,697	

说明：项目三、四期开发时，周边地块项目可能无外运土提供，弃土场是否还能存在也无法保证。且让总包从周边地块取土回填按内转土回填单价执行商务谈判压力较大。因此该方案作为方案二的拓展方案，可执行性需进一步确认。

④方案对比分析（表18-7）

三种土方平衡方案对比分析 表18-7

序	具体方案	优点	缺点	成本优化金额
方案1	考虑居住用地场内土方综合调配，约7万m³土堆放至场内，余土全部外运	实施简单，有土方堆放场地即可	实际创效无法达到最优	约60万元
方案2	合理利用项目分期开发节奏，将二、三、四期开挖土方，直接作为场内土回填至一、二期基坑周边和地下室顶板以及三期基坑周边。余土全部外运，三期地下室顶板、四期所有回填土方采用外购土回填	在保障较高优化成本的同时，可实施性最大	需规范土方施工，严格控制后期开挖土方运输路径	约174万元
方案3	在方案二基础上，三、四期回填土方采用场内土回填价格进行回填	理论创效收益最大	需协调的资源较多；且商务谈判难度大	约211万元

项目最终实施选择方案 2，可行性最大。

（3）总结

在土方工程平衡和成本优化过程中，需要关注以下 4 个要点：

1）了解项目周边环境，土方消纳场运距及取土点等信息，均可作为洽谈土方开挖外运及回填综合单价的考量因素。

2）若项目分期开发，可通过合理组织施工，将后期开挖的土方作为场内土代替外购土回填至前期需回填区域，既减少土方开挖外运费用，也减少外购土回填费用，以此实现创效。

3）方案策划需进行可行性论证，规避天气及其他不可预见的工期影响。例如本案例中，方案三为理论最优方案，但执行性和不确定因素较多，故方案二最具可行性。

4）在方案 2 的实施过程中，需要注意以下 4 点：

a. 与总包洽谈其考虑土方平衡，除三、四期外，回填按场内土回填计算；

b. 发函队伍要求其规范土方施工，形成切实可行的土方平衡工作方案，包括确定施工路径，施工时间等；

c. 及时签订工程量确认单，明确土方来源；

d. 设计部门及工程部门现场确认，现场土方适用于回填。

运维阶段的成本优化

把可持续发展落实到优化设计上。

——江欢成

运维优化，是成本优化在全寿命期管理的标志之一，基于一个建设工程有着长达 40～100 年甚至更长时间的使用成本，以及城市更新和改造工程的庞大体量，运维优化将是未来最大的优化领域。

　　以一栋使用年限为 30 年的办公楼为例，其建造成本与运维成本的比例大致为 1∶2。运维成本，在成本数值总量上具有更大的优化空间。而运维阶段的成本优化，是降低运维成本、提高运营效益的工作内容之一。

　　本篇共 1 章。

　　第 19 章介绍了更新改造项目的成本优化，包括地下车库的结构柱加固、商场加层而对基础进行加固、办公楼项目的外立面幕墙更新改造。

第 19 章
改造项目的方案优化

随着我国城市化进程不断增速、城区新增土地供给量不断趋于饱和，未来若干年内改造项目将不断增加，对既有建筑的改造，越来越受到高度重视。一线城市大多已进入存量房时代，以"旧楼改造、存量提升"为核心的城市更新模式应运而生。

更多城市开始去研究城市更新，国内大型开发商和房地产基金都在着手存量改造这一战略。在发展成熟地区和城市，用于改造建设的资金已占到建设项目总投资的40% 以上，随着环保节能理念渐入人心，该比例势将逐步增大，改造项目成本优化的价值贡献越来越大。

19.1　改造项目的成因

与新建项目相比，改造项目的成因更为复杂，为理解改造项目成本控制的内涵，有必要对实施建筑物改造的成因进行剖析。综合来看，建筑物改造可以从两大方面分析其成因：

（1）外部因素：随着使用时间的推移，建筑物外部因素时刻发生着改变，比如周边环境恶化、城市规划改变、交通出现拥堵等，这类由于外部因素实施的改造项目多表现为对建筑物颠覆性或大范围调整（如拆除重建），例如基于城市规划将片区规划为工业区；建筑物不适应原来的住宅用途而整体更新改造为商办楼；为缓解交通拥堵，对于建筑物进行局部拆除以拓宽道路等。

（2）内部因素：即源于建筑物本身因素的改造，一般存在建筑物自然老化、正常磨损、意外破坏、延迟维修、功能缺乏、功能落后，以及功能过剩，共七类（参见表 19-1）。

改造项目的内部因素分类表 表 19-1

序	成因	起因	举例
1	自然老化	自然力作用	钢结构锈蚀、砌体裂缝、混凝土结构荷载裂缝、基础沉降
2	正常磨损	正常使用造成的磨损	建筑物管线老化
3	意外破坏	突发性事件	失火、意外碰撞、雷击造成建筑物损毁
4	延迟维修	没有适时预防、养护或修理	门窗破损未及时维修造成室内装修面侵蚀、墙体裂缝未及时修复造成腐蚀坍塌
5	功能缺乏	没有或缺少应有的部件、设备或系统	北方建筑物没有暖气，高层电梯数量过少
6	功能落后	部件、设备或系统功能低于正常标准或有缺陷阻碍其他部件、设备或系统正常使用	设备容量不够、布局过时、智能化程度低
7	功能过剩	部件、设备或系统功能超过市场标准，对房地产价值贡献小于其成本	层高过大导致能耗严重、设备标准超过实际需求

表 19-1 前 4 项成因引起的改造均为符合结构安全要求或基本使用功能需要，下文将对应改造通称为加固改造；后 3 项成因来自功能优化，下文通称为更新改造。不论是哪一种改造，从价值本质角度理解，其实质是对上述因素导致的建筑物折旧的经济补偿。下文将结合具体案例从成本控制角度详加分析。

19.2 改造项目的分类

对比新建项目易于明确工程范围及内容，改造项目由于受各方面因素影响较多，其范围及内容均不易于把握。笔者按照改造项目的工作性质将其分为改造工作（细分

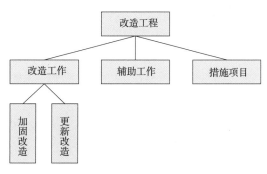

图 19-1 改造工程分类

为加固改造和更新改造工作）、辅助工作、措施项目三类（图 19-1），以利于明确工程范围及内容以防止遗漏。

（1）加固改造

加固是为了维持结构的强度及建筑的稳定性实施的改造，是对应结构安全及满足基本使用功能角度而言。随着建筑物结构技术的发展，加固改造方法种类繁多且不断推陈出新。例如混凝土结构加固改造即存在增加截面、碳纤维包络以及外包角钢等多种加固方法，不同改造方法对应的成本及施工周期差别较大，在方案比选阶段，对于这类改造项目的成本控制重点在于加固改造方法的遴选。

（2）更新改造

更新改造主要针对功能缺乏、落后或者过剩实施的改造，如增加空调设备容量、增加自动扶梯、建筑物节能改造等，这类改造工作的范围、内容及方法更加复杂多样化，往往关系到建筑物日后的运营维护成本，因此在方案比选阶段，成本分析不仅需要关注改造范围、改造深度、施工工艺方法等施工成本，而且还要关注日后运营维护成本。

（3）辅助工作

辅助工作与措施项目性质类似，均为保障加固改造及更新改造工作顺利实施采取的非实体工作——差别在于前者能够确定范围并计量，并且需要综合考虑工作范围、恢复方案、具有持续使用价值材料的保护等。

例如因梁板加固，涉及原有供水管线需要临时拆除并重新排管布线，需要结合不同方案，估算涉及临时拆除范围及工程量、拆除过程中的保护、过程中水管及水泵保管保护以及重新安装等综合成本，具体参见图 19-2 之辅助工作成本分析流程。

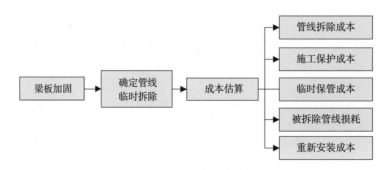

图 19-2　辅助工作成本分析流程

值得注意的是，尽管定义为辅助工作，但由于涉及的工作范围除考虑改造工作本身外，还需要考虑过程中的保管及重建，其可能的成本甚至超出改造工作本身。例如对于结构主梁开裂进行的修补，需要预先卸除梁上荷载、拆除并恢复改造区域周边空调管线等多项辅助工作，由此导致的成本就可能远超出结构主梁修补本身。

（4）措施项目

类似普通新建工程，但需要结合改造项目特点，如各类施工限制、保护及安全措施。

关于改造项目的分类及成本分析关注点汇总见表19-2。

改造项目分类及成本分析关注点　　　　表 19-2

序	分类		说明	举例	成本关注点
1	改造工作	结构加固	为了维持结构的强度及建筑的稳定性实施的改造	结构构件截面增加、碳纤维加固、包钢等	改造方法的比较
2		更新改造	针对功能缺乏、落后或者过剩实施的改造	改变建筑的平面布局、立面改造、设备的扩容、生活消防水池等的恢复重建、水泵和电力系统的重新安装	改造方案、改造范围比较
3	辅助工程		为上述工作内容顺利实施的辅助工作	为施工目的的部分墙体、楼板、梁、柱、地坪等构筑物和管道、线路等的拆除，荷载卸除与恢复	范围及恢复方案；具有持续使用价值材料的保护
4	措施项目		为工程施工，发生于施工前和过程中非实体项目	临水、临电、安全防护、安全、防止干扰等内容	较新建工程的区别及限制

19.3　改造项目的成本优化分析

改造项目方案比选阶段成本控制，重在对于改造方案全面理解基础上，比较新建项目，结合改造成本、辅助工作、措施项目等内容，充分把握工程范围及内容，合理运用全寿命成本分析或价值工程等方法及理论全面进行分析：

（1）较新建项目施工难度加大导致建安成本增加。

例如，案例31中地下基础混凝土浇灌，可能出现因地下空间限制，大型车辆无法进入的问题，对于承台连续混凝土浇筑则考虑需要楼板穿孔进行混凝土泵送，以及地下室土方清理需要小车二次驳运，成本增加；案例32中因无法利用附着式塔吊导致垂直运输成本增加。

（2）待改造的建筑物存在特定的在用价值，导致建筑物使用效率降低。

例如，酒店或办公楼改造，导致客房或办公区域在改造施工期中无法使用，并对其他经营区域产生影响（客源减少、租户搬迁等）。

（3）全面衡量改造成本与辅助工作、措施项目成本、工期成本以及后续系统效益提升的价值对比关系。

例如，下面的第一个案例中辅助工作成本、第二个案例中工期成本、第三个案例中能耗节约效率等，以寻求各项指标最佳平衡点。

关于方案比选阶段成本分析的方法：可以结合全寿命成本分析或价值工程理论，全面衡量改造方案的优劣，采用对应的具体方法（指标分析法、对比分析法和费用效率法等），下面通过案例分析说明。

【案例 30】地下车库结构柱加固

2014 年西安市某项目地下建筑，面积为 $7615m^2$，因年久失修，开发商拟对地下结构进行加固改造。根据设计方提出的两个方案，成本测算如下：

（1）改造成本

方案 1：柱外包角钢加固法，成本估算见表 19-3。

方案 1 成本估算 表 19-3

序	内容	数量	单位	单价	合价
1	方柱加固角钢	240	t	7,800	1,872,000
2	钢板冷弯加固	42	t	7,500	315,000
3	拉结钢板	67	t	7,100	475,700
4	混凝土柱面粘贴钢丝网片	1400	m^2	47	65,800
合计（元）					2,728,500
单位使用面积指标（元 /m^2）					358

方案 2：柱扩大混凝土截面 + 外包角钢加固法，成本估算见表 19-4。

方案 2 成本估算 表 19-4

序	内容	数量	单位	单价	合价
1	柱混凝土及模板	270	m^3	450	121,500
2	角钢加固	85	t	7,800	663,000
3	拉结钢板	20	t	7,100	142,000
4	柱扩大截面钢筋	73	t	6,500	474,500
合计（元）					1,401,000
单位使用面积指标（元 /m^2）					184

（2）收益减少成本

从全寿命周期成本角度分析，除改造成本以外，尚需考虑由于改造导致的收益减少（本案中量化为收益减少成本），即方案二因增大柱截面积导致柱间距减小，地下室总车位因此较方案一减少 40 个。按照市场部提供的调查数据每个车位按 4 万元计算，因车位减少导致的销售差价为 160 万元，折合每平方米相差 210 元（假设销售面积＝建筑面积）。

综合本案例计算，方案一与方案二相比虽然每平方米加固成本投入增加 174 元，但是因此避免每平方米 210 元的销售收入损失，因此首选方案一。

值得一提的是，如果两个方案对总工期影响较大，则还需结合时间因素进行对比分析，请见案例 31。

【案例 31】商业项目地下基础加固

2014 年西安市某商场建筑物因地上加层需要对基础部分进行加固，施工方案、加固成本及工期计算见表 19-5。

基础加固方案对比表 表 19-5

内容	方案一	方案二
方案描述	增加柱下承台反梁尺寸法	树根桩法
方案分析	增加柱下承台体积（包括反梁），相应土方及回填工作量较大	仅涉及需要树根桩部位土方开挖并穿孔灌注树根桩，钢筋混凝土的工作量相对较小（因项目处于北方干旱地区，忽略树根桩施工导致原有防水层破坏的补救措施费用）
建安成本	448 万元	350 万元
影响总工期	3 个月	4 个月
每月损失金额	45000 元 /d×30d=135 万元	
时间成本差额	405 万元	540 万元
综合成本（建安成本＋时间成本）	853 万元	890 万元

由上述方案对比可见，采用方案二树根桩法改造成本较低，但是由于基础施工期长，考虑时间因素后综合成本反而较高。

【案例 32】办公楼玻璃幕墙更新改造

2014 年西安市某高层办公楼外立面更新改造，外立面面积 2 万 m²，营业面积 4 万 m²，现有局部和整体改造两个方案：

方案1：整体改造，对全部外立面进行整体更新；

方案2：局部改造，对部分损坏幕墙进行修复。

折现率取8%，两个方案更新改造后的使用年限均为15年，工期影响在改造成本中整体考虑。

以下是方案比选步骤：

（1）分析方法及思路

采用费用效率法分析思路如图19-3所示。

图19-3 采用费用效率法分析思路

（2）改造成本

方案1的幕墙更新改造成本分析见表19-6。

表 19-6

方案1幕墙更新改造成本分析

序	内容	数量（m²）	单价（元/m²）	金额（万元）	说明
1	幕墙制作及安装	20,000	1200	2400	含设计及施工
2	旧幕墙拆除成本	20,000	300	600	单价已考虑残值回收
3	局部加固成本	20,000	100	200	幕墙荷载改变导致需要加固
4	膨胀螺栓等	20,000	30	60	后置挂件
5	垂直运输成本	20,000	48.9	97.8	（1+2+3+4）×3%；设置附着式塔吊，垂直运输成本较新建项目较大提高
6	安全等措施费用	20,000	24.45	48.9	（1+2+3+4）×1.5%；增加防护网、安全通道、防玻璃碎片坠落幕墙贴安全膜、高空作业加费等
7	工期损失	20,000	1440	2,880	4元/d×营业面积4万m²×180d；包括改造期间租金损失
	合计	20,000	3143.35	6286.7	

备注：为简化运算假设施工期费用的时间成本总和考虑在改造期间租金损失，资金时间基准点为竣工投入使用时点。

由表19-6可见，相对新建建筑幕墙工程，更新改造项目成本组合更为复杂，分析面更广。全面更新改造的总成本中非工程成本占比46%，是方案比选中需要详细调查、精细化分析和估算的对象。

方案 2 幕墙局部更新改造成本为 440 万元。按 220 元 /m² 改造单价估算，外立面面积 20,000m²。

（3）维护成本、系统效益分析（表 19-7）

维护成本、系统效益分析　　　　　　表 19-7

序	项目	单位	方案 1（整体改造）	方案 2（局部改造）
1	初期投资	万元	6286.7	440
2	年维护费用	万元 / 年	2 万 m² × 50 元 /m²=100	2 万 m² × 90 元 /m²=180
3	年办公租金净收入	万元 / 年	营业面积 4 万 m² × 1.2 元 /d × 360=1728	营业面积 4 万 m² × 0.35 元 /d × 360= 504
4	节约能耗	万元 / 年	营业面积 4 万 m² × 12 月 ×（10-7）元 /m²=144	-

（4）综合分析比较

方案 1：

寿命周期成本（LCC）= 6286.7 万元 +100 万元 ×（P/A，8%，15）= 7142.65 万元

系统效益（SE）=（1728+144）（P/A，8%，15）万元 = 16023.34 万元

费用效率（CE）= SE/LCC=2.24

方案 2：

寿命周期成本（LCC）= 440 万元 +180 万元 ×（P/A，8%，15）= 1980.71 万元

系统效益（SE）= 504（P/A，8%，15）万元 = 4313.98 万元

费用效率（CE）= SE/LCC = 2.18

根据上述分析，CE（方案 1）> CE（方案 2）。

因此，首选方案 1。

参考文献

[1] 江欢成. 江欢成自传: 我的优化创新努力 [M]. 北京: 人民出版社, 2017

[2] 丁士昭. 工程项目管理 [M]. 北京: 高等教育出版社, 2017

[3] 尹贻林. 工程价款管理 [M]. 北京: 机械工业出版社, 2018

[4] 赵丰. 成本管理作业指导书 [M]. 武汉: 长江出版社, 2018

[5] 赵丰, 马克. 数据的智慧 [M]. 武汉: 长江出版社, 2018

[6] 沈源. 建筑设计管理方法与实践 [M]. 北京: 中国建筑工业出版社, 2014

[7] 安岩. 结构成本控制的管理思路和技术方法

[8] 蒙炳华. 房地产开发的差异化与成本管理核心

[9] 徐珂. 剪力墙住宅项目结构节材设计

[10] 徐传亮, 光军. 建筑结构设计优化及实例 [M]. 北京: 中国建筑工业出版社, 2012

[11] 孙芳垂, 汪祖培, 冯康曾. 建筑结构设计优化案例分析 [M]. 北京: 中国建筑工业出版社, 2011

[12] 王栋. 结构优化设计——探索与进展 [M]. 北京: 国防工业出版社, 2018

[13] 钱令希. 我国结构优化设计现况 [J]. 大连工学院学报, 1982, (03)

[14] 项目管理协会 (美). 项目管理知识体系指南 PMBOK 5 版 [M]. 北京: 电子工业出版社, 2013

[15] 闫晶. 浅谈房地产估价的假设开发法的运用 [J]. 中国乡镇企业会计, 2018 (01)

[16] 徐文. 基于假设开发法的房地产企业土地估值模型及应用研究 [D]. 上海: 东华大学, 2016

[17]　成金秀 . 规范土地流转提高土地效益 [J]. 农村经济与科技，2013（03）

[18]　朱黎明 . 土地工程的建设与发展分析 [J]. 时代经贸，2018（21）

[19]　林丹 . 浅议土地估价存在的问题及建议 [J]. 现代营销，2018（06）

[20]　李蕾 . 商业地产投资风险与回报 [J]. 商业经济，2018（09）

[21]　陈炫燕 . 房产公司管理系统设计与实现 [J]. 电脑编程技巧与维护，2017（08）

[22]　赵丰 . 卓越成本管理之跨界协同

[23]　建筑工程建筑面积计算规范 GB/T 50353—2013[S]

[24]　房地产测量规范 GB/T 17986—2000[S]

[25]　城市建设项目配建停车位规范 DBJ 4—070—2010[S]

[26]　城市居住区规划设计规范 GB 50180—1993（2002 版）[S]

[27]　居住建筑节能设计标准 DB 375026—2014[S]

[28]　建筑设计防火规范 GB 50016—2014[S]

[29]　倒置式屋面工程技术工程 JGJ 230—2010[S]

[30]　民用建筑热工设计规范 GB 50176—2016[S]

[31]　公共建筑节能设计标准 DBJ 14—036—2006[S]

[32]　高层建筑混凝土结构技术规程 JGJ 3—2010[S]

[33]　建筑地基基础技术规范 DB 42/242—2014[S]

[34]　空调系统热回收装置选用与安装 06K301—2

[35]　潘云刚 . 高层民用建筑空调设计 [M]. 北京：中国建筑工业出版社，2004

[36]　黄渝祥，刑爱芳 . 工程经济学（第二版）[M]. 上海：同济大学出版社，1995

[37]　王俊 . 住宅安装工程成本管理 [M]. 北京：中国建筑工业出版社，2010

[38]　明源地产研究院 . 成本制胜（第二版）[M]. 北京：中信出版社，2016

[39]　全国勘察设计注册工程师公用设备专业管理委员会秘书处 . 全国勘察设计注册公用
　　　设备工程师暖通空调专业考试复习教材（第二版）[M]. 北京：中国建筑工业出版社，
　　　2006

[40]　民用建筑供暖通风与空气调节设计规范技术指南 [M]. 北京：中国建筑工业出版社，
　　　2012

[41]　清华大学建筑节能研究中心 . 中国建筑节能年度发展研究报告 2018[M]. 北京：中国
　　　建筑工业出版社，2018

[42]　公共建筑节能设计标准 GB 50189—2015[S]

后记

四年前，我在孙芳垂前辈的著作《建筑结构优化设计案例分析》中读到其序"将结构优化进行到底"。那时，我工作于世茂集团，正着迷于学习结构设计优化，这篇序让我认识到学习结构设计优化的这个事情应该进行到底，要继续学习，后来我一连四次学习了安岩老师的结构优化及后来的成本优化课程，并受益匪浅。

四年后，当地产成本圈汇编的《成本优化》出刊时，我把我对成本优化的理解写了1000个字，起名为《优化，无止境》。正如孙芳垂前辈对结构设计优化的论述"优化说穿了，就是不断地做方案比较，选较好的，选更好的，谁都不愿说选的是最好的。解决结构问题的途径不是唯一的，结构优化的空间是广阔的。"也就是说在一般意义上讲优化是没有止境的，科学技术在进步，新的技术为优化提供了武器，而优化实践又为新技术的研发提供了弹药。

所以，今天回看我一个造价从业者学习结构设计优化、成本优化的这段经历，我明白一个道理——成本，是专业；而优化，是对专业的追求。成本优化，优化的是资源的配置，优化后的资源配置让地尽其力、材尽其能、人尽其才，这符合价值工程原理中提高价值的理念。成本优化，练习的是我们对资源配置和使用的能力，久而久之，培养的是一种优化思维，这种思维还会自然而然地运用到我们的工作之外、生活之中，就如同做成本、做会计的人大多也都有货比三家、精打细算的生活习惯一样。这种优化思维，将会帮助我们优化所在企业的成本配置，也帮助我们优化自己所拥有资源的应用，比如我们最稀缺的时间。

优化，没有止境。一看优化的成绩，能优化多少？可能没有止境，如同"时间就像海绵里的水，要挤还是有的"一样一直存在可能性；二看优化的对象，能优化什么？可能也没有止境，你想让什么改变现状而变得更好，那么你就可以去优化它，优化设计、优化工艺、优化流程、优化职业规划、优化时间管理……

从一项工作，到一本书，《成本优化》它涵盖了我们每一个人的一生。

优化，是一种思维方式，是一种生活方式。

优化，无止境。

胡卫波

于 2019 年 3 月 30 日

《建设工程成本优化》第二辑
征稿启事

——投稿待遇——

1.有稿酬。地产成本圈为每篇文章提供1000元的保底稿酬，实际稿酬按出版社支付稿酬进行结算，多了不退、少了按实再补。质量越高、销量越大、稿酬越多。

2.有著作署名权。作者个人拥有著作的署名权，担任本书参编作者；以单位性质的投稿，除作者个人有署名权外，单位直接列入参编单位，如果是优化顾问企业还将直接进入支持本书出版的优化顾问企业名录。

3.副主编待遇。稿件数量≥4篇或word字数2.5万字，单位负责人（以单位投稿数量统计）或作者个人（以作者个人稿件数量统计）将担任本书副主编。本书中贺加栋先生以4篇优化案例入选本书而担任副主编。

4.并列主编待遇。稿件数量≥8篇或word字数5万字，单位负责人（以单位投稿数量统计）或作者个人（以作者个人稿件数量统计）将担任本书并列主编。

——征稿主题——

1.对象是建设工程。

2.全寿命期的成本优化管理，包括前期策划阶段、建造全过程（设计、生产、施工）、运维和拆除阶段。

3.不论投稿作者的单位性质、岗位、职级、职称，以文章论英雄。

4.投稿主题，可以是成本优化的经验教训总结，也可以是具体的优化案例分析。

5.稿酬为 150% 的文章主题是：前期策划阶段的优化管理，不限于成本优化，不限于案例分析；装配式建筑在生产、施工阶段的优化案例分析；传统建筑在施工阶段的成本优化案例分析；运维和拆除阶段的优化案例分析。

——投稿时间——

出版时间：2019 年 12 月 30 日

投稿截止：2019 年 8 月 30 日，逾期的投稿自动转入下一辑的出版计划中。

——投稿方式——

联系人：胡卫波

邮　箱：huweibo@frcc.co

手　机：17317259517

注：本征稿启事的解释权属于编委会。

支持本书出版的设计优化顾问单位名录

序	单位名称	联系人	联系方式
1	上海江欢成建筑设计有限公司	江　春	13818975875
2	深圳国腾建筑设计咨询有限公司	郜佐朝	13678957896
3	深圳市俊欣达绿色科技有限公司	张传经	13425109305
4	深圳市同辰建筑设计咨询有限公司	谢　波	18675954135
5	合肥浩安建筑设计咨询有限公司	柏　浩	18905695158
6	福建省九问建筑咨询有限公司	吴元忠	15959233211
7	北京绿建互联科技有限公司	郑红华	18001315173
8	上海思优建筑科技有限公司	赵　丹	18721888906
9	四川墨舍建筑设计咨询有限公司	崔　孟	13880781550
10	深圳蚁创佳建筑技术咨询有限公司	周迪军	13923777351
11	杭州新代建筑设计咨询有限公司	劳叶华	13867456754
12	青岛国盛建筑设计咨询有限公司	兰根强	15105325501
13	上海析越建筑设计咨询有限公司	诸培娟	18951410933
14	深圳市卓为建筑设计咨询有限公司	黄梓华	13760816537
15	中咨海外咨询有限公司	彭　翔	13488899560
16	北京屹凯建筑设计咨询有限公司	李　屹	13051380380
17	青岛思瑞远建筑设计咨询有限公司	刘　彬	15964915245
18	山东源海建设成本优化有限公司	郭佃民	15689463459
19	深圳众一建筑工程设计管理有限公司	江　陵	13929911366
20	浙江建安工程管理有限公司	俞　宏	13857192810
21	世润德工程项目管理有限公司	齐汝欣	18765277001
22	北京汇睿达科技有限公司	唐德华	18911842971